智能制造系统解决方案
案例集

智能制造系统解决方案供应商联盟　主编

U0216631

電子工業出版社·
Publishing House of Electronics Industry
北京·BEIJING

内容简介

为贯彻落实制造强国建设战略，推动智能制造发展，培育智能制造系统解决方案供应商，梳理智能制造系统解决方案的典型做法，给广大制造业企业提供示范和借鉴，特征集典型案例并编写了《智能制造系统解决方案案例集》。

本书梳理并收录了 18 个典型的智能制造系统解决方案，涉及汽车、机械、航空、重型装备、医药、电子制造等多个领域。每个案例主要从项目需求、主要特点、总体设计、实施过程及复制推广等方面进行介绍。这些案例是企业的实践集锦，是企业提供系统解决方案的一些成功经验。

本书可供制造业系统解决方案供应商、系统集成从业人员、软硬件的开发人员，以及其他对智能制造系统解决方案感兴趣的人员阅读。

图书在版编目（CIP）数据

智能制造系统解决方案案例集 /智能制造系统解决方案供应商联盟主编.—北京：电子工业出版社，2019.3
ISBN 978-7-121-35438-0

Ⅰ.①智… Ⅱ.①智… Ⅲ.①智能制造系统—研究 Ⅳ.①TH166

中国版本图书馆 CIP 数据核字（2018）第 248199 号

责任编辑：陈韦凯
文字编辑：万子芬　　特约编辑：顾慧芳
印　　刷：北京虎彩文化传播有限公司
装　　订：北京虎彩文化传播有限公司
出版发行：电子工业出版社
　　　　　北京市海淀区万寿路 173 信箱　邮编 100036
开　　本：787×1 092　1/16　印张：22.25　字数：570 千字
版　　次：2019 年 3 月第 1 版
印　　次：2024 年 3 月第 3 次印刷
定　　价：168.00 元

编 委 会

主 编：高东升　　赵 波　　张相木

副主编：王瑞华　　杨建军　　汪 宏　　叶 猛

企业顾问（排名不分先后）：

索寒生	朱志浩	朱恺真	刘晖平	刘憬奇
曲业闯	彭 凡	秦希青	王 非	马洪波
涂 煊	黄振林	杨晓代	石胜君	俞文光
史作祥	李 麒			

编写组成员（排名不分先后）：

贾贵金	刘广杰	关俊涛	张 悦	霍燕燕
杨建国	毛春生	周 欢	王 利	徐赞京
郭晓晶	徐 超	刘 娜	陆 震	赵 方
杜华胜	马占涛	汪鸿涛	郭 楠	韦 莎
董 挺	夏娣娜	张 欣	纪婷钰	李瑞琪
何宏宏	程雨航	王伟忠	周 航	

序

自 18 世纪中叶以来，人类社会已历经多次科技和产业革命，随之而来的是生产工具的持续演进和劳动生产率的大幅提升，催生出更便捷、更高效、更智能的生产方式。如今第四次工业革命正在拉开序幕，它以智能制造为重要标志，引领质量变革、效率变革和动力变革，推动工业朝着全新的方向发展，构成新时代的主旋律。

"工欲善其事，必先利其器"，推进智能制造是复杂而庞大的系统工程，急需一批有实力、能创新、脚踏实地的系统解决方案供应商，通过他们解难题、谋多赢、促发展，为工业企业的转型升级赋能。《智能制造发展规划（2016—2020 年）》中也明确提出要把培育和壮大一批具有较强竞争力的系统解决方案供应商作为任务和使命。近几年我们欣喜地发现，我国涌现出越来越多的系统解决方案领军企业。尽管如此，我国智能制造系统解决方案市场仍处于起步阶段，无论是在技术、能力、服务上还是在行业影响力上都还与产业转型的需求存在一定的差距。我们必须进一步深化认识，审时度势，切实把培育一批具有较强竞争力的系统解决方案供应商放在重中之重的位置，在集成创新上下功夫，在重点扶植上下功夫，在推广应用上下功夫，不断完善用户、系统集成商、软件开发商、装备供应商的协同创新推进机制。

鉴于此，工业和信息化部于 2017 年 12 月发布了第一批智能制造系统解决方案供应商推荐目录，遴选出 23 家在整体方案规划咨询、智能装备集成、工业自动化集成、工业软件集成等方面具有较强竞争力的企业。此次编写的《智能制造系统解决方案案例集》以第一批供应商推荐目录中企业的优秀案例为主，覆盖石化、电子、航空、汽车等多个行业，对企业推广实施智能制造具有借鉴意义。在此，希望广大企业锐意创新、互学互鉴，勇挑高质量发展重担，争当智能制造之先锋，在加快推动制造强国建设的新征程中展示新风采、创造新辉煌！

是为序。

2018.11

前　言

为贯彻落实制造强国建设战略，工业和信息化部、财政部联合印发了《智能制造发展规划（2016—2020年）》（以下简称《规划》），《规划》明确提出要培育一批有行业、专业特色以及具有较强竞争力的系统解决方案供应商。为响应落实《规划》要求，2016年12月，在工业和信息化部装备工业司的指导下，智能制造系统解决方案供应商联盟（以下简称"联盟"）正式成立，联盟聚集了国内智能制造领域从事生产装备制造、工业软件研发、系统解决方案集成、咨询规划服务等在内的企事业单位。

2018年，联盟组织第一批推荐目录上的部分企业及联盟内有代表性的会员单位，按照企业自主自愿原则组织开展了智能制造系统解决方案案例征集工作，首次征集收到了涉及石化、电子、汽车、轨道交通、新能源电池、航空航天、船舶、食品、机械、药业等多个行业的38个案例。我们在对这些案例进行深入梳理、筛选和专家指导的基础上选出了17家企业的18个案例，编撰形成了这本《智能制造系统解决方案案例集》。希望本案例集可为企业开展系统解决服务时提供一些有借鉴意义的成功经验和模式。

本案例内容来自汽车、机械、航空、重型装备、医药、电子制造等多个领域，企业从需求、总体设计、实施过程及复制推广等不同方面进行了阐述，值得注意的是，这些案例并不代表企业的整体水平，只是其中一个具有代表性的案例。

智能制造系统解决方案供应商作为协同推动智能制造发展的关键力量发挥着重要的作用。目前在大力培育系统解决方案供应商队伍的同时，也需要我们逐步推动供应商队伍高质量发展，以智能制造为抓手，推动创新能力的增强，促进结构优化升级，提升效率效益，增强品质品牌影响力，打造一批高水平有引领的供应商队伍。

智能制造系统解决方案供应商联盟

2018.11

目 录

案例 1

中压空气绝缘开关设备
制造数字化车间

——北京机械工业自动化研究所有限公司

北京机械工业自动化研究所有限公司（以下简称北自所）创建于 1954 年，是原机械工业部直属的综合性科研机构，1999 年转制，现为国务院国资委监管的大型科技企业。北自所致力于制造业领域自动化、信息化、集成化、智能化技术的创新、研究、开发和应用，为客户提供包括开发、设计、制造、安装和服务的整体解决方案，是离散制造领域智能制造系统集成的卓越实践者和引领者。

北自所注册资金 1.8 亿元，年销售收入 20 亿元。业务覆盖智能工厂 3 个层级，从设备层、车间层到企业层；贯穿智能制造 6 大环节，从智能加工、智能装配、智能检测，到智能物流、智能监控、智能管理。主要包括自动化柔性物流与仓储系统，汽车、电子、电气自动装配线，金属带材自动化加工生产线，拉伸薄膜自动化生产线，水利、电力自动化控制系统，以及 MES、ERP 等信息化软件。因此，北自所有能力为客户提供单元设备—生产线/成套设备—数字化车间/智能工厂的整体解决方案。

第1章 简 介

1.1 项目背景

自"十一五"开始，国家投入巨资对我国电网进行智能化改造，带动了中压空气绝缘开关设备制造行业的持续增长。现在我国已成为中压空气绝缘开关设备的生产大国，根据高压开关行业协会统计，2011 年全行业共生产 12～40.5kV 中压真空断路器 592 018 台、12～40.5kV 中压成套开关设备 360 748 台，占世界总产量的 50% 以上，但我国还不是中压空气绝缘开关设备制造的强国。

国外中压开关设备制造行业具有代表性的企业（如 ABB、西门子等公司）已广泛应用数字化车间的相关技术，对生产状态、物流状态、人员作业状态进行实时监控。通过利用现代物联网技术、数字化技术、信息化技术、多媒体技术等实现车间装备和制造过程的精细、实时、透明管控；采用自动化装配线生产方式，利用计算机系统进行控制，通过采用条码、RFID 等数字化技术实现无纸化生产；在制造中不仅能监控生产过程，而且能收集产品的生产数据；配套物流系统也广泛实现自动化和数字化，大部分零部件采用自动化仓储及配送，实现各种零部件的统一管理与迅速成套。

近年来，我国中压开关设备制造业通过技术引进、合作生产、技术交流等多种途径，产品设计的能力已部分达到了国际先进水平，但受到制造能力和工艺水平的限制，无法成规模地进行生产制造，极大地阻碍了中压开关行业技术水平的整体提升。为提升国内中压开关设备生产行业制造水平，缩小国内开关行业与国际先进水平的技术差距，基于制造强国战略，由北京机械工业自动化研究所有限公司与天水长城开关厂有限公司（以下简称天水长开）共同建设的"中压空气绝缘开关设备制造数字化车间"项目，以"产品升级、装备升级、产能升级、管理升级"为发展目标，在中压开关设备生产行业建立了一个具有示范意义的数字化车间。

该项目于 2012 年 11 月开工，2015 年 6 月建设完成并投入生产，并在 2015 年被工业和信息化部（以下简称工信部）批复为"国家智能制造专项"项目。2016 年 11 月 20 日通过了财政部、工信部智能制造专项验收。

1.2　案例特点

本项目以《中国制造 2025》中电力装备领域离散型智能制造的相关内容为目标。作为电力设备制造行业的数字化车间，涉及柔性制造生产线、智能化在线检测装置、物流及仓储系统、信息化生产管理等多个领域。具有多领域技术整合、创新应用融合的特点，是在中压开关设备制造行业实施智能制造系统集成，建设数字化生产制造平台的首次尝试。

在具体实施过程中，通过车间自动化生产和物流装备的研制与应用，为建立制造模型、管理模型、质量模型提供硬件基础，并在此基础上构建产品设计数字化、管理过程信息化、制造执行敏捷化的硬件平台。所建立的中高压开关设备智能制造系统对天水长开已有的 ERP 系统与底层生产设备信息系统进行了连接，其创新融合主要体现在 3 个方面。

（1）通过企业资源计划管理系统（ERP）、产品数据管理系统（PDM）、仓储管理系统（WMS）以及制造执行系统（MES）等，采用检验工序化、加工设备数控化、关键设备智能化、仓储物流自动化、车间管理信息化等相关技术纵向和横向的集成，实现了销售业务一体化、制造模型分线化、计划分层化、设备管理信息化、物料项目化、成本控制明晰化、主数据集中化、制造流程模型化、检验数据实时化。

（2）建成了 3 条空气绝缘开关元件装配检测分系统、3 条空气绝缘开关设备装配检测分系统、开关设备箱壳制造分系统、开关设备母线制造分系统、开关设备二次线束制造分系统、开关元件主回路制造分系统、自动化仓储及物流分系统等 11 个生产制造分系统，实现了生产和物流的自动化和信息化。

（3）MES 系统采取独有的双架构模式，分管理平台和现场操作平台，管理平台采用 B/S 架构，基于浏览器方式访问系统，系统部署维护简单，客户端登录便捷；现场操作平台采用 C/S 架构，系统运行稳定、可靠，支持与终端设备接口的多样性与方便性。实现了对多品种柔性生产的自动支持及制造计划、备件计划、配套计划、返修计划等多种生产组织模式的统一管理。

第 2 章　项目实施情况

本项目由天水长开负责项目策划、筹资及组织验收，由北京机械工业自动化研究所有限公司负责整体规划及总包实施。

2.1 需求分析

2.1.1 项目实施单位和用户情况

项目实施团队是北京机械工业自动化研究所有限公司电气物理设备技术工程事业部（简称电物理事业部），设有专业配套的科研队伍，由工程物理、理论物理、机械工程、工业自动化、高压/高频电磁场技术、真空技术、测量/检测计算机技术、机械工程工业自动化等多方面技术人才构成强大的技术队伍，技术力量雄厚，具有较强的研究、设计、制造、安装调试、运行和实验的能力。团队在电器行业具有丰富的开发和研制经验，成功研制了中/低压断路器的壳体、主轴机器人焊接工作站、低压（塑壳、微型）断路器装配检测生产线与相关单台检测设备、真空断路器装配及检测自动化生产线、开关柜装配及检测自动化生产线、自动化仓储及物流系统、制造执行系统（MES）、企业 ERP 管理系统，为客户提供数字化车间的整体解决方案。目前客户主要有施耐德、ABB、GE、库柏耐吉、安徽森源、正泰电器、平高电气、西电宝鸡电气、青岛益和电气等国内外知名企业。

项目使用单位天水长城开关厂有限公司是国内规模最大的中压开关设备制造企业之一，兰州长城电工股份有限公司的龙头子公司，在国内中高压开关设备研发、制造及销售领域一直处于领先地位，各项技术经济指标在国内高压开关行业名列前茅。在国内火电、石化、冶金等大中型重点工程领域的市场占有率保持在 30%以上，部分领域达到 70%以上。2007 年，天水长开入选中国机械 500 强，同年被中国机械工业联合会评选为中国机械工业优秀企业和中国机械工业最具影响力品牌，被中国电器工业协会评选为中国电器工业最具影响力企业。天水长开还被科技部等三部委认定为"国家创新型企业"，被国家知识产权局认定为"国家知识产权示范企业"。天水长开技术中心被国家发改委等五部委认定为"国家认定企业技术中心"。天水长开的技术创新成果、管理体系、生产制造技术等在国内同行业均处于领先地位。

2.1.2 行业生产现状

纵观国内电力工业，供给侧改革客观上要求改善供应方式，提高供给效率，增强系统运行灵活性和智能化水平。为全面增强电源与用户双向互动，提升电网互济能力，实现集中和分布式供应并举，传统能源和新能源发电协同，增强调峰能力建设，提升负荷侧响应水平，建设高效智能电力系统成为必然选择。因此《电力发展"十三五"规划（2016—2020年）》提出以"智能高效、创新发展"的原则升级改造配电网，推进智能电网建设，满足用电需求，提高用电质量，着力解决配电网薄弱问题，促进智能互联，推动装备提升与科技创新，加快构建现代配电网。国内开关行业纷纷开发技术先进的产品，满足市场需求。

但由于受制造技术的限制，国内中压开关设备与国际同类产品相比仍然存在较大差距，国内中高压开关设备的高端市场，基本被国外企业（ABB、西门子等）所垄断。

作为国内具有示范效应的龙头生产企业，天水长开面临产品实物质量相对较低、生产效率相对低下、生产能耗相对较高等问题，迫切需要通过运用智能制造技术，提升产品质量、提高生产效率、降低生产能耗，进而扩大市场占有规模，在行业中继续发挥示范作用。

2.2 总体设计情况

2.2.1 项目总体技术架构

中压空气绝缘开关设备制造数字化车间占地面积 2.3 万平方米，由空气绝缘开关设备装配检测分系统、空气绝缘开关元件装配检测分系统、开关设备箱壳制造分系统、开关设备母线制造分系统、开关设备二次线束制造分系统、开关元件主回路制造分系统、自动化仓储及物流分系统、制造执行系统组成，主要系统结构图如图 1 所示。可实现 12～24kV 及 40.5kV 空气绝缘开关元件与成套设备由原材料、基础零件到完整成品的自动化、规模化生产。达到年产 6 万只灌封极柱、1.8 万台真空断路器、1.5 万套成套设备的生产能力。

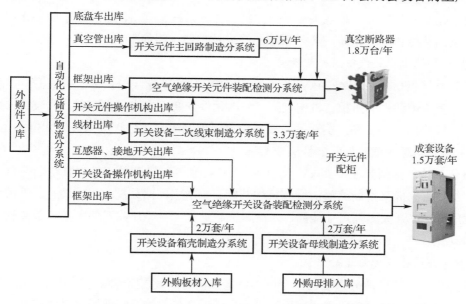

图 1 中压空气绝缘开关设备制造数字化车间主要系统结构图

2.2.2 项目总体实施路线

项目结合天水长开现有的三维 CAD、PLM 等系统，使产品信息贯穿于设计、制造、质量控制、物流等环节；针对高压开关设备生产制造的要求，通过建立产品模型、制造模型、管理模型、质量模型等数学模型，在贯穿设计、加工（处理）、装配检测、质量控制、物流、服务的各环节，建成一套完整的中高压开关设备智能制造系统。并在实施中运用离散型智能制造新模式，集产品设计智能化、钣金加工智能化、仓储物流智能化、车间调度管理智能化于一体，使总体技术达到国内领先水平。本项目使用 ERP II 实现企业管理信息化；应用 MES 实现车间管理信息化；将 ERP 和全套底层生产与物流自动化、智能化装备及系统纵向集成，实现检测与加工的数字化、关键设备智能化、仓储物流自动化。

2.3 实施步骤

2.3.1 项目阶段划分

根据项目实施中具体的工作内容，项目分为前期调研、方案设计、生产制造、现场联调、技术培训、试产验收等阶段，实施周期为两年。

2.3.2 项目建设内容和关键技术应用

1. 项目建设内容

数字化车间包括 8 个相互关联的分系统，各分系统相互协同，发挥不同的作用，共同构成完整的智能化制造系统。各分系统的组成及功能说明如下。

1）空气绝缘开关设备装配检测分系统

该分系统包括两条 12～24kV 及一条 40.5kV 空气绝缘开关设备（铠装柜）自动化生产线，可完成铠装柜的拼柜、机构装配、一次元件安装、二次元件安装、仪表箱安装、耐压试验、终检测试等工序，实现开关设备由零部件到成品的全程流水线方式批量生产。

2）空气绝缘开关元件装配检测分系统

该分系统包括两条 12～24kV 及一条 40.5kV 空气绝缘开关元件（真空断路器）自动化生产线，可完成真空断路器的操作机构装配、一次主回路装配、机械磨合、机械特性测试、耐压测试、开关元件尺寸检测、终检测试等工序，实现开关元件由基础零件到完整成品的自动化生产。

3）开关设备箱壳制造分系统

开关设备箱壳制造分系统包括全自动钣金立体仓库、数控转塔冲剪复合单元、数控转塔冲床、数控折弯机、液压摆式剪板机、全自动折弯工作站。实现钣金材料集中化管理和钣金零部件自动化加工。

4）开关设备母线制造分系统

开关设备母线制造分系统包括全自动母线立体仓库、数控母线冲剪一体机、三工位母线加工设备、数控母线折弯一体机、数控母线圆弧加工中心、母线打磨加工设备、全自动母线清洗设备、间歇式废水处理设备、干式母线喷漆设备、超声波母线搪锡设备、母线热缩套管加工设备等。可完成母线零件的冲孔、切断、压花、铣角、打磨、折弯、清洗、搪锡、喷漆、热缩等多种不同工序的全流程加工制造。

5）开关设备二次线束制造分系统

二次线束制造系统主要由全自动电缆线束加工系统、SuperWORKS 工程软件、配线台案等工位器具组成，可将由导线 CAE 系统自动生成的开关设备内二次导线线束相关信息自动输入线号打印机、下线机，完成切线、剥线、线号打印、端头压接等工艺环节的全过程自动化加工，实现二次导线的自动化批量生产。

6）开关元件主回路制造分系统

开关元件主回路制造分系统包括极柱装配台、极柱灌封单元，以及多通道数字式局部放电综合分析仪、校准脉冲发生器及其附件、试验自动控制系统软件、高压试验系统、试验屏蔽室等，可完成固封主回路灌封以及局部放电检测等。

7）自动化仓储及物流分系统

自动化仓储及物流分系统包括一个四巷道 3876 货位的自动化立体仓库、四台巷道堆垛机，以及用于存放不规则物体的大件库和地堆区，可实现车间物料集中存储及自动输送。

自动化仓储及物流分系统通过仓库管理系统（WMS）配合先进的控制、总线、通信和信息技术，实现相关设备的协调动作，在充分利用储存空间的前提下，完成指定物料自动有序、快速高效的入库出库作业。

8）制造执行系统（MES）

MES 作为企业信息化建设的中间层，专注于制造执行过程的管控一体化，在企业总体信息流中起着承上启下的关键作用。本项目的 MES 系统由 15 个功能模块组成，即系统平台、基础数据管理、计划排程管理、配送及线边管理、物料管理、生产过程管理、在制品管理、质量管理、下线包装管理、设备管理、文档管理、数据平台、报表管理、系统接口及 Andon 系统。

MES 可上接 ERP、PDM 等管理系统，下连生产线、专机设备等底层控制系统，实现上层指令的下达执行，以及底层数据的实时采集、反馈，综合管理制造过程计划、装配、物料、质量、设备运行监控等业务流程，实现制造过程物流、信息流的统一管理。

各子系统之间、子系统与 ERP 之间的信息关系如图 2 所示。

2. 关键技术的应用

本项目数字化制造车间所依托的数字模型包括产品模型、制造模型、管理模型、质量模型。通过优化配置整合互联互通的产品全生命周期管理系统（PLM）、企业资源计划管理系统（ERP）和车间制造执行系统（MES），在统一数据平台的基础上，建立不同的数字模型，实现基于模型的数字化产品设计、信息化企业管理和敏捷化制造。

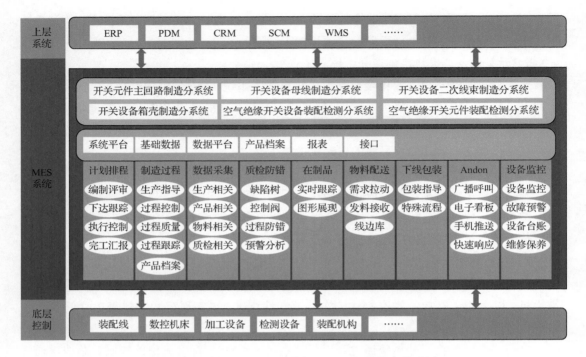

图 2 各子系统之间、子系统与 ERP 之间的信息关系图

其中产品模型包括产品设计大纲，试验试制大纲，关键性能控制方法等，实现以数字化制造为纲的生产流程及物流配送载体的工艺要求，满足按工序装配方法的需求。

制造模型包括满足均衡生产的控制方法，提高按计划作业和按计划配送的保障策略，遵循制造对象的自动匹配原则和按合同要求匹配的柔性原则，实现以数字化制造为纲的库存策略，以及按节拍、节点、对象的配送方法，达到计划物料和采集对象相匹配、对应的容忍原则等。

与信息化管理所对应的管理模型包括基于生产线生产能力的最低资源匹配要求，基于缩短生产周期和降低生产成本的方法，生产计划的批次分解原则和基于资源提高物料配送能力的相关策略。在数字化制造前提下，以制造模型的优化为目标，对产品模型进行优化；以生产节拍为导向对制造模型进行优化；以质量数据比对分析为依据，对质量模型及时进行修正；以物流配送需求为前提，对管理模型进行修正的系统方法和信息化系统的实现机制与平台；以作业计划为纲，以全车间协调统一为前提，实现对产品模型、制造模型、管理模型、质量模型完整性和关联性的数据检查机制和发布机制。

质量模型包括产品检验大纲、测试方法、检验标准、检验报告格式，关键零部件质量、性能、参数控制，重点监测对象及预警机制，数据采集标准及比对分析，偏离调整分析和策略；以数字化制造为纲，按照产线工序节拍要求的数据匹配原则，建立数据存储架构等内容。在建立上述数字模型的基础上，安全可控智能制造手段所具有的先进、高效的优势得到充分发挥。

数字化车间的运行包含车间运行管控系统及底层的数字化设备。车间运行管控系统是实现智能化制造的核心,它包括制造执行系统(R-MES)、目视化管理、仓储管理(WMS)、设备监控等生产现场运行管控系统。运行管控系统从企业资源计划系统(CTCS-ERP)接收命令,下达到各个分系统生产单元或设备,并监控分系统和设备的运行状态,处理生产现场的各种问题,根据实际生产状态进行调度。底层的数字化设备包括智能化输送设备、在线检测设备、现场控制计算机、自动化仓储和运输设备等。通过设备配置的数字化接口和工业以太网,实现生产过程的监控和调度。

底层的数字化设备包括智能化输送设备、在线检测设备、现场控制计算机、自动化仓储和运输设备等。通过设备配置的数字化接口和工业以太网,实现生产过程的智能化监控和调度。本项目所有分系统中的生产线均配置智能检测装置,并在主要生产工位上配置精益电子看板。关键生产环节采用国产化设备或具有自主知识产权的核心技术,形成安全可控的智能制造体系。

第 3 章　实施效果

3.1　项目实施效果

3.1.1　企业提升效果

中压空气绝缘开关设备制造数字化车间立足于企业实际,结合企业需求,在实事求是、因地制宜的基础上,改善了工艺流程,提高了产品质量,提高了生产效率。数字化车间集产品设计的数字化、钣金加工的自动化、仓储系统的智能化、车间调度管理的信息化、断路器视觉检测的智能化于一体,实现天水长开的"三个升级",即产品升级、产能升级、管理升级,并继续引领行业的发展。

1．产品升级

通过数字化车间项目的实施,建设先进的中压开关元件、设备装配生产线及配套系统,提高了产品稳定性和质量一致性,为实现近年来开发的具有自主知识产权,技术性能达到国内乃至国际领先水平的新一代产品的产业化生产创造了条件。通过产品升级拓展了其在中高压电气行业装备制造领域的市场。为天水长开"十二五"转型跨越式发展奠定坚实的基础。

2．产能升级

该项目的顺利实施提升了天水长城开关厂中压开关元件及开关设备的产能，项目投产后，天水长城开关厂在未增加人员的情况下，成套开关设备年生产能力从 8000 套提高到 15 000 套，开关元件年生产能力从 8000 台提高到 18 000 台。

3．管理升级

本项目通过数字化车间的建设，从车间的总体角度出发，对生产设备、物流设备、在线自动检测设备等引入数字化和智能化技术，并引入 MES 系统等先进的管控方法，可有效提高天水长开生产管理水平，降低生产人员劳动强度，实现人性化管理，并同时降低生产对工人技能的依赖程度，有利于人力资源管理。另一方面，项目设计中充分考虑环境保护和节能措施，有利于清洁生产和低碳生产管理。

天水长开是国内中压开关设备行业技术与品质的引领者，产品技术和制造技术备受国内同行业的关注，本项目研制的数字化车间在该公司首先投产后，在中压开关行业具有典型的示范作用，对促进区域电工电气产业集群化发展，打造国家西部电工电器城具有重要现实意义。

3.1.2　行业影响及作用

1．对中高压开关行业技术进步的带动作用

通过本项目的实施，研制并应用了新一代小型智能化中高压气体开关设备离散型智能制造系统，可实现清洁生产，降低生产耗能，提高劳动生产率，降低经营成本，并为节能和环保做出应有的贡献。

天水长开是国内中高压开关设备行业技术和品质的引领者，本项目为天水长开建成的中高压气体绝缘开关设备智能制造系统将成为中高压开关行业技术改造的典范，并在中高压开关行业技术改造中得到推广应用。

2．对电工电器行业的示范作用

我国电工电器大多数行业，如变压器、电机、继电器等的制造和开关行业极其相似，都是典型的以销定产模式，本项目实施的中高压开关设备智能制造系统，对电工电器行业的绝大多数企业具有示范作用。本项目通过科技成果展示、论文等形式向国内开关行业推介，将为我国电工电气行业技术改造发挥示范作用。

3.2　复制推广情况

天水长开数字化车间项目完成后，北自所以此为模板，又先后为西电宝鸡、青岛益和、中航宝胜、特变电工等企业提供了类似的数字化生产车间技术方案并付诸实施。中航宝胜于 2017 年以此申报工业和信息化部 "国家智能制造专项" 项目并获批准。

第4章 总 结

本项目利用长城电工天水长城开关厂有限公司现有的 CAD、PLM 等系统,使产品信息贯穿设计、制造、质量、物流等环节,实现了产品的生命周期管理。历时 4 年多,建成了 3 条空气绝缘开关元件装配检测分系统、3 条空气绝缘开关设备装配检测分系统、开关设备箱壳制造分系统、开关设备母线制造分系统、开关设备二次线束制造分系统、开关元件主回路制造分系统、自动化仓储及物流分系统等 11 个生产制造分系统。通过企业资源计划管理系统(ERP)、产品数据管理系统(PDM)、仓储管理系统(WMS)以及制造执行系统(MES)等,采用检验工序化、加工设备数控化、关键设备智能化、仓储物流自动化、车间管理信息化等相关技术纵向和横向的集成,实现了销售业务一体化、制造模型分线化、计划分层化、设备管理信息化、物料项目化、成本控制明晰化、主数据集中化、制造流程模型化、检验数据实时化。该项目建成后,实现了 12~24kV 及 40.5kV 开关元件与成套设备由原材料、基础零件到成套产品的自动化、规模化生产。具备年产 60 000 只灌封极柱、20 000 台中压开关元件、15 000 套中压开关成套设备的能力。标志着天水长开在输配电设备智能制造成套数字化车间、仓储系统的智能化和断路器视觉检测的智能化于一体等方面已步入了一个新阶段。

该项目在装备行业层次较高、带动较强、示范效果较好,符合产业发展方向和国家产业政策,也是首个通过工信部新模式应用智能制造验收的项目,将对我国装备制造业的供给侧结构性改革以及智能化发展起到引领和促进作用;对我国电工电器行业转型升级和提质增效,乃至推动制造业整体智能化升级发挥重要作用。同时,也为我国实现制造强国战略目标奠定了坚实基础。

面向重型机械车间智能制造系统解决方案

——新松机器人自动化股份有限公司

新松机器人自动化股份有限公司（以下简称新松）隶属中国科学院，是一家以机器人技术为核心，致力于全智能产品及服务的高科技上市企业，是中国机器人产业前10名的核心牵头企业，也是全球机器人产品线最全的厂商之一，还是国家机器人产业化基地。新松成立于2000年，本部位于沈阳，在上海设有国际总部，在北京设有投资总部，在沈阳、上海、杭州、青岛建有产业园区，现已在全国多个经济热点区域构建了立体化的研发及服务网络。同时，积极布局国际市场，在中国香港、新加坡等区域设立子公司。公司现拥有4000余人的研发创新团队，形成了以自主核心技术、核心零部件、核心产品及行业系统解决方案为一体的完整全产业价值链。目前，公司总市值位居国际同行业前三位。

作为中国机器人产业的翘楚和工业4.0的践行者与推动者，新松成功研制了具有完全自主知识产权的工业机器人、移动机器人、特种机器人、服务机器人四大系列百类产品，面向智能装备、智能物流、智能工厂、智能交通，形成八大产业方向，致力于打造数字化物联网新模式。为全球3000余家国际跨国企业提供产业升级服务，已累计出口32个国家和地区，与"一带一路"17个国家和地区有合作。其中，移动机器人综合竞争实力突出；洁净（真空）机器人打破国外技术封锁，填补了中国在该领域的空白；工业机器人在国民经济重要领域广泛应用；服务机器人业已销往海内外。

第1章 简 介

1.1 项目背景

制造业是国民经济的主体，是科技创新的主战场，具有产业关联度高、带动能力强和技术含量高等特点，也是一个国家和地区工业化水平与经济科技总体实力的标志。重型机械行业是国民经济发展的基础，重型装备及制造实力集中体现了一个国家的综合国力与国际地位，在推动我国经济增长和社会发展过程中占据着特殊的位置（见图1）。

图1 重型机械行业简图

临工集团是世界知名的装载机、挖掘机、压路机、平地机、挖掘装载机及相关配件的制造商和服务提供商，是沃尔沃集团（VOLVO）的核心企业之一，世界工程机械 50 强，中国三大工程机械出口商之一，属于国家重型机械行业的大型骨干企业。随着产品不断向大型化、智能化、国产化、绿色环保方向发展，企业急需转型来实现提质增效降成本，机器人智能制造也随之成为助力其发展的关键要素。在产业环境上，国家对智能制造装备产业的大力支持，智能制造装备产业年均增速大幅提升，也加快了其转型升级的步伐。

在重型机械领域，运用机器人智能化制造技术能够保证产品质量的稳定性、提高劳动生产效率，是实现我国重型机械制造业转型升级的强力技术手段。新松作为机器人行业的龙头企业，作为国产机器人技术进步与产业智能装备水平提升的责任担当，近年来在智能设计、智能生产、企业资源计划管理系统（ERP）、制造执行系统（MES）等方面形成强劲的发展势头。针对重型机械行业出现的问题，结合企业具体需求，逐步开展了一些智能制造项目，在中厚板智能焊接、大型复杂结构件喷涂/打磨等方向有跨越式突破，为企业提供系统解决方案，帮助企业大大提升智能装备水平，提高生产效率。企业智能制造的成功应用，不仅打破了国外机器人在重型机械领域的垄断现状，且进一步推动"中国制造"向"中国智造"的转型升级。

就新松目前为制造业提供的智能制造解决方案而言，从生产管理智能化到信息采集传递网络化，从仓储物流智能化到制造工艺机器人化，都集中代表并体现了中国智能制造的核心技术及发展方向。

1.2　重型机械产业背景

国内的重型机械企业数量多，多服务于传统领域（见图 2），大多数企业的发展方式仍较为粗放，产品特色不明显，技术投入不足，创新基础相对薄弱，引入新技术相对缓慢，存在先天不足。大型企业大而不强，质量水平低而不稳，多数企业发展远低于预期，行业整体运行质量不高，主要体现在如下几个方面。

图 2　传统领域的重型机械产品

（1）多数产品生产及智能制造技术薄弱，生产模式与其他行业及国际水平相比普遍落后，在技术创新、管理等基础方面与优势企业存在很大差距。重型机械产品往往自重较大，结构复杂，质量要求高，品种型号多，外加产品和服务升级相对缓慢，难以满足用户对智能化、信息化的要求。在成本优势逐步消失的背景下，传统产业增值空间受到限制。

（2）工作强度巨大，过于依赖人工使成本居高不下，创新型人才不足并不时流失，造成产能下滑、质量波动等链式反应。同时，密集存在的焊接、打磨、喷涂等作业工序对人体健康损害较大，相关领域从业人员正逐年减少，造成企业用工缺口逐渐加大。

（3）工程成套技术水平较低，大型工程的竞争能力不强，适应市场的能力受国外巨头的压制，国际高端市场占有率较低。重型智能制造装备过去一直被国外企业垄断，中厚板焊接自动化技术由于技术要求较高，企业多通过引入国外设备来进行生产，典型设备供应商有 IGM（奥地利）、CLOOS（德国），以及日本的神钢机器人（见图3）。

图3　机器人在重型机械领域中的应用

1.3　案例特点

1. 临工智能制造项目拟解决的关键问题

本项目以临工主要产品装载机、挖掘机及相关零部件为对象，完成对目标车间的智能制造升级，目的是提升企业生产效率，保证关键工艺的质量控制，解决企业劳动力短缺及人力成本上升的难题，努力将临工生产车间打造成全球先进的，自动化程度高、信息化水平高、智能化集成水平高的智能制造工厂。

2. 存在和突破的技术难点

由于重型机械行业的下料加工等工序比较粗放，采用一般的自动化技术很难保证其制造加工质量，因此开发具备适应现场实际工况的智能制造技术是本项目最大的难题。

针对装载机、挖掘机零件重量大，结构复杂，品种型号多的特点，新松结合多年在机器人及自动化领域工程应用经验和技术积累，攻克了项目技术中的道道难关。通过长期在客户现场深入研究工艺，开发出的智能焊接专家系统可实现起始点检测，焊缝跟踪，多层多道焊接，自动确定最佳作业路线，匹配最优工艺参数，解决了中厚板焊接量大、焊缝数量多、下料及定位精度低等诸多传统焊接机器人无法完成的问题；开发出的离线编程技术具备实时交互的离线编程接口，实现机器人配置参数的实时更新、轨迹参数的动态修正、工艺参数的自适应调整等功能。在线测量、建模技术实现了自主规划轨迹，力控技术实现了重力补偿、触觉定位、手把手示教等功能。根据用户需求定制设计并制造出有针对性的重载变位机系统，可以自动对中，满足顶梁和掩护梁多品种、小批量产品的安装固定及定位；并结合现场情况定制桁架系统模块，悬挂双机器人，可对称焊接，控制焊接变形，提高生产效率。

第2章　项目实施情况

2.1　需求分析

1. 项目需求分析

最近几年中国重型机械市场需求延续下滑态势，整体发展形势严峻。全球重型机械行业也进入一个调整期。能力匹配、安全高效、技术先进、经济实惠、节能环保的智能化设备逐渐映入重型机械生产企业的眼帘。面对如此形势，苦练内功，创新发展，才能更好地发力未来，以临工集团为代表的一些企业深刻意识到这一点，并以此为契机，开始加快自动化、数字化、智能化进程，以智能制造促进产业升级。

以装载机、挖掘机为代表的大型重载设备属于小批量、多品种的生产模式，这些大型件的焊接、打磨、喷涂工艺工作强度大，对质量要求也非常高，存在着恶劣环境下劳动力短缺等问题，急需诸如机器人之类的智能化设备来替代人工，以保证关键工艺的质量控制，提高生产效率。工业机器人发展虽然已近半个世纪，但早期多应用于大批量生产的汽车行业，小批量、多品种的重型工件对工业机器人应用是一种极大的挑战。其中难度最大的重型金属结构件焊接，若想彻底改善自动化程度低、效率低、耗能大、耗材高、作业环境恶劣的传统焊接作业，需结合智能传感技术、智能跟踪技术以及工艺专家系统来促进焊接技术及工艺向智能优质高效的方向发展。

重型机械生产制造的整个链条可谓长而复杂，涉及采购、设计、生产、销售、物流等环节，哪个环节需要人工干预，就意味着哪个环节不可控，进而需要全价值链的数字化、智能化生产来解决。结合重型机械自身发展特点，当遇到客户不同的需求时，必须通过大数据的计算分析，进行智能研发及协同生产，进行产品匹配来满足及实现。

2. 关键技术描述

为了更好地解决上述重型机械生产制造中的问题,需要依靠智能生产,同时不断积累重型金属结构件焊接、打磨、喷涂等工艺知识。新松在项目执行中自主开发了多项关键技术:

(1)接触传感检测功能。

(2)焊缝跟踪功能。

(3)多层多道焊接功能。

(4)焊接参数实时调整功能。

(5)焊接工艺数据库。

(6)焊缝轮廓识别技术与打磨轨迹自动规划技术。

(7)机器人恒力磨抛控制技术。

(8)磨抛工艺专家系统。

(9)虚拟工作站仿真技术。

(10)涂装参数自动调节技术。

3. 团队建设情况

高端人才的背后是科技创新,直接带动了智能制造的产业发展。由于项目涉及大量工艺验证及新技术的攻克,需要组织一个完整、高效、有执行力、经验丰富的团队来完成并实施。这里对"结果第一"的执行团队及"过程第一"的支持团队两部分进行人员建设,以确保项目顺利运行(见图4)。

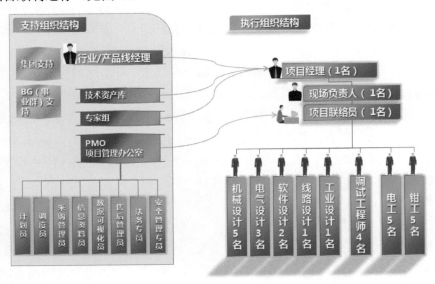

图4 团队建设图

4. 相关行业需求

由于制造业发展的自身需求加上科技革命的外部推动，智能制造在船舶、高铁、煤炭机械、桥梁、石油化工、国防建设等重型机械行业都存在需求。随着智能制造技术的推广和智能设备在生产中被逐渐认可及利用，未来必将代替传统工业生产，并促使重型机械生产不断数字化、信息化、智能化。

2.2　总体设计情况

2.2.1　智能工厂顶层设计及总体规划

项目针对总体规划设计、工艺流程及布局、产品三维设计与仿真、核心制造装备、数据采集和分析、制造执行系统（MES）、内部通信网络架构等方面开展技术攻关及智能化建设，搭建了 MES、ERP、CRM、QMS、PLM 等信息化管理平台。

建设先进的数字化智能制造车间，可满足多种产品的智能化生产制造，建立多层管理系统，通过先进的数字化管理系统，对整个生产流程进行统一管理。

企业经营层在 ERP 系统内结合工艺设计完成车间的生产计划、采购库存、成本核算、产品销售、决策分析等管理工作；制造执行层基于工厂模型、生产模型及事件模型，完成数字化车间的作业计划、作业调度、生产过程追踪、质量监控、设备管理等执行类工作；过程控制层对生产中的物流、产品质量、工艺参数等进行收集和分析，形成集成化的数据管理；智能设备层由物流 AGV 配送系统、智能机器人系统、自动化立体仓库等多种关键智能系统及设备组成。

经营管理层在 ERP 系统内对智能立体仓库直接进行管控，通过营销系统下达的各类生产任务，使用 CRM 系统与客户进行沟通及互动，形成生产物流管理与计量检定一体化的生产物流管理系统。

制造执行系统（MES）在企业信息系统中处于 ERP 和底层自动化系统之间，是工厂 ERP 系统与底层自动化系统之间连接的枢纽。它以全厂数据采集为基础，集成加工、装配、检测、动力能源、物流等生产环节，提高各部门、各系统间协调指挥能力，使计划、生产、调度、资源分配更加科学、准确，保障生产的连续性、可控性，使生产过程数字化、透明化。实现生产作业计划编制与执行，资源调度优化，产品质量全过程分析与跟踪，生产设备动态运行管理，物料配送管理，操作管理，以及底层生产现场数据的转换、存储、分析、发布等数据集成和应用。

产品设计辅助系统通过机械设计、仿真模拟、电气设计等辅助软件，改善设计人员在产品设计过程中的工作效率，削减设计与制造成本，缩短产品进入市场的时间。通过使用设计软件，将产品制造早期从概念到生产的过程都集成在一个数字化管理和协同的框架中。

2.2.2 智能机器人系统

1. 总体目标

临工集团项目以装载机、挖掘机及其部件生产全周期加工工序为着手点，以焊接、打磨、喷涂等制造工艺为研究目标，开发出相应的智能机器人系统关键技术，最终完成智能制造解决方案，使系统功能达到国内领先，国际一流。

2. 技术路线

项目技术路线如图5所示。

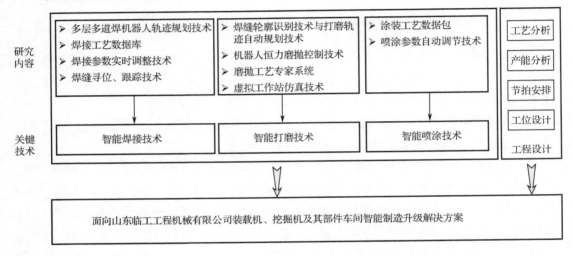

图5　项目技术路线图

3. 多个系统环节成功应用

1）平地机后车架焊接系统

该系统有以下几部分（见图6）。

图6　平地机后车架焊接系统

（1）变位机系统模块可实现工件全方位焊接，适合产品结构相似，尺寸和重量相近，焊接夹具柔性化设计，以及尾部滑台设计。

（2）机器人桁架系统模块，X轴行程、Y轴行程、Z轴行程，可增加机器人的移动范围及焊缝可达率。

（3）智能焊接软件包具有位置检测功能、焊缝跟踪功能、多层多道焊接功能，以及焊接专家数据库。

2）装载机及挖掘机等部件焊接系统

该系统包含以下工作站：

（1）装载机前车架机器人焊接工作站。

（2）装载机后车架机器人焊接工作站。

（3）挖掘机托油盘机器人焊接工作站。

（4）挖掘机下架总成机器人焊接工作站。

（5）挖掘机斗杆机器人焊接工作站。

（6）挖掘机驾驶室机器人焊接工作站。

（7）发动机罩框架及小部件机器人焊接工作站等。

3）智能打磨系统

杆封头焊缝打磨系统（见图 7）以六轴大负载工业机器人为基础，配合恒力打磨控制技术，满足提高产能并降低工人劳动强度的实际需求。

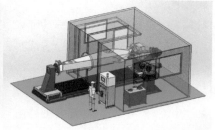

图 7　杆封头焊缝打磨系统

4）智能喷涂系统

动臂、斗杆、上架、下架等工件的智能喷涂系统如图 8 所示。

图 8　智能喷涂系统

该系统主要包括新松防爆型喷涂机器人、八轴防爆型滑台与升降机构、混气喷涂系统等，具有喷枪自动清洗功能，完成四类工件（动臂、斗杆、上架、下架）的喷涂工作。该系统使机器人与悬挂链上的工件保持同步运行，增加跟随功能以实现从静止到与工件相匹配的运动速度，以便进行随动喷涂作业。

2.2.3 关键技术

1. 接触传感器检测

新松机器人通过起始点检测和三方向传感功能，可以使焊接过程不受由于工件的加工、组对拼焊和装夹定位带来误差的影响，自动寻找焊缝并识别焊接情况，保证顺利地焊接。具有精度高、可达性好、安全可靠等优点。接触传感是通过焊丝接触工件，感知工件位置来实现的，使用起来操作简单方便，不需要其他传感装置，从而增加了焊枪的灵活性。

2. 焊缝跟踪

利用新松机器人智能焊接中的电弧跟踪功能，实现位置出现偏差焊缝的正常焊接工作。通过焊缝跟踪功能，机器人可以分辨出焊缝左右和上下两个方向的偏移，自动运算实现纠正。保证对各路径点有不同方向偏差的焊缝都可以进行准确焊接。焊接成型效果、生产效率提升、产品品质提升得到了有效改善。同时电弧跟踪功能可以实现复杂曲线的跟踪，确保电弧跟踪的实用性。

在焊接过程中，通过电弧跟踪功能，实时调整焊枪位置，保证焊丝的干伸长度不变，保证了焊接过程的稳定性及整条焊缝成型的一致性。

3. 多层多道焊接

新松机器人多层多道焊功能可以实现多种类型的焊接轨迹（如圆弧、折线等）的焊接。具备该功能的机器人完成优质高效的作业，在大型厚板焊接中体现尤为明显。

在使用多层多道焊功能焊接厚板时，只需要示教根层的焊缝，之后通过设定偏移值来实现覆盖层的焊接，大幅度提高工作效率。在此基础上，还可以通过覆盖层的逆向焊接功能，实现焊接过程的往复，充分提高焊接工作效率，实现效率最大化。

多层多道焊功能可以和其他如接触传感检测功能及焊缝跟踪功能等结合起来使用，通过接触传感检测功能和焊缝跟踪功能，将第一层焊接时获取的工件信息记录下来。经过系统整理计算，将结果直接作用于第二层及以后的焊接中，保证焊接质量。同时焊接工艺的设定、焊枪姿态的调整可以应用于每一层的焊接中。多重方法保证焊接质量，为客户带来满意的焊接效果。

4. 焊接参数实时调整

在焊接过程中，新松机器人可以实时调整焊接工艺参数，如电流和电压，从而改变焊接成型。有经验的操作者可以在焊接过程中改变焊接参数，提高焊接调试效率；也可以在实际生产中，根据实际情况进行参数的微调，为焊接质量的保证又添加一层保险。经过调整后的工艺参数可以保存下来，方便以后使用。

5. 焊接工艺数据库

针对重型机械中的中厚板焊接工艺及参数,新松机器人建立了专家数据库及智能学习算法,系统根据焊接工件型号、材料、机器人执行单元信息,可以自动生成焊接工艺文件(焊接、除渣、机器人末端工具更换等);并配合离线编程系统,导入轨迹生成工艺参数。在数据库基础上,通过开发智能学习算法及专家系统知识融合机制,把数据库技术和专家系统工具有机结合起来,专家系统利用数据库管理的知识库进行推理,以实现焊接工艺的定制,并把结果保存到工艺文件库中,由数据库统一管理。

6. 焊缝轮廓识别技术与打磨轨迹自动规划技术

为了准确识别,新松机器人融合 3D 相机,通过扫描工件打磨区域,自动识别焊缝轮廓并传输至智能管理分析系统,由该系统收集、存储视觉数据,匹配工件类型,然后由离线编程软件解析视觉数据,自动生成打磨作业,由智能管理系统下发至打磨机器人,执行打磨作业。

7. 力控磨抛技术

新松机器人在匹配力控传感器之后,可以有效提升磨抛作业的精度及准确性。核心部件为恒力执行,通常具有自适应浮动伸缩机构,可通过恒力控制软件设置一定阈值内的磨抛力,保证磨抛工具与工件各个位置实时接触且处于恒力抛光状态,最终使工件磨抛效果和一致性得到提升,有效降低了人工调试难度。恒力执行端可以安装多种磨抛工具,进而兼容更多类型产品。

8. 磨抛工艺专家系统

通过与客户磨抛工艺紧密结合开发出的新松机器人智能磨抛专家系统,将整个系统的各个控制模块有机整合,形成了具有一定智能判断和自主决策能力的专家系统。智能磨抛专家系统主要包含耗材损耗检测与补偿模块、角度损耗补偿模块、磨抛工艺管理模块、来料管理模块、产能管理模块、耗材寿命管理模块、设备交互模块、安全保护与报警管理模块。

9. 虚拟工作站仿真技术

新松机器人通过构建虚拟工作站系统来进行仿真及精确示教。虚拟工作站具有仿真布局组件化、轨迹点的三维可视化等特点。机器人、变位机、工具、工件等一次创建后,均可在多个工程项目中重复使用;设备布局可进行精确调整,设置每个仿真组件的位置和姿态。机器人作业在执行仿真的过程中,可以模拟真实的机器人速度、加速度等运动特性,运动范围超界会有报警提示。利用导入的 CAM 软件生成的运动轨迹,重新自动配置机器人的运动姿态。离线生成的作业可通过网络或者 USB 接口下载到机器人控制器中。

若想实现整个磨抛系统的闭环控制,虚拟工作站是不可或缺的环节,它通过真实的三维数据变成机器人识别的语言,进行路径自动规划,将理想三维模型和实际扫描出的三维模型进行比较,在焊缝位置以理想模型为参考,自动规划出合理打磨路径,根据实际三维模型进行碰撞检测,通过内置的专家打磨工艺系统,根据工件特征,自动规划工艺路线。

10. 涂装参数自动调节技术

新松机器人自动涂装系统可以通过流量计检测流量以及压力传感器检测流体压力来实时检测涂料流量，并反馈给控制器，控制器根据事先设定好的参数通过调节调压器进行流量的实时调节。当现场工况需要改变喷涂扇形大小时，通过机器人给控制系统发送形状参数，控制系统自动调节比例参数，实现喷涂形状的改变。

2.3 实施步骤

2.3.1 关键技术整体方案设计及论证

对于临工智能升级项目，为了确保整体方案的可行性，前期开展了大量的技术交流与调研，针对工厂布局、生产工艺、网络信息架构、信息集成、机械设计、电气设计等方面开展多方论证，最终为客户实现了安全高效的智能制造系统。

2.3.2 智能机器人系统实施

1. 老旧焊接机器人工作站升级改造阶段

临工集团在20世纪90年代曾采购一批国外焊接机器人工作站进行装载机部件的自动化焊接工作，由于功能上已经不能够满足企业当今快速发展及生产的需求，本阶段的主要工作就是采用新松焊接机器人替代旧工作站，满足客户装载机部件的焊接需要。

2. 焊接机器人工作站实施阶段

临工集团在自动化焊接方面应用相对较多，工艺知识丰富，并具有一定的操作基础，因此本阶段旨在全面开展自动化焊接机器人工作站的实施工作，包括装载机前车架机器人焊接、装载机后车架机器人焊接、挖掘机托油盘机器人焊接、挖掘机下架总成机器人焊接、挖掘机斗杆机器人焊接、挖掘机驾驶室机器人焊接、发动机罩框架及小部件机器人焊接等工作站实施工作。

3. 打磨、喷涂机器人工作站实施阶段

在焊接机器人工作站展开后，临工集团在打磨及喷涂工艺方面开展自动化实施工作，包括中挖驾驶室焊缝打磨机器人、备料中心切割件打磨、小挖后罩焊缝打磨机器人、斗杆打磨机器人、挖掘机后车架机器人喷涂、挖掘机斗杆机器人喷涂、小挖驾驶室涂胶机器人等工作站实施工作。

2.3.3 整体实施阶段

项目以重型机械中的代表装载机、挖掘机及其部件的生产工艺为研究对象，研究出与之匹配的自动化加工技术，重型机械智能焊接工艺、智能打磨工艺、智能喷涂工艺技术取得研究突破，形成了以点带面的格局，在生产制造自动化方面取得飞速发展。

2.3.4　数字化工厂实施阶段（暂未实施）

项目硬件设备全部实施之后，将会继续搭建内部通信网络架构，完成产品三维设计与仿真、核心制造装备、数据采集和分析、制造执行系统（MES）整体集成，并对 MES、ERP、CRM、QMS、PLM 等系统进行优化升级。

第 3 章　实施效果

3.1　实施效果分析

3.1.1　效益分析

临工集团项目的顺利实施给我国的重型机械制造业带来了巨大的变革，并产生巨大的经济效益和社会效益。

本项目的成功实施，使临工集团在生产工艺自动化方面取得飞速发展。对比国外设备，新松机器人在使用及维护成本上至少节省 60%，人工成本节省 50%以上，并间接提高了员工的能力及综合素质。同时智能制造带来的产品质量提升加上信息化管理系统的引入有效降低了质量控制的管理成本。

从社会效益上讲，整个智能制造系统在适应车间现场实际工况的基础上，保证了产品质量稳定性，使得临工的生产加工效率大幅增加，产品竞争力稳步提升。企业在智能制造理念、技术、管理等方面的探索与实践，拉动了重型机械制造的产业竞争力，推动了其他同行企业的健康发展，敢于创新发展，为临工集团树立了优质的品牌形象及业内示范效应。项目的研发成功，除临工集团自身受益之外，也从一定程度上促进了地方经济的发展。

3.1.2　成果分析

本项目经过长期工程实践，深入结合重型机械领域的生产工艺，采用当今最先进的传感设备及算法，攻克了机器人智能焊接、智能打磨及智能喷涂等相关技术，完成对目标车间的智能制造升级，直接达到了提升企业生产效率、保证关键工艺质量控制的目的，解决了企业劳动力短缺及人力成本上升的难题。形成了一套标准的重型机械领域系统解决方案，不但可带动行业内的智能制造转型，后续还可相继推广至船舶、煤炭机械等行业。

3.2 项目复制及推广

3.2.1 复制推广情况

临工集团机器人智能制造项目的实施开展，在同行业转型升级中起到了良好的示范作用。项目中研发的智能加工工艺技术和成果，为其他尚在智能制造升级中摸索、验证的行业客户提供了极具代表性的参照。以临工集团公司的装载机、挖掘机及其部件为基础，以机器人焊接、打磨、喷涂技术应用和工艺积累为依托，完全可以将中厚板焊接、结构件打磨机喷涂等技术拓展到其他重型机械应用领域。

1．煤炭机械行业

新松为某企业定制实施的液压支架结构件、顶梁和掩护梁焊接系统如图 9 所示。

图 9　液压支架结构件、顶梁和掩护梁焊接系统

系统采用焊接机器人系统替代人工，大大增加了机器人的移动范围，以及可焊焊缝的数量，实现煤炭机械顶梁和掩护梁的焊接。机器人智能焊接软件包中的位置检测功能、焊缝跟踪功能、多层多道焊功能，对结构件的不规则焊缝起到了补充作用。

新松为某企业定制实施的刮板机结构件中部槽焊接系统如图 10 所示。

图 10　刮板机结构件中部槽焊接系统

机器人同样具备智能焊接软件包进行不规则焊缝的焊接，并采用双丝焊工艺，进一步提高焊接速度及熔敷率。焊接效率为普通焊接的 3～6 倍，熔敷率可达 24kg/h。

2. 船舶行业

新松为某船厂定制实施的焊接系统如图 11 所示。

图 11　某船厂焊接系统

整套系统自动化程度极高，采用十六轴自动焊接。机器人智能焊接软件包配置了位置检测、焊缝跟踪、多层多道、离线编程等功能。工件在流水线上可实现自定位，非机械定位，直接传送到机器人焊接工位。工作时先是移动桁架 X 轴和 Y 轴，利用安装在焊接机器人底座上的摄像头扫描工件，通过工件特征判断工件摆放位置，桁架调整机器人位置；之后焊接机器人通过起始点检测功能检测焊缝精确位置，最终机器人开始焊接，并通过焊缝跟踪功能实时校正机器人焊接路径。

3. 港口行业

新松为某港口行业定制实施的切割系统如图 12 所示。

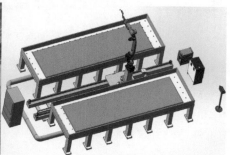

图 12　某港口切割系统

系统中新松切割机器人利用变位机、滑台的协调运动，增大了系统的工作范围，实现了对工件多方位切割，进而实现了高效自动化生产。配套采用自主研发的离线编程软件，可以对复杂工件进行空间曲线编程，重点解决人工无法示教的难题。软设施上使用了自主开发的生产监控软件进行套料，便于合理利用物料，减少人力和物力的浪费。

4. 建筑机械行业

新松为某建筑机械行业定制实施的墙体立柱焊接系统如图 13 所示。

图 13　某建筑机械行业墙体立柱焊接系统

系统采用模块化设计，一是伺服滑台模块化，可提高方案设计效率；二是变位机模块化，夹具柔性化翻转角度±360°，实现全方位的焊接。额外配套智能焊接软件包（位置检测功能、焊缝跟踪功能、多层多道焊功能），相似产品可复制焊接专家数据库。

新松为某建筑机械行业的桥梁支座产品定制实施的自动喷漆系统如图 14 所示。

图 14　某建筑机械行业桥梁支座自动喷漆系统

系统通过机器人自动喷漆，使漆膜性能及均匀性大幅提高，漆膜表面平滑饱满，无流挂、橘皮、针孔、缩孔等缺陷，一致性好；漆膜厚度均匀性大幅提高，漆膜厚度平均厚度差 15μm，精确可控；有效提升喷涂效率，上支座喷涂的总体时间为 80s。同时系统中采用了先进的工件精确到位控制技术及工件混线生产智能识别技术，提升喷涂设备的准确性。

3.2.2　复制实施策略

一个项目的价值不单体现在交付用户使用，更多的是项目结束后的可复制性。新松重型机械智能改造项目流程执行层层把关，循序渐进，形成一套针对重型机械项目的执行及管理措施。一是勤交流，通过与客户充分沟通和交流，理解最终客户技术需求；二是懂现场，对产品工件结构、制造工艺、生产节拍、工序质量控制、物料输送等进行分析；三是优设计，以交付的项目技术为基础，进行系统配置与选型，选择各功能模块进行优化组合；四是深服务，形成性价比高的技术解决方案，与客户评审和交流，修改、完善并确认方案；五是重落实，严格按项目管理流程进行项目实施，实现高质量项目交付；六是勇创新，针对客户特殊需求，进行专项功能扩展开发或全新功能开发，满足客户需求。

第 4 章　建议及总结

针对重型机械行业中的不同类型企业，智能制造不可一蹴而就，要进行整体规划与顶层设计，之后分步实施。智能机器人系统要融合工艺知识，结合智能传感，实现自主规划，自主学习。

对于大型企业而言，多数不乏资本及实力，开展智能制造可以通过强大的技术支持与研究，做好前期规划，实现高端产品的发展。建议以应用案例为基础，进行复制技术的提升，以模块化设计、数字化设计为依托，在相似产品中进行技术推广和应用。在技术改造升级的过程中，可率先针对部分工艺落后的产品进行改善，以解决技术瓶颈，改善现场作业环境，提升制造工艺水平为目的，设计并实施智能制造系统解决技术方案。也可通过与企业联合开发的形式，探索新工艺、新技术，主动创新技术，提升企业核心竞争力与技术实力，推动产品量产。

对于中小企业而言，往往存在资金不足、不愿尝试革新的问题。建议采用通用性强、性价比高的标准化产品作为切入点，如机器人、焊接电源、焊枪组成的标准焊接机器人产品；外部配套采用非标的模块化产品加以辅助，如采用模块化桁架、工作台、工装夹具等模块化设备来覆盖多品种、小批量的产品加工，降低企业的投资风险，实现产品多元化生产制造。

重型机械行业在国民经济中占有基础性的战略地位，目前已经通过借鉴领先的生产制造模式，在智能化设计、智能化制造、智能化管理、智能化服务等方面推进实施和示范推广了一批标志性项目，并取得系列重大突破。临工项目的实施革新了产业发展模式，推动了智能制造建设，并充分释放了其转型升级的新动能。

石化盈科智能工厂解决方案

——石化盈科信息技术有限责任公司

　　石化盈科信息技术有限责任公司（以下简称石化盈科）作为流程行业领先的信息技术服务解决方案提供商，依托中国石化信息化建设实践，构建了面向流程工业智能制造从咨询规划、设计研发到交付和运维的完整 IT 服务价值链，形成了一批经过实践验证的建设方法论、解决方案和核心软件产品。自 2003 年开始，石化盈科陆续研发了具有自主知识产权的炼化企业生产执行系统（MES），完成了在中国石化、神化集团、中煤集团等国内大型能源企业的推广应用，替换了国外的 MES 软件产品，推动了我国能源化工生产执行、管理核心软件的自主可控和国产化。作为中国石化智能工厂承建单位，石化盈科在无经验可借鉴、无标准可参考的情况下，利用三年的时间（2012—2015 年）打造了石化智能工厂 1.0 和以集中集成为核心的智能制造平台 ProMACE 1.0。2017 年，石化盈科在 ProMACE 1.0 基础上，融入工业互联网建设理念，把工业大数据、物联网、新一代人工智能等技术与能源行业工业机理、管理模式、业务特点深度融合，自主研发了面向石油和化工的工业互联网平台 ProMACE 2.0，启动了智能工厂升级版（2.0）建设。

第1章 简 介

1.1 项目背景

伴随着以云计算、大数据、移动互联网、物联网等为代表的新一代信息通信技术（ICT）的迅猛发展，全球兴起了以智能制造为代表的新一轮产业变革，引发了全球产业竞争格局的重大调整，意图抢占新一轮全球制造业竞争制高点。能源行业的产业升级，不仅需要新装备、新工艺和新型催化剂，也迫切需要新一代信息技术与运营技术、制造技术深度融合，从而带动产业升级，为生产方式带来革命性变化。中国石化智能工厂项目于2012年启动。石化盈科作为承建单位，在无经验可借鉴、无标准可参考的情况下，2013年完成了智能工厂规划，2014年在燕山石化、镇海炼化、茂名石化、九江石化4家企业开展试点，2016年完成了镇海炼化、茂名石化、九江石化、中煤榆林4家企业智能工厂建设，打造了能源行业智能工厂1.0版，并形成了建设方法论、解决方案和核心软件产品。2017年启动镇海炼化、茂名石化等企业提升（2.0）建设，以及齐鲁石化、天津石化、上海石化、金陵石化、海南石化、青岛石化6家企业的推广，并新建工厂中科炼化，逐步在恒力石化、新凤鸣等民营企业开展相关建设。

1.2 案例特点

本项目属于石油和化工行业。本项目所建石化智能工厂是面向石油化工生产的新型制造模式，以供应链协同一体化、生产管控一体化、全生命周期资产管理为主线，覆盖石化生产全产业链，将新一代信息通信技术与石化生产过程的资源、工艺、设备、环境以及人的制造活动进行深度融合，将无处不在的传感器、控制系统、信息终端、生产设备通过CPS连接成智能网络，提升全面感知、预测预警、协同优化、科学决策的四项关键能力，以更加精细和灵活的方式提高工厂运营管理水平。

第 2 章 项目实施情况

2.1 需求分析

我国石油和化工工业已建成完整的工业体系，在国民经济中的地位日益增强。当前，我国已成为世界第一的化学品生产国、世界第二的炼油大国，已拥有一批具有自主知识产权的石化核心技术和专有技术，已具备依靠自有技术建设千万吨级炼油、百万吨级乙烯、百万吨级芳烃和煤制烯烃及下游深加工装置的能力。但是，我国石油和化工行业的国际竞争力与世界石油和化工强国还存在差距。突出表现在：产业布局不尽合理、较为分散；先进产能不足，还有相当数量的落后产能；通用产品所占比例较高，高端产品自给率不足，不能满足人民日益增长的美好生活需要；能耗物耗较高，安全环保压力较大，生产成本较高，需要加快由大向强的转变。

在上述背景下，石化工业发展按照传统的方式已不能适应市场、客户以及技术发展的需要。一种新型的生产制造模式要能够适应产品生命周期的新变化，能够应对供应与需求的不确定性，能够面对价格的竞争和成本的压力，能够实现资源的优化和能源效率的提升，能够满足生产制造的全球性和企业发展的持续性。智能工厂是承担上述任务的发展方向。

2.2 总体设计情况

按照"统一规划、统一设计、试点先行"的建设思路，在 MES 建设和应用的基础上，公司于 2012 年年底开始进行智能工厂和 ProMACE 1.0 的规划，开展了规划编制和方案设计等前期工作。2013 年完成了智能工厂和 ProMACE 1.0 的规划，从模型范围和深度两方面对 MES 工厂模型进行扩充，增加了能源、安全、环保、设备等相关模型，建立了以集中集成为核心的 ProMACE 1.0，设计了生产管控、供应链管理、设备管理、能源管理、安全管控、环保管控等六大核心应用。同时借鉴国际先进项目管理经验，成立了项目组织和管理体系，组建了大项目管理团队。

该项目设计重点解决五个方面的问题。一是规划建设完整、系统的智能工厂解决方案和具有自主知识产权的成熟软件产品。二是解决智能工厂各子系统之间以及与企业其他相关信息系统之间集成性差的问题，建立统一的工厂数据模型和智能制造平台，充分发挥智能工厂作为企业制造协同的引擎功能。三是解决现有系统通用性和可配置性差的问题,探索基于工厂数据模型的数据集成技术,提高系统的可配置性、可重构性、可扩展性。四是解决现有系统实时性不强的问题,建立准确、及时、完整的数据采集与信息反馈机制,提高对大数据的处理、存储,复杂信息处理及快速决策能力。五是解决智能工厂相关产品智能化程度不高的问题,建立行业模型和知识库,保证生产过程的高效和优化。

2.3 实施步骤

1. 整体路线图

石化盈科结合多年的石油与化工行业的信息化建设经验,提出了一套传统企业数字化、网络化、智能化转型的端到端的核心方法,覆盖企业咨询规划、应用建设(含应用系统和智能制造平台)、成熟度评估三个部分(见图1)。其中咨询规划(切脉诊察)阶段,重点是帮助企业找出数字化、网络化和智能化转型的瓶颈点和需求;应用建设(变革转型)阶段,重点是从应用系统和平台等方面建设支撑企业转型升级的整体信息化方案,通过信息化建设引领企业变革创新;成熟度评估(追求卓越)阶段,利用石化盈科智能工厂成熟度评估方法,从多个维度为企业进行诊断,找出提升的空间和建议。

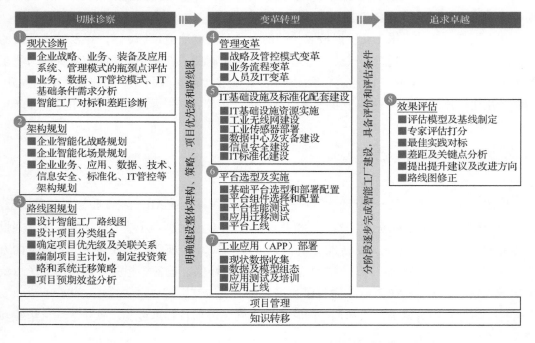

图 1　传统制造型企业数字化、网络化、智能化转型三阶八步法

2. 实施步骤

1）三阶八步法 —— 切脉诊察阶段（见图 2）

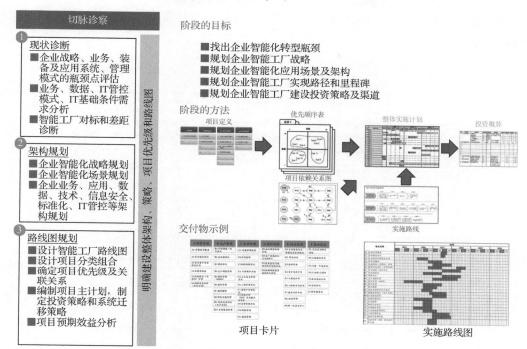

图 2　三阶八步法 —— 切脉诊察解决方案

（1）现状诊断

对企业战略、业务、信息系统和传感器及装备进行诊断评估，并与国家智能工厂试点示范对标分析，找出企业智能化转型中信息化发展的瓶颈和短板。分析企业发展战略和管控模式，业务发展战略及对信息化的影响；深入分析业务特征，总结信息化需求；对 IT 基础以及管控模型进行现状分析；开展智能工厂对标分析；给企业形成具有战略性、前瞻性、操作性和经济性的企业信息化规划建议。

（2）架构规划

提出企业未来领先智能工厂转型战略；规划企业智能工厂信息化架构和智能化场景，重点定义业务、应用、数据、技术和 IT 治理等核心架构，覆盖企业全业务、全要素的智能化场景，以及智能化场景与企业未来架构直接的映射、集成关系。

（3）路线图规划

定义企业智能工厂信息化的项目卡片，制定企业信息化规划整体实施计划和投资概算，并给企业提供未来 3～5 年的信息化发展路线图和智能工厂相关信息系统的经济效益评价方法以及预期成果成效。

2）三阶八步法 —— 变革转型阶段

在为企业提出智能工厂信息化规划成果的基础上，石化盈科根据多年的石油与化工行业的信息化建设经验，为企业提出覆盖企业智能工厂核心业务域的智能化应用解决方案，以及石油与化工工业互联网平台 ProMACE 的解决方案。

在智能化应用层面，石化盈科提出的智能制造解决方案覆盖六大业务域核心应用（见图 3）。

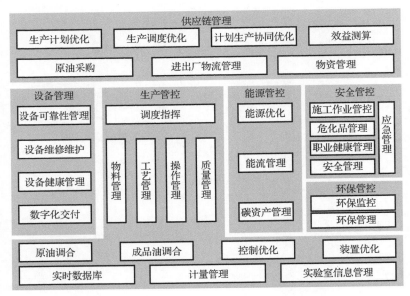

图 3　三阶八步法——变更转型解决方案（智能化应用）

（1）供应链管理业务域智能化应用

生产计划优化：利用先进优化软件，实现生产计划、调度计划的编制以及核心指标的分析，实现计划、执行、跟踪、反馈的闭环管理。生产调度优化：调度计划编制、审批、发布、查询，实现月度计划向旬/周调度计划的拆解管理。计划生产协同优化：以集成优化为目标，建设涵盖计划优化、调度优化、装置优化、数据交互的协同优化，实现由全局到局部优化、由月度到日常优化的协调统一和无缝衔接。效益测算：实现企业日效益测算、绩效分析等，实现企业对各口径效益变化的快速测算。原油采购：利用资源优化模型进行优化测算，提供原料采购优化方案，为原料采购决策提供可靠依据。物资管理：从物资需求、采购计划、执行跟踪、配送管理、物资仓储到移动作业的全流程综合管理。

（2）生产管控业务域智能化应用

石化盈科逐步扩大了 MES 的应用内涵，在物料管理的基础上，逐步延伸了包括调度指挥、操作管理、质量管理、工艺管理等应用，并可根据企业不同的业务特点、规模进行自由组合。调度指挥：紧密围绕炼化企业进出厂、罐区管理、装置运行、物料平衡和公用工程平衡，实现对工厂生产全过程的监控、预警、预测。物料管理：以生产物流管理为核心，实现物料移动信息管理、罐区及仓储操作信息管理、物料平衡、生产调度、统计信息管理和公用工程信息管理等业务功能。操作管理：面向企业班组操作层，提供涵盖内操业务执行监控、外操巡检监管、班组操作绩效管理的功能。工艺管理：面向工艺技术人员和工艺管理人员，实现工艺参数管理、工艺连锁管理、工艺审批、工艺分析、工艺指令等功能。质量管理：实现从原辅料进厂、生产过程，到产成品出厂的全过程质量管控，为质量追溯提供支撑。厂内管网：实现地下管网分布走向清晰、管线及附属物构造清晰、空间结构清晰，为厂内管网安全运行提供全面信息支撑。

在底层方面，控制优化：为装置建立优化控制模型，实现装置卡边操作，提高高价值产品收率。装置优化：采用基于严格模型的在线模拟优化技术，实时跟踪原料性质的变化，持续不断地对装置进行优化计算，实现装置生产尽量达到或靠近最佳的经济效益操作点。计量管理：实现从原料进厂到产品出厂全过程的计量数据和计量仪表状态管理，及时准确地跟踪物流，支撑企业生产管理和经营决策。实验室管理：实现包括任务管理、样品登记、样品接收/留样、结果采集/输入、数据审核等功能。

（3）设备管理业务域智能化应用

设备管理解决方案的核心思想及主要目标为：搭建设备管理全生命周期的信息化平台，以工单为主线，合理、优化地安排相关的人、财、物资源，将传统的被动检修转变为积极主动的预防性维修，与实时的数据采集系统集成，可以实现预防性维护。通过跟踪记录企业全过程的维护历史活动，将维修人员的个人知识转化为企业范围的智力资本。集成的工业流程与业务流程配置功能，使得用户可以方便地进行系统的授权管理和应用的客户化改造工作。

（4）能源管理业务域智能化应用

能源管理：实现企业各类能源介质的生产、存储、转换、输送，消耗全过程数据采集、归并、统计，实现对能源全过程可视化管理和在线监控。能源优化：涵盖蒸汽动力优化、管网优化、装置用能优化等方案，以效益最大化为目标，在保障生产安全的前提下，帮助企业提高能源利用效率，降低能源成本。碳资产管理：在能源管理基础上，对企业五大类碳排放源进行管理，提升企业碳盘查的效率，推动企业降低碳排放。

（5）安全管控业务域智能化应用

安全管理解决方案包括职业健康管理、安全管理、应急管理、危化品管理和施工作业管控 5 个应用。实现教育培训、安全检查、承包商管理、应急管理和职业卫生等 12 项业务管理的信息化、标准化和智能化，覆盖企业安全各个方面，全面提升企业安全诊断、风险防控能力。

（6）环保管控业务域智能化应用

环保管控解决方案涵盖环保监控、环保管理两部分。重点实现环保信息的可视化及环保的全过程管理，帮助企业减少超标与违规排放，降低排污税缴纳，并通过建立企业风险库，有效提高环境应急管理水平。

在平台层面，石化盈科提出了石油与化工行业工业互联网 ProMACE 解决方案（见图 4）。

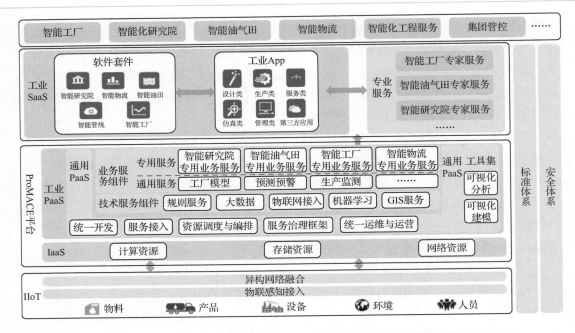

图 4 三阶八步法——变更转型解决方案（石油与化工行业工业互联网平台 ProMACE）

石化盈科结合多年的 MES 系列产品研发以及智能工厂建设经验，把工业大数据、物联网、新一代人工智能等技术与能源行业工业机理、管理模式、业务特点深度融合，自主研发了 ProMACE 2.0。ProMACE 的部署和应用模式如图 5 所示。

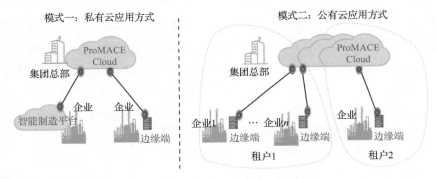

图 5 ProMACE 的部署和应用模式

ProMACE 提供公有云和私有云两种应用模式，在公有云下推荐 ProMACE Cloud+边缘端的组合；在私有云下推荐 ProMACE Cloud +边缘端和 ProMACE Cloud +智能制造平台两种组合。根据业务复杂性、下属企业规模、数据敏感度进行选择。

ProMACE 总体框架包括安全可控的工业物联网、工业云平台、融入最佳实践的工业 App、基于行业经验的专家服务、标准与安全体系。

在工业物联网层面，建立泛在感知的工厂运行环境，建成石化工业自动化运行环境，实现对物料、产品、设备、环境、人员的感知、识别和控制。目前，已接入 13 大类、269

小类，共计超过 25 万台工业设备，工艺流程传感器数据采集点连接数量超过 105.2 万点，支持 107 种工业通信协议。

在工业云平台层面，平台为上层智能应用和服务的运行、开发、运营与维护提供有效支撑，是可扩展的工业操作系统。云平台包括物联网接入、集中集成、实时计算、智能分析、二/三维可视化五项能力。目前，工业机理模型及工业微服务组件 488 个，月平均调用 50 028 次；平台提供开发工具 24 个，月平均调用 6.7 万次；平台开发者 2734 名，其中外部开发者 528 名。

在工业 App 层面，面向石化工业全产业链，提供融入最佳实践的工业级核心应用；面向不同规模企业提供从私有云、混合云到公有云多种工业 App 应用模式。目前，云化设计、管理类工业软件数量 51 个，工业 App 数量 1177 个，工业软件和 App 月平均订阅5103 次，平台注册用户 80.9 万名，服务企业用户总数 113 家。

在专家服务层面，依托中国石化领先的行业优势、科技优势、专家优势，通过"院士工作站""大师工作室"等多种形式，为客户提供以产品研发、工程设计、生产制造为核心的特色服务。提供的专业服务包括：设备远程诊断、炼化工艺指导、安全环保咨询等。

在标准与安全体系层面，围绕 ProMACE 设计、开发、建设、运维提供统一的应用标准、数据标准、技术标准、服务标准、安全标准以及管理规范。

3. 三阶八步法——追求卓越阶段（见图 6）

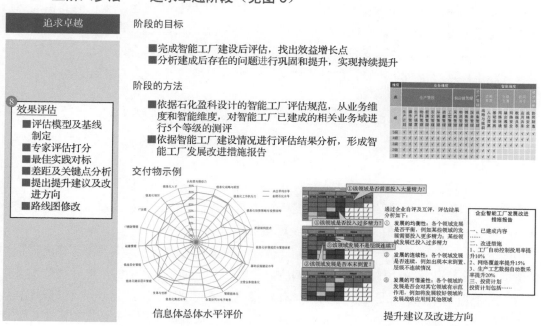

图 6　三阶八步法——追求卓越阶段（智能工厂成熟度评估解决方案）

石化盈科基于我国首个石化行业智能工厂成熟度评估模型，依托行业顶级专家团队，采用与国际管理体系认证相同的流程和 PDCA 理念,提出石化企业智能工厂成熟度评估整套解决方案。石化企业智能工厂成熟度评估是依据石化行业智能工厂成熟度评估模型,在全面、系统、科学地搜集、整理、处理和分析智能工厂建设各要素的基础上,对智能工厂建设的各构成要素进行综合判断和评分,得出企业智能工厂建设的成熟度等级,并提出相关建议。

第 3 章 实施效果

3.1 项目实施效果

石化智能工厂方案的实施,推动了企业生产方式、管控模式变革,提高了安全环保、降本增效、绿色低碳水平,促进了劳动生产率提升。4 家试点企业的先进控制投用率、生产数据自动数采率分别提升了 10%、20%,均达到了 90%以上,外排污染源自动监控率100%,建立了数字化、自动化、智能化的生产运营管理新模式,生产优化能力由局部优化、离线优化提升为一体化优化、在线实时优化,劳动生产率提高 10%以上,提质增效作用明显,实现了集约型内涵式发展。

智能工厂项目形成了可推广的理论成果、一大批应用试点示范以及标准化规范。

1. 理论成果

在理论成果方面,逐步完善形成了智能工厂理论体系,可以概括如下。

(1)实现一个目标。智能工厂建设目标是实现工厂的卓越运营,达到劳动力生产率高、能耗物耗低、安全环保水平高、经济效益好的目标。

(2)形成两大体系。一是技术支持体系,包括工业物联网、云计算、移动互联、工业大数据、虚拟现实、增强现实与人工智能等技术;二是标准体系,包括技术标准、数据标准、应用标准、服务管理标准和信息安全标准五部分。

(3)突出三条主线。一是供应链协同一体化,在价值链维度上,实现供应链全过程的价值增值,在优化深度上,通过计划、调度、装置、控制四个层面上的一体化优化实现生产全过程效益最大化;二是生产管控一体化,实现经营管理层、生产运营层、过程控制层的纵向集成,形成新一代生产运营指挥模式;三是全生命周期资产管理,实现从工厂的项目筹建、工程设计、建造交付,到工厂运行与设备维护、资产报废的资产生命周期全过程数字化管理。

(4)提升四项能力。能源化工行业智能工厂贯穿于运营管理全过程,通过技术变革和管理创新，全面提升企业全面感知能力、优化协同能力、预测预警能力、科学决策能力。

（5）具备五化特征。能源化工企业的智能化主要体现数字化、集成化、模型化、可视化、自动化五个方面。

（6）聚焦六大核心业务域。能源化工行业智能工厂涵盖了生产管控、供应链管理、设备管理、能源管控、安全管控、环保管控六大核心业务域。

2. 应用成果

在应用成果方面，从镇海炼化、茂名石化和九江石化三个企业的应用成效展开。

1）镇海炼化

中国石化股份有限公司镇海炼化分公司（以下简称镇海炼化）是中国石化直属企业，现有原油综合加工能力 2300 万吨/年，乙烯生产能力 100 万吨/年，码头海运量 4500 万吨/年。2016 年入选国家工信部智能制造试点示范企业。

围绕生产管控一体化、设备健康管理开展智能化建设应用效果明显。

（1）通过调度指挥系统和 MES 的集成应用，实现国内首个炼化企业调度指令的结构化分解和执行在线闭环管理，革新了生产调度指挥模式。一方面实现了指令一体化，建立自上而下的纵向调度指挥体系的指令执行闭环管理，实现了调度指令与物料移动自动关联，并将物料移动信息反馈到指令体系的闭环业务过程。另一方面从生产监控与预测角度，将业务人员脑中的复杂逻辑转换成经验模型，实现对罐的监控和罐收付量时间预测，满足不同层级、不同角色的生产监控要求。调度指挥形成了完整覆盖全公司生产业务的调度指令在线流转体系，把计划、调度、操作由分段式管理转变为全程在线、闭环式管理，生产管理效率显著提高，减少劳动工时 20 人/天，工作效率提升 15%。

（2）从 ISA18.2 国际标准给出的报警管理全生命周期模型入手，结合石油炼化企业装置报警的现状，并借鉴国内外针对报警现状的研究成果，构建了一套报警数据的自动识别、优化分析、监督执行的闭环管理体系，解决实现多类型 DCS 报警数据的自动采集与统一管理；依据国际标准，标定报警系统所处的健康等级，并进行分析计算，为改进指标滞后的区域提供合理化指导；规范化报警处理流程，提升企业报警管理水平等问题。通过操作报警系统的建设，对报警系统进行优化，极大地减少了报警数量、操作人员干预次数和屏蔽报警的次数，同时报警分布也趋于合理化，从而降低操作人员工作负荷，提高了劳动效率。实施报警优化后，总报警数量下降 50%～70%，组态报警数量大约下降 30%，操作人员每分钟的平均干预报警次数由实施前的 5～8 次下降到 1～3 次。

（3）建立设备健康和可靠性管理系统，实现 71 台大机组、37 个泵群的在线监测，实现了以预知维修为核心全方面、全过程设备健康因素监控及分析。利用大数据分析及专家知识库的关键机组故障定位及寿命预测，提高了设备预知维修和可靠性管理水平。镇海炼化分公司通过设备健康和可靠性管理项目建设，有效提高设备预知维修和可靠性管理水平。预计在项目实施并运行的 1 年时间内，降低设备故障率 10%，提高设备可用度 1%，降低设备维修费用 5%，减少设备非计划停机率 2%。

（4）创新地将人工智能的深度学习与模式识别技术与现场高清摄像头相结合，实现了厂区摄像头获取的视频数据实时分析，最终实现危险区域管理、人员行为分析、火灾识别等功能，并通过联动报警触发应急预案。

（5）利用无线射频（RFID）等物联网技术，对传统物资仓库进行数字化改造，实现了库存物资实时盘点和智能配送，提高了物资管理的效率和精细化管理水平，大幅降低了企业物资库存资金的占用。以智能仓储为纽带，通过销售物流实现了智能工厂、宁波化工园区和宁波智慧城市"三位一体"协同发展。

（6）全员绩效系统实现了绩效指标的自动计算、自动汇总、自动生成考核报告功能，解决了绩效考核指标数据输入及计算的手工操作工作量大、出错率高问题；实现月度绩效考核过程的在线流转，使考核过程公开透明，将绩效考核由事后、静态、内部变为事前、实时、内外部兼顾的绩效考核管理；建立了绩效考核数据中心，使各项专业管理绩效完成情况得到数据积累，在绩效考核"大数据"的基础上，提供了丰富的分析模式，通过多维度、精细化的跟踪、分析，发现绩效短板或问题，促进各部门不断提高本专业绩效水平。

（7）通过三维可视化技术的应用和工厂基础数据管理的实施，结合企业运营数据的集成、展示、应用，为数字化、智能化运营管理模式提供支撑，降低了信息的获取和使用门槛，实现物理制造空间与信息空间的无缝对接，扩展人们对工厂现状的了解和监测能力，加强对零部件的精细化管理，弥补工厂监控（EM）的不足；可快速获取全方面的设备信息，取代设备平面图、管线空视图等工程图纸的查找及现场调查工作，简化了工作程序，大大提高了工作效率，对企业的生产改进、现场管理起到了重要的支撑作用。

（8）通过集中集成（ODS 和 ESB），实现了微信、企业 IC 卡提货、MES、ERP、进出厂和立体仓库的高效集成，打通了企业厂内大宗化工品的物流全环节，实现了智能工厂、宁波化工园区和宁波智慧城市"三位一体"协同发展。

2）茂名石化

中国石油化工股份有限公司茂名分公司（以下简称茂名石化）是中国石化直属企业，为我国生产规模最大的炼油化工一体化企业之一。目前炼油综合配套加工能力达到 2000 万吨/年，乙烯生产能力达到 110 万吨/年，同时拥有动力、港口、铁路运输、原油和成品油输送管道以及 30 万吨级单点系泊海上原油接卸系统等较完善的配套系统。2017 年入选国家工信部智能制造试点示范企业。

围绕一体化优化、生产管控一体化、HSE 管理业务开展智能化建设，在风险监控、施工作业过程监控等方面应用效果明显。

（1）把原油调合成套装备与原油近红外快评工具、原油加工优化软件深度融合，实现了对 80 种以上原油配方优化和组分的精确控制，原料组分稳定可控，实现了 3 套常减压装置多种优化，降低了原油加工成本，确保了常减压装置稳态、优化控制，年增效 1600 万元。

（2）大数据分析与机理分析相结合，利用大数据技术对超过 11 亿条生产数据，以及石油原料数据进行分析建模，建立操作样本库，指导工艺参数优化，通过机理模型验证后，使汽油收率提高 0.14、辛烷值提高 0.9，累计增效 1000 万元。

（3）通过能源管理系统应用促进了能源管理模式创新，推进了企业能源管控中心建设，加强了对能源的产、输、转、耗全过程的跟踪、核算、分析、优化和评价，年增效益合计 1023 万元，同时实现了企业能管中心与茂名市能管中心协同，形成了企业—政府两级能源管理新模式，助推茂名石化成为广东省重点用能单位能管中心建设的典型示范企业。

（4）利用现场工业传感器、工业无线网和智能终端，实现现场重大作业空间及人员分布监控、作业现场附近视频监控、疑似进入探伤作业辐射超标范围预警、有毒有害及可燃气体异常报警等现场人员及环境的实时监控报警。实现全厂范围各装置作业人员分布监控。实现在应急状态下，及时了解现场人员的分布情况，及时启动应急救助方案。在连续重整装置建立人员定位监控系统，实现装置作业现场人员定位，SOS 求助报警，保证现场人员的人身安全。自动计算放射源辐射范围，并利用二维或三维技术进行展示，提高预警精确度。设置申请单位探伤作业标注流程，并将探伤作业预警查询集成在门户中，方便查看对探伤作业的辐射范围及影响，为员工的人身安全提供有力保障。

（5）通过通信融合、定位、传感器等技术的应用功能，将事故模拟、处置流程、人员定位有效集成，现场、指挥中心和总部实现应急协同和联动指挥，形成了总部应急指挥中心、茂名应急指挥中心、现场指挥部（应急指挥车）三级一体化管理的应急指挥体系。通过应急指挥中心建设实现了对茂名石化公司重大生产作业和生产装置的全方位立体监控，在茂名石化日常生产、经营活动中以及处理应急事件和突发性自然灾害中发挥了重要作用，避免造成重大损失。

（6）利用可视化技术，建立预测预警"环保地图"，建立污染排放监测点 370 余处、职业危害监测点 770 余处；九江石化建立环境实时在线监测点 60 余处，实现了环境保护可视化和异常报警。

（7）通过操作管理的建设应用，为外操巡检上紧了"发条"，加强了巡检操作的规范性和科学性，提高了发现隐患的能力。公司实现在线巡检后，基本杜绝了漏检，减少了安全事故的发生，提升了装置运行的安全性；系统在线交接班，转变了工作方式，提高了工作效率，目前公司生产班组基本全部实现电子交接班，在线记录、在线提交、在线审核等无纸化办公操作，提高了信息流转效率，节省了约 40% 的重复抄录时间，更好地提升了班组操作水平；同时，通过外操巡检的"火眼金睛"，班组人员避免了多起突发事故，确保了安全生产和产品质量。通过物联网技术的应用扩展了对生产现场过程、环境的感知和智能化管控，提高了现场生产的规范性和安全性。

（8）利用三维数字化技术，对工厂实体装置、设备进行三维建模，利用正逆向建模手段进行工程级建模，共重建设备 291 台，管道 1850 条，设备拆解模型 31 台。模型精细化程度高，为设备检修计划、方案编制和专业培训提供数据基础。搭建了全厂三维数字化模型，包括炼油生产区域装置 43 套、罐 200 个；化工生产区域装置 18 套、罐 250 个；北山岭罐 30 个；水东港区罐 27 个，为全厂三维展示提供基础。基于三维渲染技术为 HSE 等大场景智能应用提供了初步支撑，实现泄漏事故模拟、火灾事故模拟及爆炸事故模拟，为异常处置提供决策支持。通过集成设备、工艺、HSE、视频等系统数据，实现了实体工厂与虚拟可视化工厂的动态联动，变革了传统的管理和操作模式，提高了企业资产和安全管理水平。

（9）搭建了一个全方位工控信息安全管控平台，有效监测 66 套装置实时数据传输，对非法行为发出告警，将看不见、摸不着的安全信息、安全事件进行可视化的管控。

3）九江石化

中国石化股份有限公司九江分公司（以下简称九江石化）是中国石化直属企业，是我国中部地区和沿长江流域重点企业，也是江西省唯一的大型石油化工企业。现有原油综合加工能力 800 万吨/年，占地面积 4.08 平方千米，现有在职员工近 3000 人。2015 年入选国家工信部智能制造试点示范企业。

九江石化围绕生产管控、HSE 管理、供应链管理等多个业务开展建设。

（1）建成了集中的生产管控中心，实现了生产运行、调度指挥、全流程优化、安全管控、环保监测、DCS 控制、视频监控等一体化管控，促进分散式的生产管理转变为集中、协同式管理，操作合格率从 90.7% 提升至 99% 以上。

（2）应急指挥体系由 2G 对讲上升到 4G 智能终端，音频传输上升为图像、视频传输，信息汇总式传递方式上升为信息集中反馈；利用 GPS（人员、车辆定位）、RDK（超标溶度气体检测）等先进定位、检测技术，实时跟踪现场应急状态。实现科学分析、优化生产、资源共享、联动处置的生产、应急指挥新模式。建立调度、应急和操作一体化管理体系，提高处置突发事件的风险预知、实时感知、快速响应三项关键能力，提高了应急救援水平，避免装置大范围停工，减少了突发事件带来的经济损失和人员伤害。

（3）环保管控方面通过集成技术，实现 LIMS 数据、在线监测数据和人工检测数据的有效集成，一体化支持企业环保业务管理。在石化行业首次运用地理信息技术支持所有环境检测点位的实时和历史监测数据，基于地图更直观地进行环境监测管理，满足九江石化环保处、各级领导、外部公众等对环境监测的应用需求，在国内处于领先水平。目前九江石化建立环境实时在线监测点 60 余处，通过"环保地图"实现了环境保护可视化和异常报警。

（4）在安全管控方面，变革业务管控模式，对现场施工作业票的发放实现利用手持终端对作业许可票证进行现场签发和完工验收。在作业过程智能管控方面，结合 RFID、GPS 定位、综合数据智能分析等技术，固化 8 套业务流程。形成用火作业、高处作业、进入受限空间作业、临时用电作业、破土作业、盲板作业、检修安全作业 8 大作业许可业务模型。开展施工作业过程的智能监控技术研究，实现了企业生产现场检修施工作业过程中人员进出及当前位置监测，人员培训及作业资质、作业票证等业务动态监控与异常分析。利用现场工业传感器、工业无线网和智能终端，实现了现场作业票管理"定时、定位、定票、定人"，提升了现场作业过程安全管理水平。

（5）建设了具有生产优化、效益预测、实时跟踪功能的协同优化管理系统，实现了业务信息集成共享、业务协同高效有序、生产优化动态调整，提高了资源配置优化水平。3年生产优化综合增效超过了 7 亿元。

（6）率先在炼化企业采用国产化技术建成 4G 无线网络，实现 4G 无线对讲机与调度电话、"119" 接警系统、扩音对讲之间的语音互联互通，并利用工业无线网、智能巡检设备、人员定位和地理信息服务等技术，实现内外操交接班点对点视频交接、智能化巡检等，改变了内外操的协作模式，促进操作和管理效率的提升。

（7）应用能源在线优化技术，以 "效益最大化" 为目标对动力系统建立了能源优化模型，对全厂的蒸汽、电力等进行在线优化，实时推送优化方案，综合平衡全局用能，促进了节能减排、降本增效，每年节约能源成本 700 万元以上。

（8）率先开展装置报警大数据分析，利用中国石化 50 套催化装置约 50TB 历史数据，开展装置报警分析，实现关键报警提前 1～2 分钟预警，装置报警数量减少 40%，为操作人员及时采取措施、规避生产风险争取了宝贵时间。

（9）率先在行业内建成了全三维数字炼厂，集成了常减压、催化裂化、连续重整、渣油加氢、加氢裂化、煤制氢、延迟焦化、聚丙烯等近 70 套各类装置三维模型，实现了在工艺管理、设备管理、HSE 管理、操作培训、三维漫游、视频监控等领域的深化应用，通过企业级中央数据库集成了操作管理、全流程优化、H5E、EM、LIMS、腐蚀监控等各种静、动态数据和各专业信息管理系统的结果数据，包括数百台主要设备、10000 余个工艺位号、800 多个质量采样点、数百个腐蚀监测点、1400 多个检测仪等的实时数据，为规划、设计、施工、运营等部门提供准确数据支持的管理环境，实现监控、指导、优化生产的目的。

4）中煤榆林

中煤陕西榆林能源化工有限公司（以下简称 "中煤榆林"）是中国中煤能源股份有限公司的全资子公司，主要有煤制烯烃项目、大海则煤矿及选煤厂项目、禾草沟煤矿及选煤厂项目、煤机维修制造项目。2016 年入选国家工信部智能制造试点示范企业。

中煤榆林主要面向监控的实时化、管理的数字化、决策的科学化三个体系进行构建。

（1）IT 基础设施绿色安全。通过统一规划 IT 基础设施平台全力打造了一个云计算数据中心，简化各类 IT 应用的部署，实现了集中运维、按需部署、灵活调配 IT 资源，建成了真正的云架构数据中心。采用双星型、双链路三层网络架构设计，全面覆盖了公司生产区和办公区，实现了 "40G 到核心、万兆到汇聚、千兆到桌面"，为公司内部信息传递、数据共享提供了高速、安全、可靠的通道。

（2）生产统计精准化。搭建统一的工厂模型，结合实际生产现状总结数据平衡规则，对全厂 74 种主要物料及 26 种能源介质进行每班数据的汇总平衡，实现 "日跟踪、旬平衡、月结算" 管理目标，做到 "数据一门，量出一家"。

（3）仓库管理智能化。通过规范仓库管理操作流程，建立全厂仓库数字化管理模型，与 ERP 系统紧密集成，应用物联网技术，完善仓储现有入库、出库和盘点过程的管理，加强自动平衡、物资寄售、紧急领料管理和物资计划责任主体在线跟踪，实现物料的精细化、标准化管理。使用物联网技术实现了对仓库的到货检验、入库、出库、盘点等各个作业环节进行自动化的数据采集，保证仓库管理各个环节数据输入的速度和准确性，实现库存操作的智能化。

（4）围绕应急预案体系，引入先进技术手段和管理理念，搭建起有线调度、无线指挥、视频全面监控、移动指挥、协同会商和决策支持等功能的"连得通、看得见、叫得应"应急指挥系统，打造煤化工行业示范项目。

（5）设备可靠性明显提高。信息化与工业技术相结合，实现数据共享，形成设备档案，业务单据线上审批，实现故障维修全过程监控，自动生产报表，对大机组故障隐患进行自动化的发现和诊断，提高大机组的运行寿命，降低设备故障率。实现对故障的早发现、早处理，明确故障部位，提高设备可靠性。

（6）生产管理精细化。以内部市场化的原则，对横大班开展劳动竞赛，以完成公司生产任务为目标，依托信息化手段，自动采集每班的产量、消耗数据，通过比产量、比消耗、比操作平稳、比利润的方式，按月排出各横大班的名次，对名次靠前者给予奖励。通过强化经济手段，激活组织细胞，调动职工自我管理的积极性，提高生产效率和效益。

（7）搭建企业数字模拟工厂。三维数字化应用平台以三维模型为基础，以 ODS 为数据基础，集成了装置的生产运营、环境监测、安全监控等实时信息，以及设备物资库存、档案等信息与数据，通过 ODS 与实时数据库、SMES、LIMS、操作管理、HSE、ERP 等系统共享数据，实现了工艺管理、设备管理、HSE 管理、操作培训、三维漫游、视频监控六大类应用，成为国内首家首例将全厂生产装置、系统管廊与地下管线实现无缝链接的案例。

（8）信息系统全面集成。搭建了涉及所有信息系统的企业应用集成平台，将各个独立的系统通过集成平台整合为一个有机整体，为公司提供高性能、高可用的集成服务能力，为系统用户带来良好的使用体验。

3．标准规范

在标准规范方面，智能工厂试点阶段编制了应用、数据、技术三大类标准，实现了主数据标准在试点企业的全面贯标。在应用标准方面，面向核心业务应用，建标 6 项，形成 25 项业务流程、29 项业务功能。在数据标准方面，面向主数据及数据指标，建立 7 大类、75 项主数据标准，以及 6 大主题、935 项数据指标。在技术标准方面，面向开发、基础设施建设及信息安全管控，建标 13 项、采标 24 项。在主数据贯标方面，共梳理并贯标 7 大类、60 983 条标准化主数据。

基于建设期间形成的一批可推广的标准成果，面向智能工厂升级版，设计了"4+1+1"的智能工厂标准体系，即 4 大类标准、1 套建设模板、1 套标准管理功能。在智能工厂标准方面，按照"自顶而下、逐级细化、全局支撑"的设计原则，设计了总体标准、应用标准、数据标准、技术标准 4 大类标准，建标 6 项、扩标 1 项，支撑国家石化行业智能工厂标准编制，进一步强化标准在智能工厂建设过程中全局性、引领性的指导作用。在智能工厂建设模板方面，面向智能工厂建设全生命周期，设计了 4 类、39 套模板，促进项目经验沉淀，规范项目的建设过程及最终交付，助力智能工厂建设的快速推广。在智能工厂标准管理方面，面向标准在线闭环管理，设计标准申报、审核、发布流程及功能，提供有效的标准管理手段与工具。

4. 效益分析

直接经济效益：根据石化盈科 2015 年在镇海炼化、茂名石化等企业进行智能工厂建设情况，以及中煤榆林等外部市场目前的建设情况来看，经过智能工厂建设，石化盈科已经获得了 2 亿元的销售收入，毛利率约为 25%，带来了较好的经济收益。随着项目时间的进行，将会为企业带来更大的收益。由此测算，"智能工厂解决方案应用推广"项目投入资金 7500 万元，经过两年的实施石化盈科内部收益率将达到 25%，项目可在 3 年内将投资成本全部收回，能够带来很高的经济效益。

间接经济效益：石化智能工厂建设不仅能够给石化盈科带来较好的经济回报，也可为进行应用示范的石化企业带来显著的经济效益。按 2 家企业计算，将会带来 27 492 万元的经济效益。同时，操作平稳率提升到 99.9%，供应链每个计划周期至少可以节省 0.5 天的数据收集时间，劳动生产率提升空间在 13% 左右。

3.2　复制推广情况

1. 在中国石化千万吨级大型炼化企业全面推广

目前，齐鲁石化、天津石化、上海石化、金陵石化、海南石化、青岛石化 6 家企业推广项目已完成总体设计。6 家推广企业覆盖了炼化一体、炼油、燃料油—润滑油等多种生产模式，2016 年原油加工量 7700 万吨，会同 4 家试点企业，达到 14 500 万吨，占全国原油加工能力的 19.3%，建成后对我国石化工业智能制造具有典型的示范意义。到 2025 年将完成中国石化全部千万吨级大型石化企业的推广。

2. 以中科炼化为标杆，打造世界级炼化基地模式下的新型智能工厂

面向中国石化"十三五"期间将要打造的镇海、上海、茂湛和南京地区四个世界级炼化基地，建设基地模式下的新型智能工厂。茂湛基地是中国石化率先启动的炼化基地，中科炼化一体化项目是茂湛基地建设的重要组成部分，以石化智能工厂 2.0 为框架，从生产层面扩展到经营与客户服务层面、从"建设期"扩展到"建设期+运营期"，实现工艺设计、装备技术、管理模式和信息化深度融合，体现"高端+精细"的一体化发展目标。开展中科炼化智能工厂建设，将为石化工业探索出一套世界级现代化基地模式下的智能工厂建设新模式和新方法。到 2025 年，石化盈科将助力中国石化全面完成四大基地炼化智能工厂

建设,支撑炼油企业由集群化企业向基地化模式转变,对建设现代石化产业体系做出贡献。

3. 进军民营大型炼化企业市场

近年来,石化民营企业也争相建设大型炼化项目,参与国家基地建设。目前,在建炼化一体化企业 15 家,建成后国内炼油能力将新增 2 亿吨/年。炼油规模在 1500 万吨/年以上大型炼化项目包括:浙江石化、恒力石化、盛虹石化、河北一泓石化、河北地炼搬迁整合项目等。目前,石化盈科正为恒力石化等石化民营企业智能工厂建设提供前期咨询和设计,后续将逐步扩展到其他民营炼化企业,推动民营炼化企业向数字化、智能化转型。

4. 强化现代煤化工市场优势地位

2016—2020 年中国煤化工产业将进入产业升级阶段,煤制油、煤(甲醇)制烯烃、煤制乙二醇等与炼化产业相关的领域在"十三五"期间将有 32 个项目陆续投产,预计到 2020 年国内煤制油年产能增至 1300 万吨、煤制天然气年产能增至 170 亿立方、煤制烯烃产能增至 1600 万吨,煤制芳烃年产能增至 100 万吨,煤制乙二醇增至 800 万吨,主要企业包括:神华煤制油、神华煤直接液化、神华宁煤、中煤陕西榆林能化、大唐内蒙古多伦煤化工公司、中天合创、国能包头煤制乙二醇等。智能工厂在煤化工领域具有广阔的市场前景,石化盈科承担了中煤榆林煤化工智能工厂试点示范的建设工作,在煤化工领域智能化建设已有相当丰富的经验和基础。

5. 以"一带一路"国家战略为契机,进军国际市场

"一带一路"国家正大力发展制造业,炼化产业有老旧炼厂改造、计划新建大型石化品装置、扩大炼化工业规模的需求。到 2020 年,"一带一路"国家年炼油能力将增长约1.86 亿吨、三大合成材料年生产能力将增长 2526 万吨,乙烯年生产能力将增长 1184 万吨,对二甲苯年生产能力将增长 900 万吨。"一带一路"国家新增炼化产能,创造了巨大的市场空间,技术需求旺盛,石化盈科智能工厂解决方案在该领域的具有广阔的推广前景。

第4章 总　结

加大政策支持。建议从国家层面引导推进大型企业数字化智能化发展进程,突破一批行业智能制造关键技术。运用专项资金支持关键环节数字化智能化建设,加快数字化智能化成果产业化和推广应用。推动产学研共建国家级智能制造技术研究中心,促进自主创新成果产业化。

推进标准建设。建议从国家层面推进石化工业智能化标准体系建设,重点制定共性基

础标准规范，加快制定数据交换、基础编码、集成接口等支持综合集成的标准规范，鼓励成熟的行业标准或企业标准上升成为国家标准。

鼓励自主知识产权软硬件的研发与推广。鼓励处于领军地位的石化工业软件企业，积极开发具有自主知识产权的工业软件。加大石化工业领域重大智能制造装备的研发，使智能制造单元不仅具备广泛的工厂状态采集和感知能力，而且具备实时智能预测、智能优化、智能决策等新型能力。

多品种、小批量航空关键零部件数字化车间解决方案

——机械工业第六设计研究院有限公司

机械工业第六设计研究院有限公司（以下简称中机六院）创建于1951年，是拥有工程设计综合甲级资质的国家大型综合设计公司，现隶属于世界500强企业——中国机械工业集团有限公司。公司拥有包括1名中国工程院院士、1名中国工程设计大师、24名享受政府特殊津贴专家、108名研究员级高级工程师等组成的专家技术团队；拥有工程实验室、院士工作站、工程技术研究中心、创新中心等国家级、省级科研平台。

中机六院现为中国智能制造系统解决方案供应商联盟理事长单位、首批国家智能制造系统解决方案供应商推荐企业、国家智能制造标准化总体组成员单位、全国首批两化融合管理体系贯标咨询服务机构。建设的"智能工厂全生命周期公共服务云平台"入选2017年国家制造业与互联网融合发展试点示范项目。长期从事智能工厂的工程咨询、设计和总承包业务，在实践中逐步形成了可复制、可推广的智能工厂建设模式，为制造企业提供智能工厂整体解决方案，在机床工具、铸造、无机非金属、机械加工、轻工烟草等诸多行业拥有示范案例。

第1章　案例简介

1.1　案例背景

本项目为 2016 年获批立项的智能制造综合标准化与新模式应用项目——新航航空关键零部件数字化车间。项目责任单位为新乡航空工业（集团）有限公司（以下简称新航集团）。机械工业第六设计研究院有限公司作为本项目的联合体成员，承担本项目数字化车间总体规划、工厂信息模型、工艺仿真等工作。本项目是当时入选的五家航空企业之一，也是唯一的一家航空机电附件企业，项目建设周期为 2016 年 6 月至 2018 年 6 月。

新航集团航空产品为国产军用飞机和发动机配套，多数产品为航空战术指标保障的关键和核心，现有产品涉及零部件近万项，其中关键零部件近千项。产品结构复杂、精度高、加工难度大、加工周期长、废品率高、产品返厂率高。制造模式属于典型的多品种、小批量离散型制造方式，关键重点型号合同履约率较低。近年来，国家航空工业迅速发展，对辅机产品质量、研发周期及交付提出了更高的要求，依托现有研发制造模式将很难实现，为满足主机需求，必须创新研发及制造模式，开展精益智能制造，实现企业研发制造及管控能力全面提升，提高企业核心竞争力，满足国防航空建设需求。

1.2　案例特点

1.2.1　项目涉及的领域和特点

新航航空关键零部件数字化车间项目属航空航天装备领域，产品为战术指标保障的关键机电部件，部分为飞行人员生命保障系统核心产品，功能极其关键。产品具有多品种、小批量的典型特点，研发周期长，生产组织、排产困难，制造、装配过程大多基于人工作业，为传统军工离散型制造模式，产品加工制造周期、产品质量与一致性不能得到保证，向主机客户交付困难。

1.2.2　项目拟解决的关键问题

通过该项目的实施，拟解决航空关键零部件产品研发设计、生产制造、研发生产组织模式以及信息化方面的问题。

1）研发设计

在航空产品研发设计方面，拟解决研发设计周期长，节点保证困难，缺少各类基础数据，研发难度大，过程反复，技术要求确定困难等问题。

2）生产制造

在航空产品制造方面，拟解决制造周期长，节点难以保证，制造过程质量把控难度大，不可控因素多，供应商关键节点及技术关键点把控弱，缺少统一协同与制造，制造单元功能单一，仅能实现产品制造，产品相关数据平台不统一，数据采集、分析、统筹困难，关键工序质量控制成本高，受人员能力影响大，重点型号产品调试困难，数据反复，装配过程中重要尺寸缺少监控及积累，不能为后续提供经验等问题。

3）生产组织

在研发生产组织模式方面，通过项目实施，解决目前新航集团航空产品多品种、小批量生产模式下计划排产难、组织生产难、质量保证难的典型"老大难"问题，通过柔性生产线的建设，实现变多品种、小批量生产模式为相对少品种，多批量的生产模式，同时通过各类智能管控，实现生产信息透明，生产准备充足，生产排产顺畅，生产安排有条不紊，产品质量提升。

4）信息化

在信息化方面，实现数字化设计、计算及仿真能力，建成面向全生命周期的单一数据源集成管理能力。解决设计制造的上下游关键环节尚未打通问题，形成研制过程技术状态管理能力，以支持产品的系列化和模块化。解决系统工程与产品研制过程未进行有效的结合、欠缺配套的数字化标准规范体系、生产准备困难、车间的信息孤岛及系统间需无缝集成、生产计划与实际生产脱节等问题。解决车间质量管理业务运行不够顺畅，基础质量管理流程得不到有效的落实，不能产生完整的型号产品质量数据包，使质量数据既得不到正向的有效跟踪，也不能进行反向的有效追溯，严重影响了产品质量的有效控制及改进等问题。

1.2.3　存在和突破的技术难点

从航空关键零部件数字化车间项目总体规划出发，项目不仅包含 PLM 系统的设计模式、生产模式、业务流程、设施与物流、物料编码规范、IT 总体规划等方面规划、集成与业务重组，也涉及生产线的建设、设备采购与安装、基础设施建设、硬件采购安装、多系统集成等内容，具有内容多、周期长、相关方多、协调工作量大等特点，在技术梳理应用集成都存在较多的技术难点，主要表现以下几个方面。

（1）总体规划必须充分考虑将航空工业制造的特点与精益生产相结合。以价值流分析为主线，通过构建工厂信息模型和工艺仿真技术，优化和重构生产工艺流程，从而实现项目建设目标。

（2）航空零部件制造工艺复杂，零件材料涉及有色金属、黑色金属及非金属复合材料，零件结构多样，对高精度复合加工设备要求高，切削性能差，工艺过程涉及多工种、多工位高度交叉。同时新研型号任务多、批次及三包工作量不均衡，对生产工序、人员依赖性强，目前在线采集及状态传感技术是国内外智能制造研究的主要方向。通过信息系统及传感技术，零件全过程加工要实现融合分析，优化产品制造工艺，改进运营模式，这些已成为航空关键零部件制造能力提升的关键技术难点，需要立项集中攻关解决。

（3）数据共享及并行工程的挑战：一个产品的设计文件及相关的文档将在企业设计、工艺、生产、销售、产品维护的全过程被引用，如仅仅文件的创作者知道数据的位置，在人员变动的情况下，必将造成其他部门及人员引用数据的麻烦。就是在同一设计部门，也不能满足其他设计人员的借用要求。在并行工程方面，由于企业采用的是传统的串行作业方式，即上道工序不完下道工序就无法进行，人员与人员之间、部门与部门之间无法协同工作，产品设计的下游部门无法提前参与到产品的设计中去。

（4）实现快速智能设计的挑战：由于缺乏有效的控制和管理平台，使得企业的公用零部件（功能组件）、通用件库、标准件库、基础技术、知识库无法得到沉淀和积累，大大制约了设计进程。新航集团需要寻找一个系统平台，让企业的知识资产得到高效管理，加快知识的再利用。

（5）标准化工作的挑战：计算机外的所有流程都有 ISO9000 进行规范，所有业务的交流都是通过纸介质进行，而产生这些纸介质的所有数据和文件都是在计算机里完成的，但是计算机内的产品数据管理却是各自为政，没有一个统一的管理平台，造成文档管理混乱、更改不一致、重复设计、名称无规则等。另外，企业为提高设计效率，规范工作程序，需要寻找一个平台使得企业管理标准和工作标准上升到一个新的台阶。

（6）合理构建工装库、刀具库的设计挑战：根据产品工艺特点，设计工装与刀具的管理和使用，对于机加生产线还必须合理考虑工装和刀具的库房与传递。

（7）自动化物流设计技术挑战：根据产品批量特点，设计合理的仓储和物流（送货物流和车间物流），对于机加生产线，灵活考虑 AGV 小车和智能机器人上下料或物件周转控制技术。

（8）数据安全的挑战：产品数据是企业的战略资源，仅通过 Windows 系统无法对现有数据进行有效的管理和控制，所以必须借助于 PLM 平台对其进行高效管理。缺乏企业统一的信息中枢和系统集成框架，无法通过该信息中枢集成 CATIA、ECAD、分析工具、Office 等各种产生数据的工具软件，将这些工具软件产生的数据方便纳入系统中进行管理。

（9）基于 AOS 柔性精益机加及装配单元生产布局是实施该子项目的关键，此生产模式打破以往航空企业多品种、小批量加工模式的布局常规，要求工艺标准化、生产节拍测定及平衡等都是项目实施的巨大挑战。

（10）关于柔性加工单元智能管控，目前由于各类基础数据存在缺失，基础数据的收集、整理及整体智能单元信息化规划也将成为现场实施的重要环节。关于柔性加工智能单元建设一些关键设备（如关键检测设备，在线检测等），由于前期各类技术数据缺乏（如主要试验参数等），将直接影响关键设备职能改造实施，需重点关注，提前着手开展相关工作。

（11）基于模型的协同平台就是将系统的表达由"以文档报告为中心"转变为"以模型为中心"，基于统一建模语言的一系列系统模型成为全生命周期各阶段产品表达的"集线器"，可以被各学科、各角色研发人员和计算机所识别，为研发组织内的高效沟通和协调奠定了基础，并将传统系统工程的手工实施过渡到通过软件工具和平台来实施，通过软件工具和平台物化了相应的"方法"，使得系统工程"过程"可管理、可复现、可重用。使系统工程活动中建模方法支持系统要求、设计、分析、验证和确认等活动，这些活动从概念性设计阶段开始，持续贯穿到设计开发以及后来所有的寿命周期阶段。由于该阶段从理论思维到方法、工具的应用，可参考文献很少，需要做很多开创性工作，所以难度很大。基于模型的系统工程体系的关键在于模型的构建和验证。

第2章　项目实施情况

2.1　需求分析

新航集团作为国内一流的航空机载设备研发生产基地，正处在从部件级供应商到系统级供应商的转型时期。为主机装备提供机载系统解决方案是新航集团的核心价值。

企业近年来在信息化、自动化方面投入大量人力、物力、财力，但目前研发与生产模式仍较为单一，所生产的零件普遍结构复杂、壁薄，且加工工序、空间尺寸多、位置精度高，单件加工工时大。配套产品与原有产品在结构、大小、精度要求上有很大的差别，且大量使用了钛合金、高温合金、耐热合金等难加工材料，致使加工工艺难度大大增加；有些产品零部件需要五轴加工中心加工，许多零件必须采用数控多面加工才能保证生产加工要求。

近年来随着国际形势和周边军事态势的变化及国家军事战略指导方针的调整，快速研制和多型号并举、研产并重成为航空产品科研生产的新常态，航空制造企业面临新品研制周期越来越短，新品数量激增，准时齐套交付、质量要求越来越高的巨大压力。目前在产品交付上面临着合同履约率低、产品返厂率高的严峻考验，该项目实施将有效解决目前新航集团在各类航空产品研发及制造过程中的主要交付及质量问题，有效缩短新品研制及制造周期，降低返修率。

在产品研制的过程中，研发模式正在从"需求满足型"的部件研制向"需求驱动型"的系统研制模式转变。正向设计能力需要进一步增强，数字化、模型化的系统研制手段需要进一步推广；在产品生命周期过程中，设计部门、工艺、制造、质量、检验部门产生的各种类型产品研制数据，包括三维模型、二维图样、技术文档、工艺数据、工装数据、标准规范、设计数据等，需要共享，并进行统一存放和管理；开展编码标准体系建设，制定核心编码标准，在航空工业集团统一编码体系框架下，有效开展新航集团的信息编码工作，实现公司内所有信息代码的有效管理与集成应用，为信息系统应用做好基础支撑；在生产制造过程中，提高准时交付率、降低库存占用是企业的基本需求。建立车间现场设备互联互通网络，自动采集质量数据和生产过程数据，实现数据的自动采集、上传和存储管理，实现生产现场透明可控；在企业运营管控方面，加强各业务彼此之间的沟通交流，消除前期的"信息化孤岛"现象，实现协同共享、互联互通，为各级管理者决策提供数据分析支撑。

2.2 总体设计情况

按照航空工业集团公司的智能制造总体要求，结合"动态感知、实时分析、自主决策、精准执行"思想，依据航空关键零部件数字化车间建设目标，从航空关键零部件产品的航空主机客户的需求提出到产品设计试制、下单、物料供应、零组件供应、生产排产、制造组装、过程监控、品质确认、物流保障、收货确认、回款及合同闭环的全研制及售后过程，引入基于模型的系统工程方法（MBSE）、数字化设计手段、产品数字虚拟仿真工具、产品数据管理系统（PDM）、PLM 协同研制平台、生产管控（ERP）、完整的车间 MES 系统、DNC 数控联网系统、MDC 数控机床监控系统，实现产品需求、功能模型化，产品设计研发、工艺、制造、质量、供应链、物流管理数字化及协同化，决策管理智能化目标；在生产现场将实施新型传感器、在线检测设备、工业机器人、条码识别、个人终端、智能物流系统等智能制造相关应用技术，建立 5 项机械加工柔性生产单元和 2 项精益装配单元。分解出如下智能车间建设的智能研发、智能管控、智能制造 3 个层面的建设内容。

1. 智能研发

基于模型的系统工程建设(MBSE)。项目采用的是国际系统工程委员会的技术，包括需求库的建立、系统功能分析、自动输出文档三部分。

数字化设计及仿真工具 CATIA 建设。实现产品研制平台统一，打通设计研发、仿真、工艺、制造各环节信息孤岛。

2. 智能管控

产品实现周期协同研制平台 PLM 建设。实现在产品生命周期过程中设计部门、工艺、制造、质量、检验部门产生的各种类型产品研制数据统一管控。

生产管控系统（ERP）建设，实现计划制订过程中的数据收集和平衡，生产现场的问题处理管控，实现计划、执行、库存、在制品等计划要素的信息共享和平衡机制，最终实现计划的准确执行，提高管理水平等能力。

完整的车间 MES 系统建设及集成，实现以订单为核心，结合在制品管理和工装工具的管理，实现生产过程透明化、信息共享、协同管理、提高资源利用，加快在制品流转、降低成本、提高质量，保证交付。

机床联网系统 DNC 及 MDC 建设，实现航空关键零部件产品机加设备、数控机床的程序上传及机床监控，可实时对机床数据采集，对生产现场设备动态数据采集分析。

3. 智能制造

根据项目需要建立翻板式单向阀活门板类零件生产线、翻板式单向阀活门座类零件生产线、通道类零件生产线、回转类壳体零件生产线、非回转类壳体生产线共 5 项机械加工柔性生产单元以及座舱压力控制器的 2 项精益装配单元。

通过配置部分加工设备、物流仓储设备，实现整体智能车间生产能力有机均衡。

通过理化计量及环境试验系统增强智能车间辅助生产能力。

航空关键零部件数字化车间总体架构如图 1 所示。

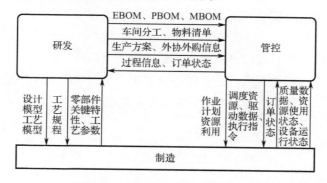

图 1　航空关键零部件数字化车间总体架构

根据航空关键零部件数字化车间总体架构及新航集团的信息化建设目标，企业研发制造一体化平台建设的总体功能架构如图 2 所示。

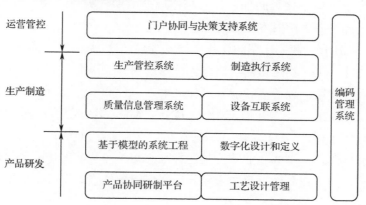

图 2　企业研发制造一体化平台建设的总体功能架构

通过编码管理系统建设,构建新航集团信息编码标准体系,覆盖航空型号产品的全寿命周期中对信息编码的需求,包括信息编码基础标准、基本信息对象编码标准、科研生产信息分类与编码标准、管理信息编码标准等;以编码标准为基础,采用高效的组织形式整理新航集团编码基础数据。编码管理系统功能主要包括对各类代码的申请、审核、赋码、发布、维护、集成共享应用等。

通过基于模型的系统工程(MBSE)建设,承接主机单位需求,分解成新航的设计需求,作为产品设计的源头;以产品协同研制平台(PDM)系统作为研发体系的基础平台,通过与数字化设计和定义(CATIA)的集成,实现产品数据结构化,并对产品版次进行严格管控;工艺设计管理(CAPP)系统承接 PDM 系统的设计模型,根据研发体系并行协同标准,并行开展结构化工艺设计,生成材料定额与工艺规程,传送至生产平台。

生产管控系统(ERP)与制造执行系统(MES)作为生产管控平台,根据工艺数据自动生成主生产计划、工序作业计划、物料配送计划、生产准备计划等,并监控各项的进度,使生产过程实现可视化监控;设备互联系统对车间的机床、非标设备进行状态监控和产品检验信息采集;质量信息管理系统通过质量信息管理流程电子化和管理过程的数据量化,实现质量目标完成情况、体系审核情况及质量问题的自动统计分析,使质量信息管理过程透明,异常信息及时反馈,保障产品制造质量,提高外场服务水平。

门户协同与决策支持系统通过企业服务总线生产制造、产品研发等进行集成,实现统一认证和单点登录。主要功能包括信息发布与指标看板、统一用户和身份认证、业务待办处理、业务执行监控等。

2.3 实施步骤

2.3.1 实施重点内容

航空关键零部件数字化车间项目分为总体规划、项目实施、成果转化和推广应用 4 个阶段,各阶段的主要工作内容如下所述。

(1)总体规划阶段:数字化车间现状调研及规划设计,包括工艺流程布局及数字化建模、工艺流程优化、工艺物流仿真、信息化总体规划等工作。

(2)项目实施阶段:项目级智能制造标准编制,智能单元设计,智能物流系统设计、设备研制/选型及安装;ERP、PLM、MES、DNC、MDC 等系统的开发、应用及集成;车间调试及试运行等工作。

(3)成果转化阶段:形成企业智能制造标准;相关专利、著作权的整理申报等工作。

(4)推广应用阶段:总结项目实施经验,在集团同类型车间推广应用,逐步向企业、集团内部以及集团外其他车间推广应用。

2.3.2 建设内容和关键技术应用

建设内容和关键技术应用如下所述。

1）车间数字化三维建模、工艺物流仿真

数字化车间总体规划布局及建模，精益单元运行仿真技术，围绕精益单元的扁平化业务构建，智能回转库与车间 MES 互联互通技术。

2）多族混线精益加工单元及柔性精益装配单元

多品种、小批量多族关键零件柔性精益混线制造单元规划布局，关键零件成族化分类技术，数控电火花强化自适应加工技术，基于五轴数控机床振动传感技术，基于模型的数控加工 Vericut 仿真加工技术，数控设备工装快换技术，基于 Capto 刀具快换系统，锥形活门智能找正研磨技术，关键零件防错防漏装配技术，产品高空舱自动调节技术，非挥发介质自动清洗技术，自动涂胶技术，自动压铆技术及自动压紧-收口一体技术，装配过程 PLC 控制技术。

3）机床联网系统 DNC 及 MDC

对刀仪与数控设备信息传输技术，设备运行过程监控技术，MES-DNC/MDC 互联互通技术。

4）非标设备互联互通及检测数据采集系统

制造及装配质量监控技术，MES-IFIX 互联互通技术，装配过程数据采集技术。

5）基于模型的系统工程 MBSE

产品需求分析及捕获，功能模块建模及分析，需求评价及验证。

6）产品数字化三维建模、仿真验证

数字化三维设计、工艺建模，设计、制造基于模型唯一数据源技术，材料库、元器件库及标准件库等知识库的建立，产品结构/流体仿真及多学科联合仿真，设计-仿真协同。

7）基于模型的正向研发体系及研发协同

基于产品模型，建立需求—设计—仿真并行正向研发流程、体系。

8）PDM/CAPP 系统

研发数据全面结构化管控，基于模型的 EBOM-PBOM-MBOM 数据链自上而下贯通。

9）生产管控系统

基础数据管理，生产计划管理，库存管理，系统集成。

10）MES 系统

基础数据管理，车间任务管理，工艺管理、工时管理，作业管理，车间现场质量作业，周转管理、可视化监控，车间工装工具管理、设备管理。

11）质量管理系统

供应商管理，制造过程质量控制，计量管理，外场服务过程质量控制，质量归零改进过程控制，质量体系审核管理，质量统计分析。

12）编码系统

构建信息编码标准体系，航空工业统一代码的对接与管理，三员及权限管理模块，自编代码规则定义与管理，自编代码流程管理。

13）门户协同与决策支持系统

平台体系标准，工作协同，表单协同，公文管理，文化建设，集团级决策，公司级决策。

14）信息化系统集成及互联互通

设备层集成及互联互通：DNC/MDC 互联互通系统、I-FIX 数据采集及设备互联互通系统。

车间层集成及互联互通：机加 MES 系统、装配 MES 系统。

公司层集成及互联互通：PDM 产品数据管理平台，CAPP 结构化工艺平台，生产管理系统，编码系统，协同与决策支持系统，质量系统，人力资源系统，财务 U8 系统集成。

第 3 章　实施效果

3.1　项目实施效果

3.1.1　实施效果

（1）在新航集团内部通过航空关键零部件数字化车间的实施，探索出了一条适合新航集团自身特点的多品种、小批量科研批产高度交叉的生产运行体系，实现在智能环境下的精益单元管理以及工艺、作业、质控、管理等标准化，达到管理高效、计划调度协调统一、生产状态可控、信息化数据可控等基本目的，有效缩短生产周期、提高准时交付率、提升产品质量与一致性。

（2）在产品研发方面建立新的协同流程，按照成熟度控制产品各研发环节的协同，大大降低了产品的研发周期，大大提高了产品首次研发的成功率。制定建模规范（同系列零件结构相似，建模路径一致，模型可重复利用和修改），并在试点产品上应用，为产品的系列化设计和开发打下基础；建立仿真体系及评价机制，并通过采集试验数据，对仿真结果进行对比、优化。

（3）MES 系统、生产系统等信息化系统平台的搭建提高了订单的调度分配能力，为生产体系构建了智能大脑，航空零部件制造企业的刚性制造模式逐渐被柔性制造模式所替代。新型设备的引进及智能装备的开发，提高了产品的柔性制造能力和响应速度，与之对应的生产组织也由金字塔式的科层管理向扁平化、矩阵式管理的方向演变，使厂区信息化有效提高，成为向智能化迈进的有力推手。

（4）各信息系统的正式推广应用取代了原有的业务模式。产品数据结构化，电子图纸版本可控，工艺数据结构化，生产计划、工序作业计划自动生成，生产准备和配送及时，产品质量数据自动采集，设备运转情况可监控。各信息系统的集成实现了产品数字线贯通，基于信息系统的生产全过程闭环。

（5）在人才队伍建设方面，项目组专门成立了航空关键零部件数字化车间项目组织机构，组建了一支由 50 个核心成员构成的项目团队，注重智能制造专业团队人员的培养，搭建了交流学习平台，组织项目人员到国内智能制造先进单位学习交流，并组织行业内智能制造领域专家进行专项培训，实现项目人员从"认"到"知"。同时，从需求到研发设计、仿真、工艺、生产计划、采购供应、生产制造、信息管控等，在各部门培养种子选手，深入项目方案策划、建设实施过程，对新航创新型人才培养产生了积极的促进作用。

3.1.2　标志性成果

（1）申请了 6 项软件著作权，10 项实用新型专利，1 项航空工业管理创新成果，形成 2 项航标，25 项企业标准，51 项数字化车间规范。

（2）形成了一整套数字化车间标准体系，搭建一项多项目并行管控机制，锻炼一支智能制造专业人才队伍，建设机加多族混线精益制造单元和座舱压力调节器柔性精益装配单元，打通航空机电附件虚拟产品制造路线和实物制造路线，建立目标产品数字化三维模型和制造模型，搭建 8 项管控系统、平台，贯通双向数据/信息流。

（3）航空关键零部件数字化车间项目实施多项目并行协同管理，并成功申报成为航空工业管理创新成果。

（4）生产现场功能集群式布局转变为多族混线精益单元流程式布局，实现多品种小批量离散型产品制造模式的创新；单元智能化升级，通过引进六轴机械臂、研制自动调节装置等智能设备，改变原有人工作业方式，实现产品装配、测试等过程自动化，提高生产效率的同时，保证了产品制造质量与一致性。在精益建设基础上全面推行单元信息化，实现单元生产过程及质量数据管控，产品制造信息的自动收集及管理，避免人为因素造成信息错误、滞后等问题，同时为产品设计及工艺优化提供产品数据支撑。

（5）采用基于模型的系统工程（MBSE），建立基于模型的正向自主研发体系。以客户需求为驱动，利用需求管理、逻辑分析及仿真工具，实施以模型为中心的产品研发过程，对需求及设计方案进行分析、验证和迭代，降低研制风险，提高设计质量和效率，同时使知识和数据得以有效积累和传承。

（6）以三维数字设计软件为基础，利用前沿数字虚拟仿真软件和技术，实现产品的数字化设计、数字化虚拟仿真分析、验证及优化，从而大大降低产品研发成本，缩短研发周期，提高产品质量。

（7）与联合体协同工作，开展数字化车间建模、仿真，对生产准备单元、机加单元、装配单元的设备布局、工艺物流、生产节拍、产能等方面进行全方位的规划设计、优化，对实体线的建设实施具有重要的指导意义。

（8）搭建了贯穿产品主价值链的各类信息系统，并实现集成。建立编码系统，实现物料统一编码管理；通过 PDM、CAPP、ERP 与 MES 系统的集成，实现产品数字线贯通；通过 MES 系统、编码系统、DNC/MDC 、ERP 的集成，进行生产过程信息化管控，实现生产计划的生成下达、生产准备和配送及时、生产进度可监控、设备及检测信息数据自动采集，完成从合同到生产计划、生产、检测、入库发货的闭环。

3.1.3　指标改善

通过项目实施，实现多品种、小批量军用航空产品研制周期缩短 57%，生产效率提升 39%，不良品率降低 54%，运行成本降低 24%，能源利用率提高 42%。

3.1.4　模式推广

（1）建成了以互联互通为平台，订单拉动的柔性精益数字化车间，凝练具有新航特色的 XH i-FLOW 模式。

（2）通过航空关键零部件数字化车间的建立，可以将这种智能化运营体系推广到行业内同类型、多品种、小批量的航空产品，推动行业内相关企业的快速升级。同时，在这个过程中对所涉及的所有流程、数据及知识进行梳理和管理，对相关的制度、信息化技术等进行全面调整，对行业内智能化建设具有重要的参考价值。

（3）以智能研发、智能管控、智能制造为核心的航空关键零部件数字化车间的建立可以在国内树立模范作用，有效带动国内制造型企业的智能化升级，对国内开展新一代信息技术与制造装备融合的集成创新和工程应用起到引领作用。

（4）通过该项目实施，为国家类似多品种、小批量，离散制造、定制化生产航空机载附件研制开拓新的模式，有效减少库存、减少浪费，建立起相近产品的设计研发和加工制造的示范性基地，引领国内柔性智能制造新发展，为行业内的智能化升级树立好的榜样，走出一条多机种、多型号、多技术状态的智能化生产道路。

3.2　复制推广情况

目前，在航空关键零部件数字化车间项目应用成功的基础上，通过将基于模型的系统工程（MBSE）思想、工具和方法在新航集团内部其他子公司推广、应用，显著提升了正向科研效率和产品研发质量。同时，航空关键零部件数字化车间建模技术和工艺物流仿真技术在新航集团豫北转向器子公司智能制造示范生产线建设中得到应用，在建模过程中不断优化设备布局、工艺流程等，通过生产线建设整体规划，为实体线建设打下坚实的基础和支撑。

航空关键零部件数字化车间项目是从顶层规划到逐步落地实施完成，项目建设提炼了关键技术实现路径、项目总体架构模型、虚拟建模/仿真技术、项目管理系统思想/方法/工具，为同类项目规划、实施、推进提供参考依据。

第 4 章　总　　结

（1）坚持标准和创新双轮驱动，践行"以我为主，为我所用"的基本原则。

本项目自立项起，始终坚持建立统一的技术标准，并不断追求技术创新。项目策划初期，以问题为导向，找准自身需求定位，制定项目实施标准。项目实施过程始终坚持"以我为主，为我所用"的原则，立足自身需求，创新建设适合新航航空关键零部件产品研发、制造、管控模式的数字化车间。

（2）项目系统思考，统筹策划、全面推进。

项目建设目标是以新航复杂系数最高、制造难度最大的 XX 产品作为目标产品，打造先进的航空关键零部件数字化车间，建立多族混线精益加工单元及柔性精益装配单元，涉及研发、制造、管控、IT 等产品研发全价值链所有技术、业务及制造部门。为达到项目目标，分别从研发、制造及管控三个维度，规划 14 个子项目，全面推进，系统性建设航空关键零部件研发制造能力。

（3）强化绩效考核，实现多项目协同管理。

航空关键零部件数字化车间项目涉及新航航空军用产品制造 16 个业务部门，建立超过百人的项目团队，从三个维度，14 个子项目并行推进。项目具有多项目、跨部门实施的特点，对实施人员、成本方面需求较高，为加强各项目之间协同，解决多项目并行实施问题，项目组推行绩效考核体系，设立了研发、制造、管控维度三个子项目集，并制定项目协同工作制度、流程，促进子项目集内部之间、子项目集之间的协同工作，保证项目实施过程可控、可靠。

项目推进实行分层例会、汇报，子项目每周开展内部例会，项目组每周召开项目例会，每月召开月度会，通过项目进度汇报、项目风险事项研讨，促进项目推进工作顺利开展。

（4）一把手负责制。

该智能制造项目是在新航集团军用航空产品制造首次实施，集团高层领导高度重视，作为集团战略项目进行重点推进，项目组每月向高层领导进行项目汇报，在单元设备到位后，采取在精益单元现场进行实物展示的会议汇报形式，促进精益单元高效开展现场实施工作。

（5）项目实施层级评审。

项目推进过程成立了由客户代表、关键岗位技术专家、生产一线技能专家等组成的专家组，同时邀请了联合体单元智能制造专家，对需求文件、实施方案、车间规划、单元布局及工艺流程、设备技术协议等进行了厂级和公司级评审、完善以及再评审，保证项目实施合理、可行、可控。

（6）项目联合体高度协同。

为加强与联合体单位、协作单位的协同工作，制订了《新航"智"项目联合体协同工作机制》，在项目推进过程，机械工业第六设计研究院有限公司、北京航空制造工程研究所、金航数码、北京兰光创新等联合体单位与责任单位持续协同工作。方案策划阶段，组织联合体单位技术人员到项目实施场地进行联合封闭办公；项目关键里程碑评审时，邀请联合体单位智能制造专家参与评审过程，对项目实施方案进行指导、把控，保证项目实施的可行性、合理性、准确性。

（7）在产品设计模型复用及建模质量有效控制方面，通过制定产品建模规范，保证同类零件建模路径的一致性，模型的修改更加方便快捷且出错率大大降低，有利于企业知识的积累及现有基础上产品的改进和开发。

（8）通过对项目规划、实施过程的经验进行沉淀与深度提炼、总结，建立了一整套数字化车间项目标准体系，成为新航集团智能制造升级改造样板工程，对后期项目的复制及推广应用提供宝贵的经验，并具有重要的指导意义。

发动机设计体系集成
平台解决方案

——金航数码科技有限责任公司

金航数码科技有限责任公司（以下简称金航数码）成立于2000年；2014年，中国航空工业集团有限公司（以下简称航空工业）依托金航数码成立了航空工业信息技术中心。

作为航空工业信息化专业支撑团队，金航数码肩负着"推进产业数字化，践行数字产业化"的使命，致力于做信息化集大成者，成为行业系统级供应商。业务范围覆盖管理与IT咨询、综合管理、系统工程、生产制造、试飞管理、客户服务、IT基础设施与信息安全七大领域。建立了结构完整的信息技术专业体系，形成了覆盖产品全生命周期、管理全业务流程、产业全价值链的"三全"服务能力平台，形成了覆盖企业联盟层、企业管理层、生产管理层和控制执行层的智能制造解决方案。

历经十余年的辛勤耕耘，金航数码在高端制造业领域快速拓展，品牌影响力日益扩大。客户遍及航空、航天、船舶、核工业、兵器、电子等军工行业，以及军队、政府、石油等相关行业。

第 1 章 简 介

1.1 项目背景

自成立以来，中国航发商用航空发动机有限责任公司（以下简称中国航发商发）结合具体航空发动机型号任务，在信息化建设方面取得了显著成绩：在数字化产品定义和设计工具方面采购了大量的工程软件，同时构建了产品数据管理、协同多项目管理、高性能计算等信息化平台。然而，面对来自不同种类和数量繁多的商业工具和自研软件，设计应用基本还是处于工具应用阶段，尚未形成成熟的基于知识、流程化、规范化的多学科协同设计与优化能力。由于各个工作环节基本上是离散的、孤立的、不系统的，设计过程中人工重复性劳动较多，设计效率低，造成设计周期长，费用高，质量却不高，严重制约了中国航发商发自主设计和创新设计能力的提高。

由于航空发动机研发流程的繁多性，研发工具的多样性，研发数据及知识的庞大性，为了更好地支撑商用航空发动机的研发业务，中国航发商发结合商用航空发动机设计体系流程定义和优化工作的成果，在 CAD、CAE 等数字化产品定义工具的支撑下，通过数字化手段，构建了贯穿发动机设计全过程的集成化平台，建立了面向专业、部件/系统及整机的设计系统，实现了对发动机研制过程的任务流程管理、工具管理、过程数据管理，并通过与相关信息应用系统的整合，共同形成了中国航发商发商用航空发动机设计体系集成平台（以下简称发动机设计体系集成平台）。

1.2 案例特点

发动机设计体系集成平台实施属于航空发动机行业的新一代信息技术产业案例。商用航空发动机研发是复杂航空产品设计，涉及动力学、运动学、控制等多个学科，而且涉及结构设计、强度分析，同时设计过程是一个不断迭代反馈的过程，不但需要大量的领域知识、专家经验和技巧，还要进行大量的科学计算和分析，根据设计流程，将设计方法、工具、知识贯穿于产品设计过程中。目前的 CAD/CAE/PDM 技术，设计过程中不同学科之间相互独立，信息不能平滑传递，无法有效实现数据交换、传递，形成信息"孤岛"，难以实现设计过程中快速迭代、多学科优化。而且，对于商用航空发动机，适航也是其关键环节之一，需要在其研发过程中对过程数据进行有效的管理，以便适航取证认证。

针对商用航空发动机的研发设计现状，项目拟解决设计流程分散、缺乏规范；设计工具繁多且功能、算法、操作方式、来源各不相同；设计知识与设计工具融合程度低；研发数据分散，难以追溯；专业间数据协同性差等关键问题。从而实现产品数据和研发流程的协同及工程知识信息的传递、交流与共享，提高发动机研发效率，降低研发成本，控制产品技术状态和质量，提升产品研发数据和流程协同能力。

在方案设计和项目实施过程中，实现了项目流程一体化管理技术、基于知识的单元设计技术、数据成套性管理等方面的关键技术难点突破，有力保障了项目的成功实施。

1）项目、流程一体化管理技术

通过对航空产品研发活动、设计流程模型及研发流程控制模型的研究，突破了以任务为核心的项目和流程一体化管理技术。根据设计过程，从顶层的项目计划开始，对研制任务进行逐级细分，并对任务过程进行一体化管理和全面、实时监控。各级工程管理人员可以对任务状态、任务完成情况、任务流程、资源使用率进行更好追踪，避免任务管理与实际设计过程的脱节，从而提高工程开发过程的管理效率和规范性。

同时，与设计、分析等过程中产生的所有任务数据进行统一关联，实现过程数据的实时追溯。

2）基于知识的单元设计技术

通过对航空产品研发流程的多学科分析、设计、仿真等集成模型研究，提出了集成设计模型，把设计过程中的工具、方法、知识进行有效的集成和封装，形成一系列标准化的、可重用的知识组件，在此基础上构建面向设计仿真集成工具包，突破了基于知识的单元设计技术。通过集成化设计仿真，提高设计效率，降低软件使用门槛，并实现工程设计过程中的知识捕捉、封装以及重用，形成知识工程中的知识组件，实现设计过程的可重复性、可追溯性和可变性。

3）数据成套性管理

航空发动机研发业务具有高度复杂性，涉及多部件/系统、多专业的数据交互，同时在发动机研发过程中存在多方案并行以及大量的设计迭代，因此研发过程中所使用数据的方案及版本匹配是发动机设计体系集成平台重点要解决的核心技术问题。通过发动机设计体系集成平台的建设，形成了发动机设计过程中总体、部件/系统各专业设计过程数据的成套性管理，有效保障了多专业数据协同和交互、数据方案及版本匹配。创新性地实现了设计过程数据交互过程可记录、数据关系可追溯、各部件/系统/专业方案及版本的成套性控制、查看、使用。

第 2 章 项目实施情况

2.1 需求分析

2.1.1 实施力量

金航数码作为航空工业信息化专业支撑团队，是国内外先进信息技术的创造性应用者和本地化推进者，引领着中国航空工业信息化前进的脚步。金航数码长期为国内航空单位提供企业信息化整体解决方案，同时提供具有自主知识产权和行业特色的信息化应用。金航数码在国内航空单位工程信息化的实施中积累了丰富的行业经验，与众多用户建立了长期稳定的合作伙伴关系，在促进用户业务发展的同时也在不断提升自己。金航数码基于对航空工业未来大发展的战略判断和航空集成研发平台跨越式发展的期望，引入行业最优秀的解决方案，为飞机总体、直升机总体、发动机、结构、强度、机载系统方向提供集成研发解决方案。

针对本项目，金航数码在航空工业的支持下，依托行业专家顾问，组建了一支高水平的技术队伍，拥有专业的发动机设计顾问和研发工程师团队。目前正在与国内主要的发动机研究所、制造厂合作，开展航空发动机专业软件定制和集成研发平台的建设实施工作。

2.1.2 应用需求

发动机设计体系集成平台的主要用户包括管理人员和工程技术人员两类。

1. 管理人员

业务需求：各级项目管理人员（项目负责人、各部门负责人、专业负责人）需要对各层级任务进行逐级任务分解、任务流程定义，最终达到单个工程师任务颗粒度，同时需要对各层级职责范围内的项目具体执行情况、问题反馈情况、资源使用情况进行查看。

应用场景：各级项目管理人员登录工程门户后，可以查看其权限范围内的项目各个层级的具体执行情况、问题反馈情况、资源使用情况等。同时，可通过门户启动协同研制过程管理，进行任务分解和任务流程定义（数据传递定义、执行逻辑定义），以及定义任务的输入/输出数据、使用的工具软件/设计模板等。通过工程门户和协同研制过程管理的综合使用，能够实时、可视化地监控项目执行全过程，颗粒度可以细到具体设计人员的工作管理和监控。

2. 工程技术人员

业务需求：工程技术人员需要获取任务信息，使用相关设计工具，结合相关的设计知识、经验、方法，并且参照相关规范标准完成设计工作。因此，需要一个统一的集成环境来集成上述相关工作内容，能够为工程技术人员提供标准化的专业设计模板，从而减轻大量的重复工作，提高设计效率。同时，需要对设计数据进行统一管理，便于设计结果的复现与重用。

应用场景：对于工程技术人员（设计人员、仿真人员等），发动机设计体系集成平台提供了统一的工作台面，工程技术人员可在一个环境里完成其所有工作。该统一工作台面集成其相关的任务信息、工具软件、数据、模型、相关的参考规范标准等。发动机设计体系集成平台提供面向产品的具体业务系统，设计人员由传统的"使用面向学科的通用化的设计工具"转换为"使用面向其具体产品业务的专业设计系统"，该专业设计系统集成融合了工具软件和设计方法，并提供一系列标准化的设计模板供工程技术人员使用。在专业设计系统中工作时，系统能够根据工程技术人员当前的工作语境，主动从后台知识库中推送符合规则的相关知识到前台，供工程技术人员参考、使用。通过发动机设计体系集成平台，可以大大减少工程技术人员的重复劳动，提高设计质量和设计效率，让工程技术人员有更多精力投入产品性能优化和创新工作中。同时在整个设计过程中，可对所有的过程数据进行管理（包括设计输入输出参数、设计模型、设计分析流程及其相关关系），实现设计结果的有据可循及设计过程的重现。

典型应用流程如图 1 所示。

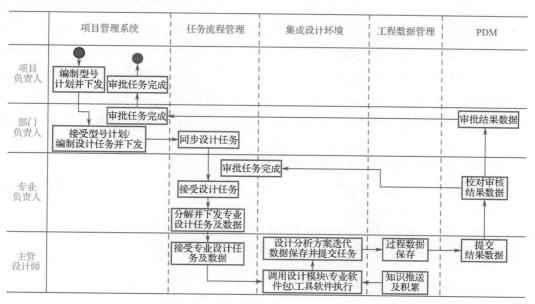

图 1　典型应用流程

2.2　总体设计情况

2.2.1　建设目标

通过发动机设计体系集成平台建设，建立一个能够支撑商用航空发动机设计、仿真、测试、试验的数字化统一集成平台。结合商用航空发动机设计体系流程定义和优化工作成果，实现对发动机研制过程任务流程管理、工具管理、数据管理和相关联的工程设计数据库建设，并与中国航发商发其他应用系统整合，构建商用航空发动机集成设计统一环境，最终实现中国航发商发产品设计的规范化、智能化、自动化、模块化和专业化，进而满足我国商用航空发动机持续发展的需要。

建设目标如下：

（1）建立商用航空发动机设计体系集成平台总体框架。用于发动机一体化设计，满足封装发动机总体、部件及系统等集成设计和分析评估的功能要求。

（2）能够为发动机设计过程建立统一任务单元模型。将任务管理与流程管理融合为一体，实现总体、部件及系统等各专业间流程贯通。实现产品设计和分析任务的有序管理和资源的合理配置，保证项目状态和进度的有效控制，实现多专业与人员之间的有效协同，对航空发动机型号产品整机技术状态进行统一控制和管理。

（3）提供面向航空发动机研发的集成设计环境。对航空发动机设计过程中的流程、工具、方法及相应设计知识等进行有效集成和封装，形成一系列标准化的、可重用的工程模板、模型，为进一步构建面向产品（或部件和系统）的多模型耦合、多学科优化提供支撑。

（4）建立统一的发动机工程过程数据管理体系。为发动机设计过程提供灵活的数据共享方式，具体包括工程设计数据存储和管理、工程设计数据结构管理、数据可视化、数据库二次开发、数据库运行维护等，实现图形数据联动、多方案多工况数据灵活抽取对比、多模型不同精度耦合等功能。实现设计各个阶段和设计迭代过程的数据可追溯性，能够显示从发动机总体到各个部件、各子系统及零部件级等所有层级的迭代过程和技术状态。能够支持发动机构型管理，包括状态标识、产品技术状态更改控制、构型管理状态纪实、技术状态验证和审核、批台次技术状态管理等。

（5）实现发动机设计体系集成平台与中国航发商发项目管理系统、各类数字化产品定义工具、产品数据管理系统、高性能计算环境、仿真设计和管理平台、基础数据库、试验数据库等系统的有效整合，形成中国航发商发完整的商用航空发动机数字化研发体系。

（6）基于基础平台框架和集成设计环境，结合航空发动机设计专业知识、工具、方法集成，建立总体、部件及系统专业流程及工具体系。

2.2.2　指导原则

发动机设计体系集成平台建设是在《航空产品数字化集成研发平台建设规划》总的原

则指导下，基于统一的业务模型和统一 IT 架构，构建商用发动机设计通用业务组件和专用组件，建立统一的、规范的业务专业应用系统。

发动机设计体系集成平台的建设是一项复杂的系统工程，不仅受技术条件、经济条件限制，也受外部环境以及人员素质等非技术条件的影响。结合中国航发商发现有的技术现状和信息化基础，充分考虑中国航发商发的未来业务发展需要，发动机设计体系集成平台的建设应突出"业务管理"和"工程管理"，做好总体规划和顶层设计，充分整合和利用现有资源。且应根据实际情况，分阶段实施，边建边用，不断完善，最大限度地降低项目建设的风险。在商用航空发动机设计体系集成平台的建设实施中，应遵循以下具体原则。

1）合规性原则

以航空发动机行业和中国航发商发的设计规范为依据，完整反映发动机的设计过程，及时准确地处理设计过程中的各种业务活动和管理事务，保证各项工作能够协调开展。

所有软件模块都基于统一的数据库和过程模型，实现工程数据库对各类发动机设计分析活动的支持。采用安全、统一的数据管理策略和组织形式，妥善管理设计过程中产生的各种技术信息，如性能计算数据、结构设计模型、试验数据等，实现信息共享，保证设计过程可追溯。

2）实用性原则

发动机设计体系集成平台应具有充分的实用性，满足工程设计交互要求，体系架构先进、合理，具有较高的计算分析效率和良好的开放性。

发动机设计体系集成平台建设需要根据中国航发商发技术开发和产品开发的总体安排稳妥推进，切实发挥平台在中国航发商发研发体系建设中的作用。

3）开放性原则

发动机设计体系集成平台架构应灵活、开放，具有可扩展性和可升级性，便于将新系统和工具不断接入平台，以适应设计手段的发展和设计理念的变化，满足中国航发商发不断发展的业务需求，实现发动机设计体系集成平台的可持续发展。

4）工程验证原则

发动机设计过程中使用的各种软件均应经过工程验证，并经过批准，以保证其结果的可靠性。

发动机设计体系集成平台建设首期应解决总体架构、关键技术验证，并在功能、性能方面取得实效，进行完善的工作验证，经过评估后妥善推广至中国航发商发整个研发体系中。

2.2.3　建设思路

基于航空工业集成研发平台的统一 IT 架构，商用航空发动机设计体系集成平台的技术实现是以发动机设计规范为基本依据。根据中国航发商发现有研发业务流程和未来规划的业务流程，在各种数字化产品定义工具及相关信息化应用系统的基础上，通过工程中间件技术

（过程中间件、数据中间件、工具中间件），组织建立起协调的工作流和信息流，打通中国航发商发的项目（任务）管理、流程管理、设计分析工具软件、数据管理及知识管理等各个系统之间的交互环节，实现不同应用系统间数据的互通访问。具体包括如下几方面。

1）设计方法、经验、规则、规范同工程软件相融合

对现有的大量航空发动机设计分析商业及自研程序进行封装，从而定制成为经验化的工程模板，将现有的大量航空发动机设计各专业的知识、经验、操作流程、操作方法进行固化，通过软件封装的方式实现工程软件与方法的融合。经过组件化的封装，使工程软件的使用门槛大大降低，由面向学科类型的工具升华成面向产品设计的专业分析包。使设计人员一定程度上得以从烦琐的软件操作中解放出来，从而可以更好地专注于产品设计本身，大大降低了人工的重复性劳动，固化了知识和经验，进而实现专家经验的继承和重用，也使快速设计迭代成为可能，并从根本上解决了"产品设计个性化需求与商业软件产品通用性之间的矛盾"。

2）管理研发流程

构建企业级流程管理体系，帮助中国航发商发解决型号设计、研制、生产过程中的计划调整频繁、任务密集、参与人员众多、组织协调机制复杂、人员沟通不畅、信息反馈零散滞后、进度难以保障等问题。可以直观、方便地定义计划、编制任务、建立流程，通过时间、逻辑、状态、消息四种模式引擎驱动任务之间流转，可以动态处理任务之间复杂的关联关系，克服目前任务管理方法中驱动因素单一、形式固定所造成的局限性等缺点，实现流程任务管理范围最大化，实现设计过程规范性、可见性、可控性和可溯性。

3）管理过程数据

整个航空发动机研发过程中涉及多学科团队参与，将产生大量数据，其中仅有少量且经过审核的结果数据保存在产品数据管理系统中，而对过程数据缺乏管理。通过过程数据管理系统，可以对整个设计分析过程的数据及其相关关系进行管理，并在此基础上实现与产品数据管理系统进行集成，实现过程数据和结果数据之间的关联。

通过建立一个统一的、标准的集成数据中心，中国航发商发所有的应用系统都建立与该数据中心的交互关系。在集成数据中心之上构建一个数据中间层，提供对集成数据中心的标准操作，每一个应用系统只需与集成数据中心的中间层进行交互，从而减低复杂度，为产品研发提供一个高安全、高可靠、高稳定、高性能的数据集成管理环境，提高数据维护、数据转换与集成效率，保证产品研发的数据同步和协调，满足数据项可追溯性要求，进而提高数据管理的质量和效率。

4）协同研发

将发动机研制不同阶段需要的工具、资源、人员、数据形成一个有机整体，打通研制过程中管理与工程之间的各个环节。采用流程模式与数据中心模式相结合，实现跨部门、跨专业的分布式、协同化设计过程。因此，可避免大量的重复性建模、分析等工作，同时还可以通过构建协同任务管理和协同流程管理系统，按照自顶向下、任务计划驱动、实时

反馈的思想，对型号研制人员产生的信息、数据进行抽取、汇总、统计，以多视图形式进行全局展示，提高中国航发商发顶层管控能力，为企业决策提供科学参考。

5）知识管理和应用

对于航空发动机设计过程中涉及的大量专家经验、知识，通过对总体、部件/系统专业设计过程中的自研程序的定制规范、相关商业软件操作方法、相关物理现象的抽象规则等进行有效积累和管理。同时在设计分析人员使用过程中通过相应知识与设计过程的互动，实现知识管理与具体的设计活动相结合。因此，能够方便地把行业规范、设计人员的经验、知识等封装到专业设计工具包中，也可以根据当前的工作语境主动、智能推送满足符合度的设计知识，使得知识与设计形成良好互动，实现知识共享、分发，真正做到知识驱动产品设计的整个过程，使中国航发商发的设计能力得以持续积累和持续提高。

6）共享集成研发平台，建设公共成果

由于中国航发商发发动机设计体系集成平台建立在航空工业统一的业务模型和 IT 架构基础上，通用的业务组件成果可以在该商用发动机设计体系集成平台上得以应用，如通用的产品组件、知识资源、标准流程、设计规范等都可以进行共享，另外，也可以得到航空工业集成研发平台专家团队的技术支持。

2.2.4　总体架构

基于航空工业集成研发平台的统一 IT 架构，商用航空发动机设计体系集成平台的技术实现是以发动机设计规范为基本依据。根据中国航发商发现有研发业务流程和未来规划的业务流程，在各种数字化产品定义工具及相关信息化应用系统的基础上，通过工程中间件技术（过程中间件、数据中间件、工具中间件），组织建立起协调的工作流和信息流，建设面向商用航空发动机研制的设计体系集成平台。从而实现对发动机研制过程的任务管理、设计流程管理、设计工具集成、设计数据管理和相关联的设计数据库建设，并与中国航发商发的项目管理系统、产品数据管理系统、高性能计算平台、试验数据库、材料数据库等应用系统进行集成，构建发动机设计集成研发环境。

总体功能架构如图 2 所示。

平台门户：平台门户作为发动机设计体系集成平台的统一入口，是平台的顶层应用和展现层，也是各级管理人员和业务人员的主要工作界面。

系统管理：提供用户环境设定、用户权限管理、系统性能监控、系统备份管理等内容，有效支撑平台的正常运行。

专业工具：将航空发动机设计过程中的工具、方法、自研程序等结合产品研制流程进行有效地集成和封装，形成一系列标准化的、可重用的工程模块，在此基础上构建面向产品的专业设计系统。通过项目的实施，建立商用航空发动机总体设计、压气机设计、燃烧室设计、涡轮设计、机械系统设计、空气系统设计、外部短舱设计流程及设计工具体系，实现流程、工具、数据的有效管理与集成，有效地支撑中国航发商发总体、部件及系统的型号设计任务。

图 2　总体功能架构

设计数据库：提供数据发布、数据调用、数据关联及版本管理等功能，实现基础数据和工程设计数据管理。对发动机设计过程中设计参数、设计模型、分析模型、分析结果、试验数据、报告等过程数据管理以及产生这些数据的操作和过程进行管理，是对产品数据管理系统的有效补充。

集成开发环境：提供流程及工具搭建和封装环境、数据对象扩展功能。

研发集成环境如图 3 所示。

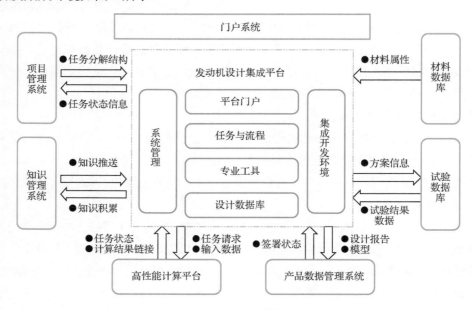

图 3　研发集成环境

以发动机设计体系集成平台为核心，构建了发动机设计研发工作环境。与项目管理系统集成，实现项目管理向下与研发活动管理的对接；与产品数据管理系统集成，支撑构型管理从设计文档到设计活动的追踪；与高性能计算平台集成，实现高性能计算平台软硬件的调用，进入云计算模式；与材料数据库、试验数据库的集成，实现对基础数据库资源的使用；与知识管理系统集成，实现知识的积累和重用。

2.3　实施步骤

项目实施采用系统工程理论作为指导，对实施过程及验证方法进行合理规划，建立"一把手工程"、"建用结合"、"全员参与"、"高效沟通"等机制，确保项目的顺利推进与成功实施。

项目分为以下阶段进行规划与实施。

1）实施准备阶段

（1）客户对各专业流程和设计工具进行全面梳理，形成通用设计流程和软件集成清单、各业务模块开发说明文档。

（2）金航数码对项目实施进行基础软件开发技术分析与相关技术测试验证，为项目实施做技术储备。

（3）成立相关实施团队和 IPT 团队。

2）项目实施阶段

（1）需求分析阶段：对客户的需求进行全面调研，通过与业务人员调研、与外部相关单位调研、专题项调研等形式，收集原始需求并进行平台功能、业务运行场景等转换，完成需求调研报告等内容，为平台开发奠定基础。

（2）架构设计阶段：以需求调研阶段的调研报告为输入，充分考虑平台的稳定性、易用性、合理性、完善性等因素，设计出一套或多套完整、可操作、可实现的技术解决方案，完成平台的实施方案设计并通过行业专家的评审。

（3）流程设计阶段：以客户各相关业务专业的通用设计流程文件为基础，规划定义各专业在平台中所要固化的设计流程，完成实施方案中流程设计部分并通过行业专家评审。

（4）工具设计阶段：以客户各相关专业使用的设计工具为基础，确定工具软件在平台中具体的开发集成实现方式、界面要求、数据接口定义等内容，完成实施方案中工具设计部分并通过行业专家评审。

（5）流程搭建、工具封装：根据实施方案和各业务模块的开发说明文档，从 IT 层面进行具体开发实施工作，进行各专业流程的搭建、各专业工具系统的设计模板开发，形成专业流程体系、专业工具体系。

（6）工具集成、测试与验证：对开发完成的专业工具体系进行功能测试和业务验证，形成测试与验证报告。

（7）流程集成、测试与验证：对开发完成的专业流程体系进行功能测试和业务验证，形成测试与验证报告。

（8）接口测试与验证：对跨专业、跨系统之间的数据传递接口进行功能测试和业务验证，形成测试与验证报告。

（9）系统确认：对全系统功能、全专业流程进行功能测试和确认，形成测试与验证报告。

第3章　实施效果

3.1　项目实施效果

3.1.1　企业成效

通过航空发动机设计体系集成平台的建设实施，可以实现中国航发商发研发业务及管理流程由上而下及由下而上的纵向全面贯通（见图4）。

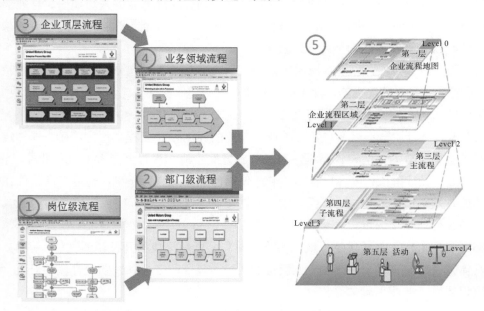

图4　研发流程的纵向贯通

同时以价值为主线，从端到端的流程视角入手，定义研发活动跨组织单元流程，支持技术开发和产品开发的战略落地（见图 5）。

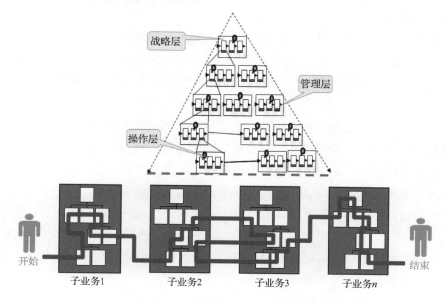

图 5　研发价值链的横向集成

3.1.2　建设成果

根据中国航发商发业务发展需求，结合商用航空发动机设计体系流程定义和优化工作的成果，项目取得了如下关键成果：构建了面向商用航空发动机研制的设计体系集成平台；建设了发动机设计总体、部件及系统的流程体系与专业工具体系；实现了与其他相关设计数据库的集成；实现了发动机设计单方案、多方案的过程数据管理及专业内、专业间、部门间的数据协同。

3.1.3　改善环节

1. 基于任务流程驱动的协同设计

任务流程引擎对任务的驱动执行，其核心是处理任务和任务之间的各种关联关系，而且这种任务之间的关联关系往往是动态的，既有可能因为某个消息而触发一个任务执行，也可能需要多种因素的综合才能启动一个任务。从这个角度出发，系统建立了以任务为核心，以时间、逻辑、数据、消息等多种因素为驱动机制的任务流程管理系统，从而实现了任务的自动下发与反馈、任务的动态调整、任务的多种触发因素的动态配置，极大地提高了对任务的管控效率，加强了任务协同处理能力。

1）统一任务模型

（1）统一任务模型：定义任务所有属性，包括任务说明、时间要求、责任部门、责任人、任务输入输出数据以及其他扩展属性。

（2）任务输入输出：规范任务流程中每个子任务的输入输出数据要求。

2）任务执行控制机制

流程执行过程中需要有灵活自动触发、人工干预机制。

（1）任务结果确认：任务完成后，负责人可以把任务提交上级领导进行确认，当领导确认后，流程才继续执行，确认不通过时，该任务需重新执行；也可以直接提交后继续执行流程。

（2）任务反馈：上游到下游的反馈，上游可以先提交部分数据，或者初始版本数据，然后直接发放给下游，下游收到数据到位的提醒消息后，可以开展工作。

下游到上游的反馈，当下游接收到数据后，发现数据要求不满足时，可以发送消息给上游；或者发现数据没有按时到位，也可以发送消息给上游。

（3）流程调整：任务负责人可以对流程进行灵活调整，例如流程的终止、暂定和动态修改。

（4）自动提醒：每项任务都有完成时间要求，因此需要能够在任务开始前、任务完成截止时间前、任务超时、上游数据到达时进行自动提醒。

2．基于数据共享的协同设计

以数据关联的方式实现协同设计，相关人员之间通过与各自设计或管理活动都有关的数据，实现工作内容的关联。这种数据协同的具体表现形式有两个方面：数据在指定范围内的共享；数据变更后，在指定范围内的告知。

（1）相关设计数据根据数据权限的配置，在指定人员范围内实现共享，包括上下级之间、系统与组件、模块之间、不同专业学科之间、设计与仿真工具之间打通数据交换，实现数据共享。

（2）相关的底层设计师能知道上层（如技术指标）的具体设计要求，以及设计要求的任何变更（例如零件的变更等），平台自动将这些变更通知指定的相关方（在设计前期尤其需要）。

（3）数据在设计要求发生变更后，不仅要求相关方能知道变更，还能看到数据变更的内容，同时变更查看必须是实时的。

（4）数据变更的关联提示应当是闭环，不仅要实现提醒功能，还要记录相关方对该变更的响应（是否有响应，如何响应等）。

3．统一的数据管理

建立一个统一的、标准的发动机集成数据中心，中国航发商发其他专业数据中心及所有的应用系统都建立与该数据库中心的交互关系。在集成数据中心之上构建一个数据中间层，提供对集成数据中心的标准操作，每一个应用系统只需与集成数据中心的中间层进行交互，从而减低复杂度。从而为产品研发提供一个高安全、高可靠、高稳定、高性能的数据集成管理基础设施，提高数据维护、数据转换与集成效率，保证产品研发的数据同步和协调，满足数据项的可追溯性要求，进而提高数据管理的质量和效率。

4．工具和方法融合

经过对设计方法组件化的封装，使工具软件的使用门槛大大降低，从面向学科类型的工具升华成面向产品设计的专业分析包。使设计人员一定程度上得以从繁杂的工程技术实现中解放出来，从而可以更好地专注于产品设计本身，大大降低了人工的重复性劳动，固化了知识和经验，也使快速的设计迭代成为可能。从根本上解决了"产品设计个性化需求与商业软件产品通用性之间的矛盾"。

5．基于模块的设计集成

中国航发商发在设计过程中积累了大量的设计流程、自研程序、设计方法和经验，但流程的获得是需要大量的梳理工作、自研程序的编制需要对语言环境（C++、Fortran）及工程背景有很深的理解（对设计人员水平要求较高）、设计方法和经验大都保存在专家的"手中"（较为零散和无序，无法形成企业的智力资产），上述现状都大大制约了发动机的设计效率。为了降低对工程设计人员、软件、知识经验的依赖性，国际上较为先进的方式是通过封装的方式实现"工程问题的模块化设计"。这种方法的本质是基于"系列产品的共性"开发的面向特定一类对象（工程问题）的、可重用的、凝聚了规则经验的快速设计任务单元。同时模块背后不仅是封装好的程序（C++、Fortran、MATLAB 等）和经验（各种标准、规范、操作方法、具体参数选取范围），同时还具备了建立各种参数传递关系的能力，确保建立各种类型的设计分析流程（串行、并行），最终使整个产品设计循环迭代优化成为可能（封装适当的优化算法引擎）。

此外通过简单的培训，设计工程人员即可在无编程的环境中实现各种类型自研程序和商业软件的封装工作，提升发动机的工程设计效率。

通过模块化封装，可以使专业设计部门：

（1）将当前各种类型的自研程序模块化，屏蔽各种语言环境及操作复杂的商业软件界面，降低了对发动机各设计部门人员的门槛。

（2）将发动机设计专家的知识、经验封装到模块中，实现企业智力资产的继承和积累。同时将专家解放出来，进而从事更加高端的设计分析工作。

（3）为各阶段的发动机整体迭代优化分析提供了高效的实现方法。

（4）通过模块来对新员工进行培训，快速理解发动机的设计流程及理念，规避了需要花费大量的时间去学习各种商业软件带来的资源浪费。

3.1.4　应用成效

通过发动机设计体系集成平台的建设，实现了商用航空发动机设计流程的规范化，累计形成各类规范化设计流程约 200 余个；设计工具的统一化，实现商业软件、自研软件等 100 多款软件的有效衔接与统一，累计形成专业设计组件 500 余个；设计过程的知识化，实现发动机全生命周期设计过程知识的有效沉淀与积累；设计模型的结构化，形成了各型号及预研项目的设计结构化模型；设计数据的追溯化，使得过程设计数据得到有效准确的追溯；跨专业、跨部门数据的协同化，实现总体、部件、系统间数据规范有效的传递与协同；极大提高了设计效率，如某典型部件传热设计的人工处理时间由 24 小时缩短为 1 小时，效率提升 24 倍。

3.2 复制推广情况

3.2.1 复制推广的企业、行业和地区

商用发动机设计体系集成平台解决方案和配套相关 IT 产品及服务，在实际工程设计制造过程中，对设计制造整体效率的提升和设计制造的规范性等有明显的成效。鉴于制造业的相关性和通用性，结合各厂所的实际需求和痛点，将该解决方案进行逐步推广并颇见成效。主要相关行业包括飞机主机、飞机配件、发动机配件、航空航天材料、航空电子、核工业和兵器等；主要企业包括各飞机主机所、飞机主机配套件所、各发动机主机所、发动机配套件所，飞机主机及相关制造厂、发动机主机及相关制造厂、核工业研究所和兵器装备研究院等；主要推广地区覆盖了包括北京、上海、沈阳、贵州、济南、成都、江西等各大厂所所在地区。

1）复制推广步骤

商用发动机设计体系集成平台解决方案拥有一套完善的软件平台作为基础支撑，结合业务特点针对企业痛点进行定制化设计和开发实施，最终形成一套较成熟的解决方案，最大化地成就客户价值。软件平台是根据智能制造理念，结合国内设计制造现状所形成的一套成熟软件平台产品，是解决方案得以实现的基础支撑。在复制推广之初，应根据以往实施经验，总结行业通用特点和痛点，进行通用化解决方案宣讲与讨论；进一步了解推广客户的关注点以及痛点后，形成初步有针对性的解决方案；深层次技术研讨后，确定整个解决方案框架和正确方向；最后进行有针对性的解决方案细化，形成最终解决方案。在整个复制推广过程的初始，原有解决方案为抛砖引玉，在复制推广中期，为绝对性参考作用，在整个复制推广的后期，便可在原有解决方案基础上更便利、高效地衍生出一套定制的优化解决方案。整个复制推广过程符合推广逻辑，使得解决方案得到高效推广。

2）供应商复制推广成本

复制推广即所谓复制+推广，复制原有的解决方案并加以推广。在实际工作中，想要完全用一套解决方案来解决现实设计和制造过程中的所有问题不太可能。鉴于推广行业的相似性和解决方案的通用性，使得整个复制过程又变得得心应手，故在供应商进行复制推广的过程中，主要成本来源于实际设计和制造活动的少量差异，成本会随着差异的多少有所增减。成本主要集中在解决方案的少量变更、优化以及软件平台少量的定制化开发。

解决方案在复制推广过程中会因企业需要或科技的不断发展不断完善，易用性以及先

进性也会不断提升。当解决方案和产品日益趋于成熟，在后期项目实施过程中实施成效也会随之提高。一个成功的项目取决于完善的前期总体解决方案和后期的实施，同理，在复制推广的过程中，被复制推广企业的成本也会随着实施的效率提高和供应商经验积累的增加而减少。所以被复制推广企业的成本主要取决于目前企业的现状与理想目标的差距、业务的成熟度以及在实施过程中业务人员的配合程度。另外与供应商的项目经验及产品的成熟度也紧密相关。

整个解决方案的重点在于基于系统工程理论整合完善或搭建一个企业的设计体系，让企业从设计、验证到制造过程中的每一个环节可控并高效，从而大幅提升设计的规范性、知识的重用性、软件的易用性、数据的安全性和可追溯性等。相比原有的企业状态，成效改善非常明显，甚至超越了企业最原始的诉求。案例的成功推广，确保了企业的设计生产始终保持平稳运行，使企业真正有活力、有较强竞争力，在推动智能制造发展中发挥了巨大作用。

3.2.2　对行业或地区产业智能转型的带动情况

自发动机设计体系集成平台建设以来，先后在多个行业进行了推广和复制。推广复制一般首先基于发动机设计体系集成平台的基础框架，根据行业特点，选取典型专业，建立原型系统，通过原型系统的示范，形成最佳实践或标准示范，在各行业的其他专业进行推广和复制。

在航空工业的推广主要集中在主机所及机载系统研制单位，基于发动机设计体系集成平台，分别建立了飞机总体、结构强度、典型机电产品基于组件的快速设计环境，将行业知识、方法与工具进行有机的集成，形成知识组件，基于知识组件开展方案快速设计和迭代，在提高设计效率的同时，实现行业知识的积累和复用；在核工业，以原子能院的参数化协同研发设计系统为代表，建立了某型号反应堆的参数化协同研发设计系统，不仅解决了反应堆在概念设计阶段的参数化、规范化、标准化问题，更为重要的是，通过三个专业子系统的建设，共将数十条零散的设计流程进行梳理并形成流程模型，实现管理人员全流程监控、全过程可追溯；同时，根据设计需求共封装了 200 多个知识组件，切实提高设计人员主要专业的设计效率。

通过在行业内外的积极复制推广，促进了行业和地区产业整体的智能转型。

3.2.3　复制推广所遇到的问题及经验

发动机设计体系集成平台作为企业数字化研发体系的载体，通过总结多年来的推广和复制经验，企业要建立真正切实有用的设计体系集成平台必须首先对研发体系的关键要素，包括流程、工具、方法（知识）等进行有效的梳理，形成企业标准和规范，然后在平台上进行落地和执行；同时，各行业和企业的各级领导、专家、工作人员，要对设计体系平台有统一的认识和理解，才能保证平台实施工作的顺利进行。

3.2.4 推广模式

根据项目经验，总结以下可复制推广的模式。

1）官网案例展示

通过公司官网，介绍以往成功案例，吸引客户主动邀约。

2）口碑相传

行业内消息互通，各所之间的资源信息交互传递，口碑相传。

3）技术宣讲

定期举办技术研讨会，宣讲解决方案。

4）主动交流

主动前往各企业进行解决方案介绍。

第4章 总 结

4.1 总结

中国航发商发商用航空发动机设计体系集成平台的实施对研发设计过程中流程、数据、工具、方法、知识进行了有效的管理与融合，基本实现了航空发动机设计过程可控。活动规范化、工具统一化、数据结构化、过程知识化、效率高效化五方面的应用效果也充分说明该项目具有较大的借鉴推广价值。

4.2 推广建议

推广复制的内容主要包含发动机设计体系集成平台的建设思路、实施方法、建设经验。实施准备阶段，金航数码需要对企业的整体设计集成平台进行合理的规划，企业需要提前对内部流程、工具、业务等进行详细梳理，为设计集成平台的建设奠定业务基础；项目实施阶段，金航数码需结合成功案例，将丰富的实施经验应用到项目的实施过程，与企业建立完善的 IPT 协同机制，共同推进项目的实施。

　　对于大型企业，人员规模、资产规模与经营规模较大，可依赖金航数码专业的信息化专家顾问对整个企业的信息化平台进行全局规划，建议以建设研发体系为主。设计集成平台由于涉及的专业多，业务域广，可采用"试点专业先行，建用结合推进"的开发建设方针实施。通过试点专业的开发实施，发现设计平台在开发实施过程中存在的技术问题与管理问题，从而从技术上和管理上解决问题，积累宝贵的实施经验。基于试点发现的问题，进行平台优化和管理制度优化，经过充分验证后，可将试点专业的经验和模式应用到其他各个专业，最终实现全面建设的目的，为构建完善的研发体系奠定基础。

　　中小企业与大企业相比人员规模、资产规模与经营规模较小，建议以建设专业的设计流程、设计工具为主。通过流程、工具、知识、方法的融合，形成支撑业务快速设计的流程和工具模块，提升设计员的设计效率。

和利时智能制造系统解决方案案例

——北京和利时集团

　　北京和利时集团（以下简称和利时）始创于 1993 年，是中国领先的自动化与信息化系统集成解决方案供应商，也是国内最早提供智能制造系统整体解决方案的供应商，获得国家发改委颁发的"国家高技术产业化十年成就奖"。和利时是国家级企业技术中心、国家创新型企业、国家技术创新示范企业、国家首批智能制造试点示范企业、国家两化融合管理体系贯标咨询服务机构、国家规划布局重点软件企业、信息系统集成及服务大型一级企业、首批入选国家智能制造系统解决方案供应商推荐目录、具有计算机信息系统集成一级资质、工程设计与施工一级资质，国家 863 成果产业化基地，被国际权威市场研究机构 ARC 列入全球 50 强自动化产品供应商，是国内唯一入选企业。

第1章 简 介

1.1 项目背景

和利时作为中国领先的自动化与信息化系统集成解决方案供应商，长期致力于发展自主创新的核心技术，坚持开发了多项具有自主知识产权的国产控制系统产品，包括 DCS、PLC、SIS、DEH 等工业控制系统，ATP、RBC、LEU、BTM、CBTC 等轨道交通信号系统以及大型工业软件系统，为满足这些高性能、高安全、高可靠产品的生产制造要求，专门建设了自主控制系统产品（电子产品）的制造工厂。

现如今的电子制造工厂面临小批量试生产和批量生产多种不同类型的生产任务，产线上产品转换频繁，每次转换都需要耗费大量时间用于元器件备料、夹具更换、工装准备、控制程序下载、获取对应的工艺文件、首件试制等环节，转换时间约 0.5 小时，造成生产停顿，制约了人员和设备能效的发挥。并且长期以来，和利时电子制造工厂由于缺乏有效的生产管理信息系统，生产线自动化程度不高，与 ERP 中的订单、产品设计数据库的对接基本全靠人工转换，效率低下、容易出现差错。

基于上述制造业中的问题，和利时因势利导，从 2014 年开始引入智能制造理念，柔性制造技术、自动化装配与测试技术、自动识别技术、数字化数据采集与数字化信息系统集成等相关智能制造的先进技术，实施智能工厂升级改造，实现全面的自动化生产和数字化管理，提升了生产制造效率、降低生产成本、提升产品质量，满足和利时集团发展的要求。

1.2 案例特点

和利时电子工厂智能制造升级改造案例属于典型的电子行业多品种小批量的制造情况，具有以下特点。

（1）行业工艺相对比较统一和固定，大部分都遵循锡膏印刷、SMT 贴片、回流焊、质检、插件、波峰焊、质检的工艺流程，有的还有三防、老化、产品组装、质检、包装等环节。

（2）除 SMT 工序环节外，后序环节自动化程度低，大量依赖人工作业。

（3）传统的电子行业生产制造环节信息化程度低，信息孤岛大量存在，流程更多依赖于人工管理，工艺、质量、KPI 等都由纸质文件流转或应用。

（4）生产效率低下，物料管理和质量管理颗粒度粗，质量追溯困难。

基于行业特点和工厂的实际情况，本案例拟解决如下关键问题。

（1）建立数字化基础，生产过程全面数字化，对产品的生产信息、设备信息、工艺信息、质量信息等进行全面的数据实时采集。

（2）建立全面的产品追溯系统。实现产品、原材料批次、生产过程和质量级别的全方位追溯，包括正向追溯和反向追溯。

（3）建立全面的过程防错体系。实现程序纠错、原材料纠错、上料过程纠错、设备程序使用纠错、自动化设备防错防呆等防错体系，生产数据可防止人工篡改。发生重大故障时，生产数据不丢失。

（4）建立透明的生产现场管理体系。生产进度、状态、报警、产品履历、物料流动等过程数据可视、可及时通知。

（5）建立可量化的人员、设备绩效体系。

（6）高效自动排产。可实时动态调整，并实时更新到生产线和管理看板，易用性好。

（7）质量管理标准化。事先设置标准、系统管控流程、事后自动统计分析原因，实现持续改进，提高直通率和质量。

（8）全面信息无缝集成和贯通，实现与 ERP、研发系统、OA 系统之间的数据交互。

（9）设计开发了一套全自动化封闭的智能装配测试生产线，满足柔性和混线生产的高要求。混线柔性生产，即可以在一条线上生产不同型号不同品种的产品，最多可同时生产50 多种产品。同时混线生产可以实现生产单件产品，满足个性化定制化的生产要求。因此，混线生产就是一种自动化和信息化程度高，精益效果明显的柔性生产模式。

1.3 难点问题及解决思路

智能工厂的建设过程中遇到的最大难点就产品身份的数字化问题。

为了准确收集生产过程的数据，每一个产品都有自己的"身份证"。在智能工厂内，整个生产过程中，无论元件、半成品还是待交付的产品，均有各自编码，在电路板安装生产线之后，可全程自动确定每道工序；生产的每个流程，包括焊接、装配测试或物流包装等，一切过程数据和质量数据都被采集记录在案，以供追溯和数字化集成；更重要的是，在柔性装配测试流水线上，根据工单信息，可自动装配不同元件，流水生产出各具特性的产品，这一切都依赖于所有信息的数字化，这是智能工厂建设的基础。

为此，需要在产品生产加工的第一道工序就为每一个产品的 PCB 印刷条码或镭刻条码。由于有大量各种各样的存量产品，其 PCB 板内条码粘贴的位置只有一个，在 PCB 内完全是随机的，有的位于 Top 面，有的位于 Bottom 面，位置均不固定，这样导致在生产时产品识别十分困难。产品识别困难对后续所有生产工序都会造成致命影响，并将严重影响生产的效率，甚至对智能工厂整个建设造成严重阻碍。

为解决上述问题，解决的思路是修改 PCB 设计规范，完善产品设计准则，使之满足智能工厂产品识别的要求。

（1）形成一种 PCB 板内的 4mm*4mm DM 码，称为板内 SN 码。这个条码是在现有条码的基础上进行改进的，一方面能与原有条码保持兼容性，另一方面将原来的一维码改为现在的二维码，提高了条码的可识别性。

（2）新增一种工艺边上的 6mm*3mm DM 码，称为板边 SN 码。

第 2 章　项目实施情况

2.1　需求分析

2.1.1　项目概述

和利时智能制造项目实现了覆盖电子产品全生命周期的协同制造，实现了 ERP、MES/WMS、SCADA 和 PLC/MC/机器人等智能控制设备以及与现场常规制造设备之间的纵向集成，完成纵向的整合，包括订单、排产、排程以及装配和测试、包装的纵向生产整合；同时，通过精益制造以及 CRM、供应链的整合，实现价值网络下的横向集成，实现从原材料供应商、物料采购到库房管理（WMS）的入库与出料，到生产线的横向整合；也实现了从产品研发（PDM、CAX/CAD）到生产制造的全生命周期的端到端数字化集成。建设完成的电子产品制造数字化车间能够实现多批次、小批量的用户定制化制造，不但可以有效降低电子系列产品的制造成本，稳定产品质量，还降低了库存，提高国产电子产品的市场竞争力。

和利时智能制造项目建成的电子产品数字化车间，涉及数字化车间的整体规划、设计，还有大量新技术的研发与设计、测试、实施与服务保障，也包括多个大型软件系统、硬件系统、标准化设备之间互联互通的对接，使得车间各个部分集成为一个有机的整体，以满足智能制造的要求，解决现有车间自动化与信息化程度低的问题，解决生产缺乏的数据采集、分析与预测问题，解决电子产品制造的人力成本过高或失误多、现场呆滞库存过高、错料频繁以及工艺落后等生产效率低下、产品生产质量问题以及信息滞后、制造过程不透明、难以追溯等等一系列问题。和利时智能制造解决方案可推广到多批次、小批量订单的广大中小制造性企业中进行应用。

2.1.2　客户及市场需求分析

根据对电子产品生产现状的评估，对应市场的变化，电子产品制造过程急需变革；对应客户的具体要求，电子产品的生产制造过程存在的问题急需解决。智能数字工厂的概念应运而生，以和利时智能制造项目为例，智能制造解决方案可以满足生产自动化转向智能化过程中面临的需求和问题，比如：

（1）制造工艺环节中 SMT 焊接存在虚焊、漏焊情况，烧录过程低效，检验测试工装过程复杂，信号源不可靠，装配与包装全部依赖人工等。

（2）生产过程面临自动化程度低，缺乏控制手段，难以保证设备稳定运行，生产过程缺乏自动防错预警，出现处理问题滞后等问题；同时需要解决管理人员不能实时掌控生产进度，决策难度大的问题；过程数据利用率低，需要进一步提高过程数据的追溯效率。

（3）物料流动面临库存信息滞后，急需解决纸质文档流转，捡料效率低下的问题。同时物料跟踪不能及时得到反馈，导致生产消耗不明的问题。

（4）计划排程因为现场信息反馈慢，销售订单、物料信息滞后，以及生产进度统计不准确等影响因素太多，导致排程耗时长、效率低的情况。

（5）质量管理面临的问题主要集中在数据收集、文件管理、检验执行和质量分析方面，该方案帮助解决不能准确采集数据，标准文件和程序没有统一存储，纸质单据手工流转，分析结果不能实时反馈现场等情况。

从上述需求描述中集中提炼出生产制造的关键词：工艺流程管理；自动化程度；实时数据追溯；物料管控；高效计划排程；质量检测管理。其中，以智能制造的管理系统为例，企业提出很多管理需求，如何打通现场生产信息与经营管理信息连接；如何减少停机时间和调试时间；如何减少废品和返工；如何提高质量和生产连续性；如何跟踪和减少在制品库存；如何减少纸面工作和多余的数据；如何得到有关产品、质量、设备利用率等精准的信息；如何检测和收集执行信息；如何根据现场快速决策等。

2.2　总体设计架构和技术路线

本项目的范围覆盖了电子产品从设计到制造的全生命周期，优化了电子产品制造过程信息的传递过程，实现 ERP、MES、SCADA、PLC/MC 和智能传感器/执行器等纵向层次之间的信息集成，形成制造决策、执行和控制等信息流的闭环，如图 1 所示为解决方案总体结构图；提高生产设备的智能化水平和生产过程管控与优化的能力，使电子产品制造过程的效率最大化，将制造过程的浪费降低到最小程度，实现灵活的小批量、多批次均匀连续生产的目标。

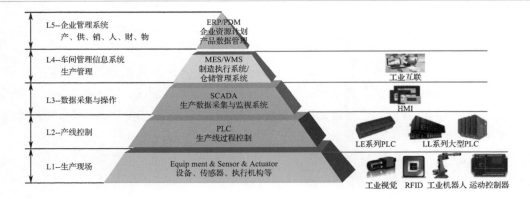

图1 解决方案总体结构图

该系统结构可划分为如下5层。

（1）第一层是生产现场层，包括仪表、机械设备、在线感知传感器和执行机构，电机和机器人/手臂等生产设备和检测设备，分布在现场生产线的各个工位。

（2）第二层是产线控制层，采用可编程控制器（PLC/MC）对现场各个设备/机械、执行机构等进行数据采集与控制操作，对生产线生产自动化运行起着过程控制作用。

（3）第三层是数据采集与操作层，采用 SCADA 系统对设备专机、PLC 系统、工业视觉系统、现场监控视频等生产装置或生产线进行生产数据采集和监视数据的综合收集与集成工作，并提供 HMI 可视化界面进行监视，同时，下达生产指令给生产线控制系统。

（4）第四层是车间管理信息系统，包括 MES 和 WMS，MES 完成车间执行系统的管理自动化，WMS 完成物料的综合管理。

（5）第五层是企业管理系统，包含企业资源计划 ERP 系统和产品数据管理 PDM 系统，完成整个企业的产、供、销、人、财、物的综合总体管理以及产品数据管理。

通过5层的规划建设，纵向集成 ERP 系统、PDM 系统、SCADA/MES/WMS 信息化系统、用户操作层、控制层以及现场生产线设备，达到打通工厂上下层之间的信息，实现数据互联互通，从而有效地实现产品从订单到生产的智能制造。

电子产品数字化车间的建成，涉及数字化车间的整体规划、设计，还有大量新技术的研发与设计、测试、实施与服务保障，也包括多个大型软件系统、硬件系统、标准化设备之间的互联互通对接，使得车间各个部分集成为一个有机的整体，如图2所示，电子产品智能制造数字化车间的实现图详细描述了车间的主要构成，以及各个构成部分的数据采集和数据流向信息图。

整个车间的硬件构成部分有：

（1）PCB 自动刻码生产线。

（2）智能立体库。

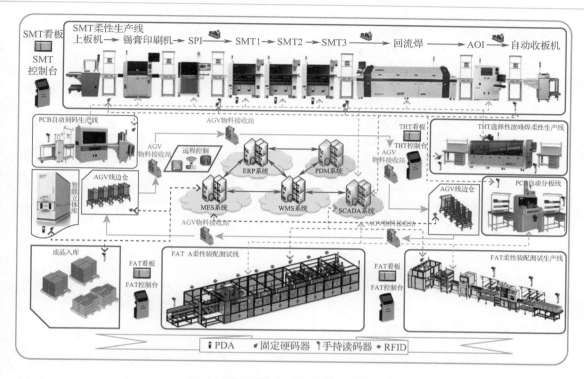

图2 智能制造数字化车间系统构成

（3）SMT 柔性生产线。

（4）THT 选择性波峰焊柔性生产线。

（5）FAT 柔性装配测试生产线。

（6）线体控制台以及智能监控看板，如图3所示。

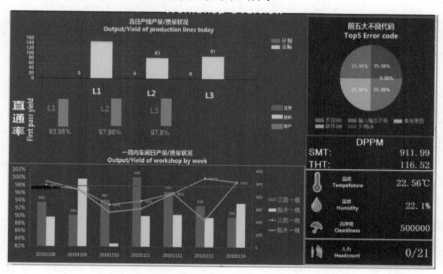

图3 智能监控看板

整个车间的软件构成部分有：

（1）SCADA（监控与数据采集）系统。

（2）WMS（仓储管理系统）。

（3）MES（制造执行系统）。

（4）ERP（企业资源管理）系统。

（5）PDM（产品数据管理）系统。

软硬件满足智能制造的要求，帮助解决现有车间自动化与信息化程度低的问题，解决生产缺乏数据采集、分析与预测的问题，解决电子产品制造的人力成本过高或失误多、现场呆滞库存过高、错料频繁以及工艺落后等生产效率低下、产品生产质量问题以及信息滞后、制造过程不透明、难以追溯等一系列问题。

2.3　实施步骤

2.3.1　自动化建设阶段

电子产品数字化车间的设计和开发本着充分发挥各类先进、成熟技术的思想，形成了包含自动柔性生产线、车间信息化管理系统（MES/WMS/SCADA）、企业资源计划（ERP）、产品数据平台在内的技术体系，数字化工厂总体系统架构如图4所示。自动柔性生产线包括智能立体库、PCBA自动化生产线、智能电子看板、柔性装配测试生产线和AGV自动化物流仓储系统；车间信息化管理系统包括监控与数据采集系统，制造执行系统中的生产过程管理、设备管理、质量管理、能源管控、物料管理等功能，以及仓储管理系统；企业资源计划包括供应链管理、订单管理、生产计划、库存管理等方面；产品数据平台采用配置管理数据库系统管理电子CAD系统生成的BOM与PCBA数据、机械CAD生成的三维产品信息和装配数据等，实现版本控制。

数字化车间项目的自动化建设阶段包括如下。

（1）各独立的工序单元能实现合适的自动化生产。

● SMT/THT工序单元，柔性的要求是满足所有和利时产品的生产要求。

● 装配、测试、装箱工序，其柔性满足K系列电子产品的要求。

（2）各独立的工序单元能自动调整参数，以满足不同产品的生产。例如：

● 刻码系统，根据生产指令，进行刻码。

● SMT/THT工序，可以根据生产指令下达的产品型号，切换贴片程序。

● 装配工序，根据生产指令，进行合适的操作；有些工装或夹具可以自动或人工更换。

（3）各独立的工序单元能灵活且可重新组合，实现网络化生产制造。

（4）生产线控制系统能与MES互联互通、实时数据交互，包括传输生产数据和设备状态，接受MES控制指令。

（5）各工序满足精益生产的要求。

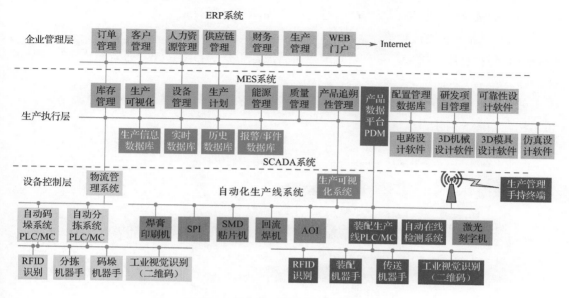

图 4 数字化工厂总体系统架构

2.3.2 信息化建设阶段

信息化建设遵循八字原则：引入、优化、整合、高效，以及高内聚，低耦合（集成策略）；功能性与易用性并重；考虑系统的可扩展性；通过数据整合与分析，实现高效的管理自动化。

数字化车间项目的信息化系统建设包括如下三个阶段。

1. 信息纵向贯通

（1）打破生产信息盲区。采用有效的数据采集技术，使得各种必要的现场生产过程数据可被收集和记录。

（2）消除信息孤岛。采用有效的网络技术和软件技术，将生产过程中的各个数据源连接起来，使得所有生产数据可被需要的设备、人员、软件共享。

（3）信息纵向集成。采用有效的软件和网络技术，使得制造信息能够从企业资源计划层无断点地自动传递到设备层，无需人工干预。数据可在各层次的系统间正确识别、组装或拆分，信息可被各系统共享。

（4）保证数据的有效性。采用有效的技术手段，保证数据及时、准确地被传输和展示，使制造的计划、执行和分析的数据基础可靠、有效。

2. 柔性制造

（1）使车间生产制造的灵活性大大提高，能够适应多批次、小批量、按需生产的制造要求。

（2）采用基于实时生产数据的动态排产。

（3）对紧急生产任务、产线故障等突发事件，有较强的应变能力。

3．管理自动化程度提高

（1）制程管控。质量、生产、管理等所有流程由系统自动管控，有效防止违规操作、误操作。

（2）建立全面的产品追溯系统。实现产品、原材料批次、生产过程和质量级别的全方位追溯，如图 5 所示。

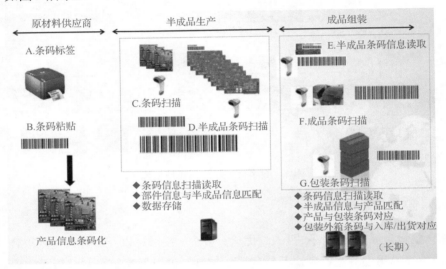

图 5　产品追溯系统

（3）建立全面的过程防错体系。实现程序纠错、原材料纠错、上料过程纠错、设备程序使用纠错等防错体系，生产数据可防止人工篡改。发生重大故障时，生产数据不丢失。

（4）建立透明的生产现场管理体系。生产进度、状态、报警、产品履历、物料流动等过程数据可视、可及时通知。

（5）建立可量化的人员设备绩效体系。绩效管理平台如图 6 所示。

（6）高效排产。排产过程简单，可实时动态调整，易用性好。

（7）数据采集自动化。关键设备数据、生产数据可自动实时采集，大幅减少人工输入，为质量管理提供依据，如图 7 所示。

（8）报工自动化。实现自动报工，报工准确、及时。

（9）质量管理标准化。事先设置标准、系统管控执行流程、事后自动统计分析原因，实现持续改进，提高直通率和质量。

（10）仓库管理信息化。

（11）信息贯通。实现与 ERP、PDM 系统、OA 系统之间的数据交互。

（12）设备管理智能化。建立设备台账，实时监控设备运行状态，对备品备件进行管理，根据计划或设置自动提示维护保养，记录每次维护维修情况，对损耗品进行提前预警，提醒更换或补充。

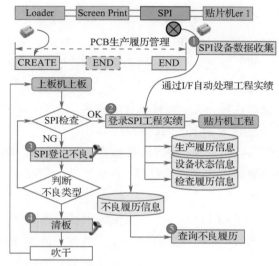

图 6　绩效管理平台

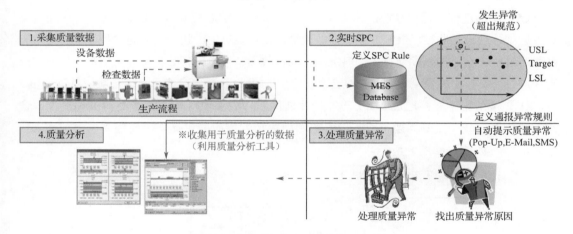

图 7　质量管理中必不可少的数据采集

（13）能源消耗明细化。实时采集各设备/工序段/生产线/车间的能源消耗，为节能减排提供数据支撑。实时监控车间环境温度、湿度，超出设定值时进行报警联动处理。

（14）智能调度。系统能够给设备和人员合理分派生产任务，在满足交期和质量的前提下，使人员工作负荷保持平稳。

（15）辅助决策。系统能够根据生产数据的分析，自动为各个层级的用户给出操作指示和建议。

（16）制造无纸化。生产文档电子化，系统能够管理文档版本、状态和历史。

电子产品数字化车间项目的目标是实现覆盖电子产品全生命周期的协同制造，体现在电子产品设计、产品管理、生产制造、供应链等方面的综合集成中。

2.3.3 关键技术

（1）通过 ERP、MES、SCADA、PLC/MC/机器人、AGV、智能传感器/执行器的纵向集成，实现按照订单生产的多批次、小批量的用户定制化制造过程，克服按固定周期大批量生产造成的库存积压问题，降低产品制造成本。

（2）采用三维机械设计软件、电子设计软件和数字仿真模拟软件，实现电子产品设计的自动化、数字化，缩短从设计到生产的转换时间。

（3）全生命周期的产品数据管理：通过产品数据管理平台统一管理产品设计过程中的产品数据信息，保证产品数据在产品研发过程、产品制造过程和供应链中的一致性、有效性和安全性。

（4）自动化生产设备：采用 PLC、MC、智能传感器等自动化生产设备实现电子产品生产过程的控制和检测，正确、及时地执行来自生产执行层的调度指令，达成生产计划目标；同时获取制造装备状态、生产过程进度以及质量参数控制的第一手信息，并传递到生产执行层，实现制造过程透明化，为敏捷决策提供依据。

（5）制造过程可视化管控：采用基于 SCADA 的智能看板系统实现制造过程的可视化，通过智能化的设备监控、报警管理和预防性维修，实现对生产状态的实时掌控，快速处理车间生产过程中常见的延期交货、物料短缺、设备故障、人员缺勤等各种异常情形，保证生产有序进行；支持手持移动设备，方便工作人员随时随地获取生产信息，提升响应处理速度。

（6）精细化排程：通过 MES 的生产计划优化功能实现对车间生产的精细化排程，合理安排生产，减少瓶颈问题，使制造资源利用率和人均产能更高，提高整体生产效率，快速响应客户订单，如图 8 所示。

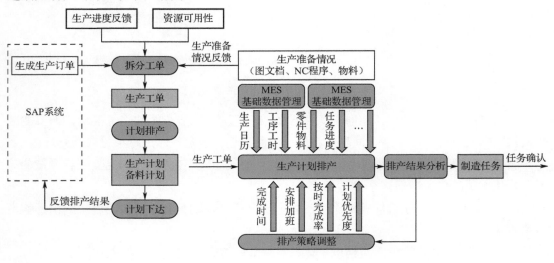

图 8　计划排程

（7）采用智能化的生产作业管理系统，实现对订单、仓储、物料、产成品、质量的全面数字化、科学化、可视化、可追溯管理，综合提升生产效率。

（8）生产物流预估：通过 ERP 的供应链管理功能实现对物料需求的提前预估，采用 WMS、立体库、AGV 系统，确保在正确的时间将正确的物料送达正确的地点，在降低库存的同时减少生产中的物料短缺问题，减少物流瓶颈，提高物流配送精准率，减少停工待料问题。

（9）产品质量控制：通过 MES 的产品质量控制功能实现对产品质量信息的采集、检测和响应，及时发现并处理质量问题，杜绝因质量缺陷流入下道工序所带来的风险，更准确地预测质量趋势，更有效地控制质量缺陷，确保"质量第一、交付准时"。质量管理首件生产流程如图 9 所示。

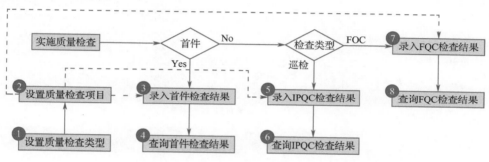

图 9 质量管理首件生产流程图

（10）安全生产：通过摄像仪监视车间、库房、辅助设备间的运行状况，识别设备状态、非法闯入、人员倒地等异常；通过室内精确定位，监控重要设备的位置、人员和车辆的运动轨迹，并与其他生产数据做相关性分析；通过空气质量监测仪、辐射强度监测仪、通风系统，保持车间健康、安全的生产环境。

（11）采用智能化的能源管控：对主要用电设备进行能耗监测和自动起停/分档控制，针对设备预热、生产负荷、生产间隙进行合理优化调控，降低单位产品的能耗，实现节能减排。

（12）信息交互无缝对接：通过建立与 SCADA 系统之间的互联接口，实现不同装备和系统之间的相互操作，如图 10 所示，采用工业总线技术、XML 技术和 JSON 技术实现结构化数据传输及信息交互，实现生产过程数据的实时互联。

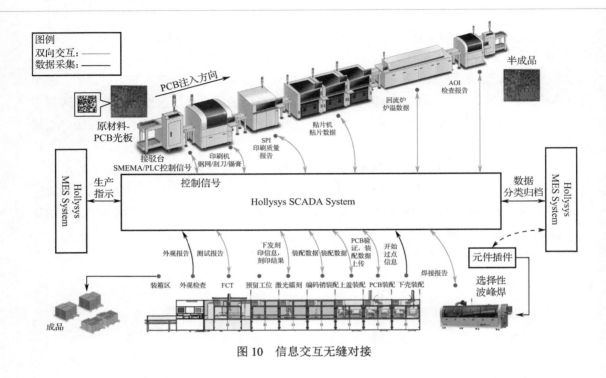

图 10　信息交互无缝对接

第 3 章　实施效果

3.1　项目实施效果

　　和利时电子产品数字化车间完全自主完成总体规划、总体设计、总体制造与总体施工，以及根据需要进行必要的定制化开发，从而建成了一个完整的"电子产品制造数字化车间"，大大提高了生产效率。通过实施本项目，和利时形成一套立足当前国内企业实际情况的智能化改造演进路径，并且锻炼出一支强有力的实施队伍，为自身推广智能制造业务奠定了坚实的基础。通过本项目的实施技术及实施效果，很多用户坚定与和利时进行长期合作、共同推广国产解决方案的信心，自 2015 年以来先后与海尔集团、徐工集团、多氟多集团、清华大学等国内知名厂家和院校开展一批具有影响力的智能工厂建设项目。

　　电子产品数字化车间，经过"精益化、自动化、数字化、智能化"的智能制造综合改造，通过纵向集成，从研发到生产、从供应链到制造车间，实现数据的自动、实时、准确传递与集成，减少人为参与，实现高效高质量的制造，极大地提高了工作效率和产品的质量，实现了多批次、小批量的用户定制化制造，应用效果如表1所示。

表1 数字化车间总体改造效果

序号	细 目	改 造 前	改 造 后	备 注
1	快速换线（SMED）	SMT：35分钟 THT：20分钟	SMT：15分钟 THT：8分钟	换线效率： SMT工序提升58% THT工序提升60%
2	自动化率	40%	85%	自动化率大幅提升45%
3	生产备料工作效率	2盘料/分钟	12盘料/分钟	提升效率500%
4	生产周期	8天	2天	以平均生产批量500pcs/批核算
5	一次合格率	96%	99.5%	提升3.5%
6	返修率	0.5%	0.04%以下	降低90%
7	组装测试生产效率，单位人时产能（UPPH）	15.38	90	提升4.85倍
8	生产人员	39人/单班	19人/单班	全工序，减少51.3%
9	单位产品能耗	老化工艺耗能大	工艺优化，生产效率提升	单位产品能耗减少10%以上
10	产能	73万模块/年	158万模块/年	年产能提升2.2倍

3.2 智能制造数字工厂的复制推广

3.2.1 智能制造数字化工厂在某家电企业中的推广应用

和利时通过为我国某大型家电企业X的M系列产品建设焊接、组装、测试和包装的自动化产线，实现电子产品智能工厂的复制推广，如图11所示。

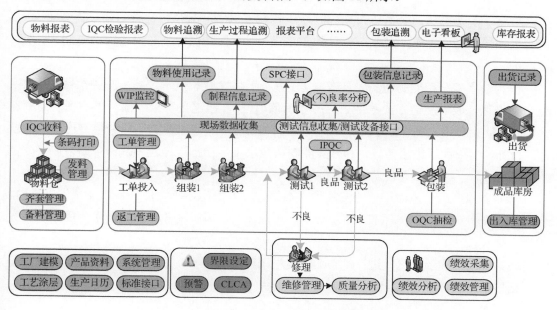

图11 组装、测试和包装生产管理

M 系列产品借助数字化车间改造的建设，使其更能适应新制造的要求，提高全流程的生产品质和生产效率，如表 2 和表 3 所示。

表 2　质量提升情况表

序　号	工　序	产品良品率	不良品数量/天
1	SMT	99.9%	6
2	THT	99.6%	24
3	组装测试	99.8%	12
通过率		99.30%	

表 3　前后用工对比表

序　号	工　序	改后人员	人员变化	工时节约（工时/月）
1	芯片烧录	1	−3	−750
2	SMT	15	2	500
3	THT	16	−6	−1500
4	三防	3	−3	−750
5	老化	3	0	0
6	组装测试	10	−28	−7000
合计		48	−38	−8000

3.2.2　智能制造解决方案对行业的带动

通过复制推广电子产品智能工厂生产线到我国大型家电企业 X 中，提升了该公司的生产效率、制造品质；降低该公司的制造成本；将电子产品公司打造为数字化透明工厂，同时也加快了其他电子产品生产行业的数字工厂化，使其保持生产制造的前瞻性，实现智能制造。

作为数字工厂智能制造的先行者，基于本公司成功建设电子产品生产的柔性化、数字化和智能化，成为制造行业数字工厂的"示范单位"，通过数字工厂推广中遇到的问题和经验，帮助企业用户抓住数字工厂智能制造的核心技术，完成智能工厂和数字化车间的规划、设计、集成和运维服务。和利时智能制造数字工厂在推广过程中，仍有如下需要改进优化的地方。

（1）支撑产品全生命周期追溯的顶层数据管理方面，还有待进一步加强和优化改进。实现产品研发环节、生产环节、销售环节、流通环节、售后服务环节的全生命周期追溯数据管理体系。

（2）可视化展示优化改进，建立生产集中调度指挥中心，为提供生产制造实时决策提供数据展示平台。

（3）进一步优化改进高级排产功能，升级数字化工厂为智能工厂。

数字工厂的 MES 系统解决了管理问题并产生了显著的价值，比如产品跟踪与谱系追溯、报警预测、电子表单记录、在线指导、过程监控、设备维护管理、设备利用率、SPC统计分析、计划分解，同时解决了生产过程中的管理问题，包括设备维护、作业人员、订单、库存、在制品、关键数据、批次和配方的管理。

3.2.3 智能制造方案可复制模式

生产自动化及柔性制造是智能制造的基础，生产的智能化也是整个离散型产品企业制造发展方向，其市场需求非常广泛。国内的向中小型制造企业提供智能制造解决方案的企业多是国外产品代理商或单纯的设计院所，缺少核心的产品和设计能力，大多仅仅是生产线的物理集成，距离信息集成的智能化制造还有相当的距离。

智能制造的核心在于覆盖产品全生命周期的信息集成，关键在于打通从 ERP、MES、SCADA 到智能化生产设备的双向数据流，实现企业不同层次信息和自动化系统之间的信息实时交换。

和利时数字化车间智能制造解决方案通过智能设备将机器人/机械手、识别设备（光学摄像识别设备、条码识别设备、电子标签识别设备等）、传感器、机械电器设备通过工业网络连接在一起，形成能按照既定的生产顺序和动作进行准确的生产加工，又能自适应产品的变化和加工周期的变化、快速调整的生产模式；同时通过网络技术和信息化技术，形成生产过程、设备、信息的实时监控以及自动化的物流传递和设备的远程控制，从而实现数字化和智能化制造。

和利时智能制造解决方案形成中小型制造业智能工厂集成解决方案，以一种可以复制的模式，助力于提高中国制造业的国际竞争力，实现转型升级。

第 4 章 总 结

智能制造是制造业发展的趋势，也是中国未来的产业升级之路。和利时的电子产品数字工厂纵向集成打通生产制造系统上下层之间的信息流，实现了 ERP、MES、WMS、SCADA、PLC/MC/机器人、智能传感器/执行器的纵向集成；横向集成实现了生产管理系统与机器控制系统、设备之间互联互通，实现了供应链系统、制造车间与应用现场客户的横向集成；打通了从产品设计到装配测试的端到端集成。

和利时智能制造整体解决方案将精益理念运用到实际的数字化车间的建设当中，采用包括物联网络、RFID、机器人、工业视觉、移动 AGV 等先进的智能制造技术和 MES/WMS/SCADA 等工业信息化技术，打造了满足连续流生产和准时生产的小批量多品种生产模式的数字化车间，实现小批量多品种产品的柔性化、数字化、智能化的制造，为电子产品高效、低成本、高质量的离散制造树立了典范，也成为了工业 4.0 和智能制造的最佳生产示范样板。

清洁高效锅炉智能制造
数字化车间案例

——上海工业自动化仪表研究院有限公司

上海工业自动化仪表研究院有限公司（简称 SIPAI）成立于 1956 年 10 月，在国内外自动化仪表领域具有很高的声誉和知名度；2004 年 2 月起归上海市国有资产监督管理委员会管理。公司拥有"工业过程自动化国家工程研究中心"等三个国家级中心，并设有博士后科研工作站、全日制硕士研究生培养基地，以及各类职业培养基地。同时也是"上海智能制造产业技术创新战略联盟"理事长单位、"上海智能制造产业协会"会长单位。

SIPAI 是国内最早开展智能制造研究及应用实践的单位之一，从智能工厂（车间）顶层方案设计、智能制造共性技术研究、智能制造装备及产品的研制、智能软件系统的开发及应用方面展开工作，形成了智能制造系统集成核心能力，并服务于高端装备制造领域。SIPAI 作为工业和信息化部第一批"智能制造系统解决方案供应商"，牵头或参与了 15 项智能制造发展专项和 8 项智能制造标准专项。SIPAI 将利用自身优势，全方位服务于智能制造系统集成产业，保障其健康、快速地全面发展。

第 1 章 简 介

1.1 项目背景

在经济全球化的大趋势下,我国已成为全球重大装备制造产业的中心,基本确立了"制造大国"的地位。但目前我国的装备制造技术和工艺仍相对落后,特别是重大装备智能制造水平几乎空白,已成为我国由"制造大国"向"制造强国"转型过程中的最大瓶颈。

根据 2010 年 10 月国务院发布的《关于加快培育和发展战略性新兴产业的决定》,"十二五"期间,高端装备制造将是我国重点发展的七大战略性新兴产业之一。智能制造装备是高端装备制造 5 个重点发展方向之一,是先进制造技术、数字控制技术、现代传感技术以及智能技术深度融合的结果,是实现高效、高品质、节能环保和安全可靠生产的新一代制造装备,代表着装备制造能力的最高水平。

电站锅炉作为现代火力发电厂三大主机之一,肩负着为国民经济及人民生活用电提供发电成套设备的重任,目前通过火力发电产生的电能占我国发电总量的 80%以上,电站锅炉行业的发展对缓解我国电力供需矛盾发挥着重要的作用。虽然我国锅炉生产厂家达1400 多家,锅炉制造能力接近 1 亿 kW,但是,除了上锅、哈锅、东锅三家企业的制造水平基本上达到国际先进水平外,整个行业的整体技术水平、大型工业化生产水平及产品性能水平等方面与国外同行业相比仍有较大的差距。

近年来,随着节能减排政策的大力实施,国家开始侧重于高效率、节能环保的锅炉产品的研发生产,全面倡导各锅炉制造企业进行产业结构的适时调整。华西能源工业股份有限公司与上海工业自动化仪表研究院有限公司达成共识,战略联合对"清洁高效锅炉智能制造数字化车间"课题进行研究,并进行工程实施。项目以 CWPC 成都龙泉驿基地的在建管子基地、自贡板仓基地已投运的容器制造基地以及将建的自贡板仓三期基地的管子制造基地作为工作的地点,在华西能源建设一个广义上的清洁高效锅炉数字化制造车间项目,以锅炉的两个关键部件(汽包、管子)为制造对象,以三个加工制造基地为依托,搭建一个基于数字化协同生产的"协同制造全过程综合管控平台",来统一调度,协同生产,最终实现三地数字化协同制造的"清洁高效锅炉智能制造数字化车间",完成机械化、自动化向数字化、智能化的制造模式的转变,最终实现制造生产过程智能化、绿色化的目标。

1.2　案例特点

1.2.1　项目涉及的领域和特点

中国锅炉制造业是在新中国成立后建立并发展起来的，改革开放以来，随着国民经济的蓬勃发展，我国锅炉制造业取得了长足的进步，目前可以生产多种不同压力等级和容量的锅炉，已成为当今世界锅炉生产和使用最多的国家。然而，产能过剩、市场竞争无序、产品竞争力不强等问题也同时困扰着整个锅炉行业。锅炉制造企业要想存活，必须经过智能化的改造。

本项目主要对清洁高效锅炉智能制造数字化车间通过对现有工艺过程的流程再造、加工设备的智能化改造和生产运营流程的数字化管控，对焊接制造全过程的实时监控和可追溯管理，实现焊接生产的智能化。

1.2.2　拟解决的关键问题

1. 焊接设备、数据采集系统、制造执行系统的高度集成

项目在研发相贯线智能焊接机器人、膜式壁排管智能焊接装备和自适应焊接装置和自适应焊枪调节装置、全位置管管对焊装置、焊接预热温度智能监测装置、焊接层间温度智能监控装置、焊机运行参数智能装置、无线焊接参数采集装置的基础上，拟完成上述焊接设备、系统与制造执行系统的高度集成，用以提高锅炉焊接生产各环节的自动化、数字化、智能化水平，保证焊接质量。

2. 物流管理系统与制造执行系统的高度集成

项目拟完成物流管理系统与制造执行系统的高度集成，实现管子、堆放场地以及时间次序进行监控，经采集终端采集到的信息传输到数据库统一管理。用户可按要求进行查询和统计，如加工进度、存放位置等；在生产车间现场，对生产场地进行网格化管理。

1.2.3　存在和突破的技术难点

1. 锅炉相贯线智能焊接机器人研发与应用

通过与哈尔滨工业大学先进焊接与连接国家重点实验室联合研发骑座式四轴联动的焊接装置来实现马鞍形焊缝的自动化和智能化焊接过程。首先运用插补算法、最小二乘法等方法拟合出马鞍形轨迹并对多层多道焊的焊道进行焊接规划，然后通过固高 GUC-400型运动控制器控制四个伺服电机协调运动使四个轴按照既定的轨迹运动，最后通过控制焊机调整焊接参数，最终实现马鞍形焊缝的焊接。同时在焊接过程中对焊接的参数进行实时的记录和管理，以实现远程监控的功能。

2. 膜式壁排管智能焊接装置和自适应焊枪调节装置智能化改造

项目实施前，膜式壁排管焊接需要通过人工观看后再手工调节。项目开发了一套非接触式 8 枪头焊缝自动跟踪技术及相关装置，结合焊接遥控器、焊缝跟踪控制器的研制和基于 Wi-Fi 无线通信控制的实现，创新地研究和开发适用于膜式水冷壁焊接要求的装置，实现不同管数管屏的自动焊接；增加了数据通信接口后，装置与 MES（制造执行系统）对接实现统一管控的功能，实现焊接质量、焊接效率和智能化水平的提升，新技术的应用将大量减少工人数量和工人的劳动强度，降低企业的生产成本和提高生产效率。

3. 全位置管管对焊装置开发与智能化改造

针对华西能源现场蛇形管对接焊情况，将传统手工氩弧焊部分升级为小管对接全位置焊。管子规格在 $\phi12\sim\phi80$ 之间，壁厚在 $3\sim8$mm 之间，材质主要有 20G、12Cr1MoVG、T91 等。设计手持式全位置自动焊接装置，满足现场条件及焊接质量检测。自主研发的全位置管管对接系统主要包括：焊接电源、送丝装置、全位置焊枪和无线控制系统四个部分。相比于传统的手工氩弧焊，该系统具有焊接参数实时监测、焊接参数存储和自动化程度高等一系列优点。

4. 辅助配对及对中装置研发与智能化改造

项目实施前，采用人工测量与记录，测量精度不高，配对不科学、无法对产品加工数据进行追溯。本项目采用现代精密测量技术和信息化手段改造该流程，采用大口径直径测量仪 Leica DISTO™ D3a BT 完成汽包筒体内径测量，测量获得的数据将通过 CHAINWAY C5000 手持移动数据终端进行手工输入。完成内径测量后，再通过手持数据终端中记录的上传内径值，在自主开发的配对程序中进行筒体的两两优化配对。最终将内径数据和配对结果发送至 SIPAI 自主研发的 RTU，结果将通过 Wi-Fi 无线通信方式上传至制造执行系统。

5. 水压试验装置研发与智能化改造

华西能源容器加工制造车间制造的管子、汽包都属于压力容器，在制造工艺的最后都需要经过水压试验检测产品质量。项目实施前，停留在人工操作水平，打压效果不好控制，打压记录随意性大，工人责任心不强，漏试比率较高，不便进行事后追溯。本项目研制开发一套水压试验装置，并配套智能控制系统，实现水压试验过程中的自动升压、保压及泄压的智能化控制，确保水压试验全过程的正确性、安全性和最终产品的质量；自动记录水压试验过程中的压力曲线，为产品的测试记录追溯提供实际数据。

6. 焊接预热温度智能监测装置研发与应用

预热温度作为焊接工艺的一个重要参数，有必要对其进行全程监视和控制。华西能源现有的测温方式是在产品预热过程中，工人每隔一定时间，拿着红外测温枪去人工测量。项目通过对现有测温方法的分析，提出了一种把多点红外测温技术同无线通信技术相结合的温度检测技术，研制一套焊接预热温度智能监测装置，实现自动、实时、精确测量锅炉筒体焊接前的预热温度，在达到设定的温度时，能自动发出光信号，向操作者和现场工作人员报警，以确保能在允许温度内焊接，保证焊接质量，提高生产效率。

7. 焊接层间温度智能监控装置研发与应用

针对华西能源现场只能每隔一段时间手工测量焊接层间温度的情况，提出了一种红外测温仪技术同无线通信技术相结合的温度实时监控技术，把红外测温仪、水箱、警示灯、RTU 以及 Zigbee 无线模块、层间温度控制模块相结合自主研发焊接层间温度智能监控装置。相比于原有的手工测温方式，该装置具有实时监控和存储、现场报警以及自动化、数字化程度高等一系列优点，一方面为工作人员提供实时准确的温度数据，另一方面当温度超出工艺要求时控制焊机停止，以确保能在允许的温度内焊接，保证焊接质量。

第 2 章　项目实施情况

2.1　团队介绍

2.1.1　团队建设

1. 项目管理制度建设情况

本项目由上海工业自动化仪表研究院有限公司董事长徐洪海担任项目责任人，是公司年度重点项目，因此在各项人财物资源的调动上优先支持。院部明确由科技与经营办公室负责项目的整体监督管理和协调，并主管设备采购，大型设备全部招投标方式；院长办公室主管工程建设，财务办公室主管资金使用；直接对项目责任人负责。

为了使项目尽快实现管理的规范化，明确工作职责，理清工作界面，提高执行力，以消除管理中的盲点。公司在项目执行过程中开展了制度建设及流程制订工作。按照完善管理和业务流程，促进内部工作效率的提高，管理部一方面坚持检查已有的规章制度是否执行到位，授权体系是否健全；另一方面不断研究现有制度与流程是否存在对当前工作有制约的情况，并围绕这两个工作重点展开一系列的工作，在进行制度建设及流程梳理工作时对正在实施的有效版本的文件进行全面评估，若发现与管理不相适宜的流程设置，将会在薄弱环节与相关部门进行沟通并做整改。

目前，管理制度建设工作基本结束，进展情况顺利。修改和完善绩效考核办法，用绩效考核引导实现发展战略目标。将原绩效考核暂行办法进行了第一次修改，我们对原绩效考核办法做了全面的研究，收集多方资料，充分吸收各方面的意见及建议，围绕我院三年滚动规划的内容，修订完善了考核办法。把我院的战略目标、关键性指标与其实现的过程联系起来，把当前的业绩与未来的获利能力、成长能力联系起来。

本项目资金在公司设立专用账户，实行专款专用，严格按相关法律法规要求进行管理。

希望通过本项目的实施，结合项目管理目标和改进项的有关内容，对现有的各方面的管理制度、工作流程进行一次全面系统的梳理和修订，以配合华西能源使智能制造项目顺利展开，规范管理体系，提高管理效率，为公司生产经营规模的提升保驾护航。

2．项目产学研用合作机制建设与成效

公司与哈尔滨工业大学、沈阳工业大学、同济大学以签订联合开发合同的方式实施对相贯线焊接机器人、膜式水冷壁焊缝跟踪系统、焊接专家库系统、焊接参数采集装备、安全帽识别技术、虚拟工厂等技术的研制与开发。使大学广泛参与了相关技术的创新活动，与高校结成紧密的联合体，进行多方位的产学研合作，向高校委托科研、提高实习实践基地，双方合作教育，将各自的人才培养目标充分体现于合作教育的全过程；双方共建工程研究中心和应用开发研究中心，互派人员共同进行研究工作。通过这种联系机制，使高校可以了解企业和社会对人才的实际需要，适时调整高校的专业设置、学科结构和人才培养规格。加快产学研合作教育，提高学生的工程实践能力和社会适应能力，通过企业的积极参与和支持，加快高校科研成果的开发与转化。

3．团队情况

队伍建设是决定性的。研发与试验中心每年不惜投入大量资金、时间、人力等资源，对员工素质进行全方位的培训和提升。培训方式包括送出去、请进来以及内部培训等，培训内容包括新入所人员培训、学历（学位）提升培训、质量体系培训、体系审核员培训、质量意识/安全意识培训、计量检定员培训、对管理人员的有关管理技能培训、检测技术、标准及方法培训、国家注册安全工程师培训等。目前，研发与试验中心已造就一支 140 多人的集科研、开发、业务开展等覆盖仪表、电气、计算机、机械、结构力学、系统集成、工程咨询、质量鉴定、质量监理、设备监理、建造师、标准化等专业的队伍，其中具有硕士及以上学历的有 24 名，大学本科学历有 55 名，在技术职称上具有教授级高工资格的 8 名，高级工程师资格的 20 名，工程师资格的 41 名，拥有开展产品质量检测、检验、检查、校准和检定所需的各类国际、国内认可的专业资质人员 70 余名。

4．经验介绍

近 5 年来，该团队在技术带头人的带领下通过先进控制技术、嵌入式系统开发、物联网及智能制造领域相关技术的全面研究，承担了包括国家 863 计划等国家及省部级重大科研课题和重大工程项目十余项。早在 2004 年就开始参与对无线传感器网络技术及在工业方面应用，通过国家 863 计划、上海市科委、上海市经信委在科研项目上不断的对研究团队的滚动支持，形成了从理论到相关产品，最终实际工程应用的良好的科研体系。根据国家"十二五"规划，智能制造将作为今后国家重点发展方向，因而，团队利用在前期研究的成果和实践的经验基础上，将其应用到智能制造领域，带领团队开展了智能制造相关核心技术的研究，包括无线传感器网络技术、机器人技术、大数据技术、虚拟制造技术等。通过两年的研究工作，取得了一些科研成果：构建了具有自主知识产权的基于无线传感器网络技术的焊接过程无线采集系统；能源装备行业 MES；虚拟仿真制造数字化设计系统等。

通过本项目的实施，团队锻炼了自身的队伍，并取得了诸多骄人的成绩，其中相关技术负责人入选"2015 年上海市领军人才（智能制造方向）"、"2015 年上海人才发展资金资助"等，从而实施团队形成了以智能制造领军人才为主导的以博士后、博士、硕士为主导的智能制造研究团队。

2.2　需求分析

2.2.1　需求分析

目前，我们能源的现状是总量大、人均少。从煤炭、石油、天然气、水力等常规能源的资源总量来看，我国可列入世界能源资源丰富的国家之一，但是人均资源占有量远低于世界平均水平。而煤炭能源在我国一次性能源生产和消费结构中的比重分别为 76%和69%，其中电煤消费约占煤炭资源消费的 80%。2007 年我国全年发电量为 32 559 亿千瓦时，较 2006 年增长 14.4%，其中火电为 26 980 亿千瓦时，约占全部发电量的 82.86%。到2020 年，预计全社会用电将达到 45 000～52 000 亿千瓦时，其中火电机组仍将占总装机容量的 65%，面对巨大的电力需求，能够有效地提高电站锅炉机组的效率、降低煤耗是我们面临的一项重要任务。

按照党的十八大提出的在科学发展观下构建中国（全民）幸福经济社会要求和 2020年实现人均国民生产总值再翻一翻的目标，按照国家"大力开发水电，优化发展煤电，积极推进核电建设，适当发展天然气发电，鼓励可再生能源和新能源发电，重视生态环境保护，提高能源利用率"的电力发展总方针，政府已将环境保护及能源利用的增长效率列为我国电力产业发展的头等大事。

2007 年上半年，国务院及相关部委先后发布了《节能减排综合性工作方案》、《中国应对气候变化国家方案》，明确提出到 2010 年，中国万元国内生产总值能耗将由 2005 年的 1.22 吨标准煤下降到 1 吨标准煤以下，降低 20%左右；"十一五"期间，中国主要污染物排放总量减少 10%，到 2010 年，二氧化硫排放量由 2005 年的 2549 万吨减少到 2295万吨，化学氧需要量（COD）由 1414 万吨减少到 1273 万吨。同年 9 月，国家发改委又公布了《可再生能源中长期发展规划》，提出到 2010 年，我国可再生能源消费量占能源消费总量的比重要达到 10%，2020 年要达到 15%，形成以自主知识产权为主的可再生能源技术装备能力，实现有机废弃物的能源化利用，基本消除有机废弃物造成的环境污染。国家一系列相关产业政策的出台，确定了我国电力工业未来发展的方向，明确了可再生能源在现代能源中的地位。采用可再生能源和洁净燃烧技术的高效、节能、低污染锅炉将是电站锅炉产品发展的趋势，并向高端和高附加值的产品市场发展。

随着经济的发展，社会生产力的发展对电站锅炉提出了新的要求，总的来说可以分为两大方向：一是节能高效，二是低污染排放。没有高效率，就影响经济利益；不降低污染排放，就会给环境带来危害，难以走持续发展之路。另外，随着世界环保要求的日趋提高，我国政府对高效电站锅炉要求也不断提高，市场需求越来越大，所以发展高效节能低排放的电站锅炉是摆在电力工作者面前的一个重要课题。

2.3 总体建设内容

围绕建设清洁高效锅炉智能制造数字化车间的要求，以锅炉两个关键部件（汽包、管子）为制造对象，三个加工制造基地为依托，开展了数字化车间的顶层建设，研发了相贯线焊接机器人、智能排焊装置、全位置管管对焊装置、自适应焊枪调节装置、焊接预热温度和层间温度检测装置等智能装置，以及智能制造信息跟踪系统、无线数据采集系统、安全帽识别系统等智能系统，搭建了一个基于协同制造全过程的综合管控平台，形成了三地数字化协同制造的"清洁高效锅炉制造数字化车间"。

2.3.1 智能制造管控一体化平台建设

本项目构建了一整套协同制造综合信息管控平台，如图 1 所示。管控平台通过基于 SOA 的企业信息总线实现了锅炉设备 MES、锅炉设备制造 PLM 平台（设计 BOM、生产 BOM 等）与 ERP 系统贯通，实现了数字化管控一体化管理。

车间网络是实现车间综合管控的基础，实现生产过程中产品、设备、人员、质量等信息的采集，并通过网络实现 MES 与各应用系统的无缝连接，如图 2 所示。

协同管控模式简化了华西能源公司内部的信息传输模式，将公司内各个加工基地之间的信息流有机地结合起来，从手工信息传递和统计升级成基于事件驱动的协同制造管理信息流程，这样公司不同的基地将不再是一个个独立的控制环，而是公司内一个完整的控制环，例如：

（1）基于销售订单拉动从最终产品到各个部件的生产成为可能，降低公司的原料或物料的库存成本。

（2）可以有效地在公司内各个加工制造基地、仓库之间调配物料、人员及生产等，提高订单交付周期，更灵活地实现整个公司的制造敏捷性。

（3）提升了整个公司各个加工制造基地的物流可见性、生产可见性、计划可见性等，更好地监视和控制公司的制造过程。

（4）从设计、配置、测试、使用、到整个制造流程不断改善的集中管理，实现公司的统一流程管理，大大节约了实施的成本和流程维护、改善的成本。

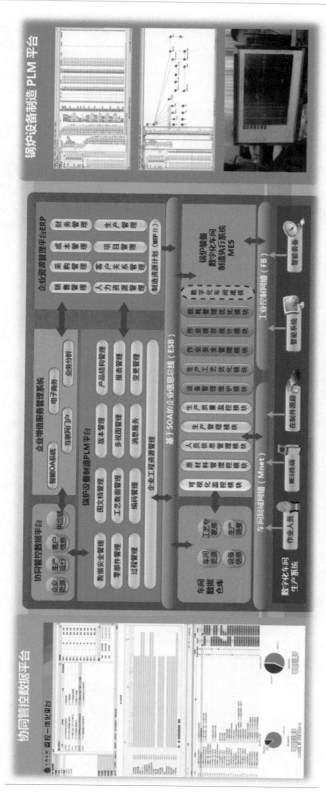

图 1　协同制造综合信息管控平台

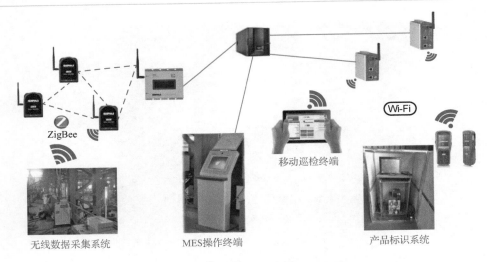

ZigBee

Wi-Fi

移动巡检终端

无线数据采集系统　　　　　　　MES操作终端　　　　　　　产品标识系统

图2　车间网络拓扑图

2.3.2　智能装置/系统全面实现工程化应用

自主研发的智能装置/系统全面实现工程化应用，全面提升了锅炉制造的数字化、智能化水平。

1. 研发了相贯线焊接机器人，实现了锅炉接管焊接作业的机器人自动化焊接，推动焊接作业向半自动向机器人焊接的转变

目前国内外锅炉接管焊接作业基本靠半自动的焊接专机完成，在焊接过程中的主要调整量，如马鞍量、回转半径及焊枪角度基本上靠手工调整进行焊接。虽然埋弧焊的弧光和烟尘较少但由于工件需要进行150℃左右的预热，而工人焊接时又需要进行近距离调整，所以工人的操作环境十分恶劣，不仅劳动强度十分巨大而且由于人工较多的参与对焊接人员的要求很高，焊接质量不稳定，返修率较高，进而影响效率，企业生产成本不可控。因此，目前的焊接专机实质上只实现了机械化、半自动化。

针对接管相贯线焊接的特殊性，在综合分析现有接管焊接机器人技术特点及应用的基础上，开发具有四自由度骑座式回转结构的接管相贯线焊接机器人，如图3所示。相贯线焊接机器人焊枪摆动机构采用伺服电机驱动的减速机进行控制，控制系统采用了CAN总线体系结构和嵌入式专用控制器为核心的硬件平台。

根据工件尺寸和焊接工艺参数自动规划全部焊缝多层多道空间轨迹并自动焊接，焊接参数采集装置集成于机器人中，焊缝多层多道空间轨迹与焊接参数实时对应，实现焊接质量的精确管理与控制，焊接质量可追溯，并与MES联通传输。

相贯线机器人攻克了压力容器接管空间轨迹焊缝机器人焊接的技术瓶颈，大幅提高了焊接质量，具有创新性。

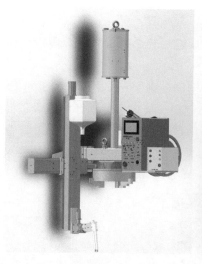

图3 相贯线焊接机器人

2. 研发了膜式壁排管焊接装置，实现了焊缝自动跟踪及焊枪智能调节控制以及不同管数管屏的自动焊接，显著提升了焊接质量、焊接效率和智能化水平

膜式水冷壁是锅炉炉墙的重要结构件和主要受压部件，通常采用钢管和扁钢间隔并双面焊接而成。由于钢管和扁钢的外形在生产和运输过程中产生一定程度的弯曲或扭曲，现有膜式壁机械化焊接装置焊接时，焊缝易偏离角焊缝造成焊偏或未熔合，从而需要返修和补焊，大大降低了生产效率，返修和补焊增加了企业的生产成本。目前企业的解决办法是在焊接时由两名工人分别负责手动调节上下两面焊枪的水平位置来适应钢管或扁钢的变形，不仅工人的劳动量很大，而且当两把或者两把以上的焊枪同时需要调节时焊工将不能实时对多把焊枪进行调节，焊偏将不可避免地产生。

项目采用焊缝跟踪技术，在膜式水冷壁8枪头增加了焊缝视觉跟踪系统，如图4所示，实现了焊缝自动跟踪及焊枪智能调节控制以及不同管数管屏的自动焊接，并与MES进行数据对接，显著提升了焊接质量、焊接效率和智能化水平。

图4 带自适应焊枪调节装置的膜式壁排管焊接系统

膜式壁排管焊接装备应用带自适应焊枪调节装置后，减少了工人数量和工人的劳动强

度，大幅度地提高了焊接质量和效率。

3. 研发了全位置管管对焊装置，实现蛇形管由手工氩弧焊向数字化、自动化焊接的转变

华西能源管子规格在φ12～φ80 之间，壁厚在 3～8mm 之间，材质为 20G、12Cr1MoVG、T91 等的管对接焊主要采用手工氩弧焊，存在焊接效率低、焊接质量不高的问题。小管对接全位置焊接装置的研制（如图 5 所示），是以遥控的方式对全位置管管焊接装置进行控制，实时调节焊接过程中的位置及工艺参数，以满足现场恶劣工况的要求，实现了管和管的自动化焊接，有效地控制了焊接质量。

图 5　小管对接全位置焊接装置

4. 研发了锅炉汽包筒体内径测量配对及对中装置，解决了传统手工测量精度不高、测量不变、数据难追溯等的不足

在锅炉制造的汽包加工过程中需要对筒体的内径值进行测量、记录与配对分析，传统主要依靠定制化千分尺来测量，存在以下不足：测量设备笨重，全人工测量，测量不方便；测量精度不高，人工误差较大，配对不科学、无法对产品加工数据进行追溯。

开发的测量配对及对中装置（如图 6 所示），具有体积小、易操作，测量精度高，可测量不同口径容器的优点，并且具备数据自动上传功能和数据配对处理模块。设备的应用实现了汽包筒体的高效率测量与对接，保证了加工数据的可靠性和可追溯性。使用测量配对系统，通过激光测量、智能液压滚轮架可智能地完成筒体配对及辅助对中。

图 6　测量配对及对中装置

5. 研发了焊接预热温度智能监测装置，实现压力容器焊接过程预热温度的精确控制，有效保障焊接质量

在压力容器焊接过程中预热温度控制不住，焊接后的产品会出现裂纹，造成水压实验泄漏，尽管焊接工艺上制定了预热温度，但由于许多不利因素的影响，还很难对此温度完全控制。

采用红外测温仪技术与无线通信技术相结合的温度检测技术，研制了一套可移动式的无线焊接预热温度监测装置（如图7所示）。该装置可将焊接过程中工件的温度变化连续不断地测量和显示出来，并通过无线方式上传至监控平台，实时记录形成预热温度曲线。当焊接温度超过工艺规定时，能自动发出声光信号，向操作者和现场人员报警，并通过无线将报警信号上传，以确保能在允许温度内焊接，保障焊接的质量，提高一次成品率，从而提高了生产效率，降低了生产能耗。

图7 可移动式的无线焊接预热温度监测装置

6. 研发了焊接层间温度监测装置，实现汽包焊接过程层间温度的自动精确测量与控制

在压力容器焊接过程中要对层间温度进行测量和控制，层间温度过高，会导致热影响区晶粒粗大，使焊缝强度及低温冲击韧性下降；如果低于预热温度则可能在焊接过程中产生裂纹，造成水压实验泄漏。目前，国内压力容器焊接的层间温度测量主要依靠目测或人工测量，存在误差大，层间温度测量、控制难等问题。

研制的焊接层间温度监测装置（如图8所示），能够自动、实时、精确测量锅炉筒体焊接时的层间温度，并通过无线方式上传至监控平台，当层间温度超过工艺规定时，能自动报警，并上传报警信号。

研制的焊接层间温度智能监测装置在充分考虑华西能源工况的前提下，专门设计了一套红外探头的防护和水冷系统，保证了测量精度。同时，采用 EEE802.15.4（Zigbee）技术，能远距离地将采集到的层间温度数据以无线方式上传至监控平台，做到层间温度的自动、实时、精确测量。

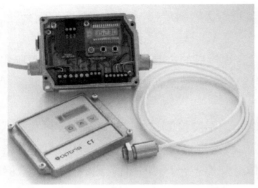
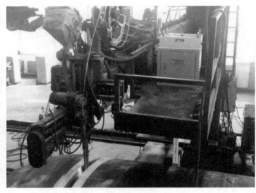

图 8　焊接层间温度监测装置

7．研发了水压试验装置，实现了水压试验过程中自动升压、保压及泄压的智能化控制

水压试验作为智能制造车间的关键工序之一，目前的试验过程全部由工人手动完成。手动操作过程由于操作随意性大，不能实现自动升压、保压及泄压，经常达不到效果，同时也不能记录试验过程曲线，无法进行测试数据追溯。

针对以上现场实际情况，研发了水压试验装置，并配套智能控制系统（如图 9 所示），可实现水压试验过程中自动升压、保压及泄压的智能化控制，大大减少了人工操作，提高了车间的自动化程度，进而提升智能制造车间智能化程度；水压试验装置可自动记录水压试验过程中的压力曲线，为产品的测试记录追溯提供了实际数据。

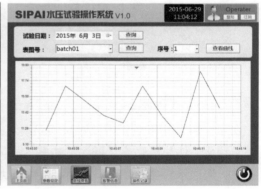

图 9　水压试验装置与水压试验控制界面

8．研发了焊接参数采集装置，实现焊接参数的有效控制

现场焊接作业，为了加快生产流程，提高焊接速度，操作人员会采用超出预设规范值的电流和焊接速度进行操作，管理人员往往难以察觉，造成焊接质量下降，进而影响整体的产品质量，致使一次成品率下降。生产管理人员不能及时掌握现场设备的运行状态、产品生产实时状态等信息，加上部分操作人员的不良习惯和工作态度等问题，很容易造成部分设备无生产任务却长时间处于开机或工作状态，导致设备利用率低下和能源浪费严重。

研发的焊接参数采集装置（如图 10 所示）采用基于 Zigbee 无线短程网络通信技术，能够克服工业环境对无线传输信号的各种干扰和衰变，并自主按照传输可靠性的要求选择传输路径。装置具备实施监控焊机的电流、电压，并对数据进行分析，保证焊缝的质量，不仅减少了返修率，还节省了大量的质检成本。该装置是一套功能强大、性能稳定、组网容易、精度较高的焊接参数采集装置。

图 10　焊接参数采集装置

9. 研发了智能焊接参数监测装置，实现焊接制造全过程的实时监控和可追溯管理

焊接过程信息及制造过程数据的一致性难以得到保证，导致质量跟踪相对比较困难，存在企业各技术管理部门和现场监测的不协调。

研发的智能焊接参数监测装置，对焊接过程参数进行实时监控，对焊接过程参数进行实时通信记录，保证了焊接工艺和焊接质量的稳定性，为生产过程记录了详细而可靠的数据档案，并与生产系统的其他数据处理系统相连，形成了大规模的工业过程的测量、控制和管理系统，构建了工厂范围内的焊接过程网络化监测和故障诊断系统（如图 11 所示）。该系统还能将孤立的焊接设备制造状态集成到一个统一的信息管理平台，为高效锅炉制造过程的自动化提供技术支撑。

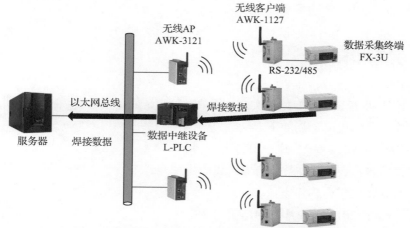

图 11　焊接过程网络化监测和故障诊断系统网络拓扑图

10. 研发了锅炉 MES，实现锅炉生产过程的精益管理

研发的锅炉关键部件制造执行系统处于管理决策层和生产过程层之间，主要负责生产的管理和调度执行。主要功能模块包括，生产执行模块、生产计划模块、质量管理模块、物料管理模块、设备管理模块、能耗管理模块、焊接管理模块、统计分析模块、用户模块，如图 12 所示。

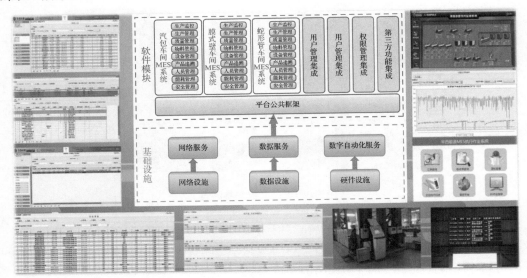

图 12　锅炉 MES

MES 强调控制和协调，并注重将数据信息从产品线上获取后，通过操作控制层送达管理决策层，通过连续信息流来实现企业信息全集成，使得在企业再制造现场中更好地推进精细化管理，从而，工厂的生产效率可以得到全面提升，有效地缩短产品的生产周期；同时由于全面的可视化的实时监控，使得产品在再生产过程中制造参数的利用更加精准合理，全面提升了产品的合格率。

2.4　实施步骤

本项目预计从 2012 年 11 月起实施，至 2015 年 6 月完成验收，项目周期 2.5 年，分五个阶段实施。具体进度计划如下。

1）第一阶段：2012 年 11 月—2013 年 5 月

主要工作内容：确定总体技术方案、完成生产线详细设计、外购设备选型、研制设备参数确定、智能管控平台构建设计。

2）第二阶段：2013 年 6 月—2014 年 3 月

主要工作内容：管子数字化车间自动化基础建设、容器车间数字智能化流程改造、完

成外购设备采购合同、自制智能部件及装置设计、自制智能部件及装置改造、智能管控平台软件开发。

3）第三阶段：2014 年 4 月—2014 年 9 月

主要工作内容：系统集成、自动化生产线安装、系统调试、智能管控软件调试。

4）第四阶段：2014 年 10 月—2015 年 4 月

主要工作内容：自制智能装置现场安装、智能数字化车间综合测试、智能数字化车间试运行。

5）第五阶段：2015 年 5 月—2015 年 6 月

主要工作内容：完成手册编写及人员培训、验收材料准备及项目验收、数字化车间正式投运。

第 3 章 实施效果

3.1 项目实施效果

本项目是在华西能源工业股份有限公司以建设一个广义上清洁高效锅炉数字化制造车间，以锅炉两个关键部件（汽包、管子）为制造对象，以三个加工制造基地为依托，通过搭建一个基于数字化协同生产的"协同制造全过程综合管控平台"，来统一调度，协同生产，最终实现三地数字化协同制造的"清洁高效锅炉智能制造数字化车间"。

3.1.1 项目整体效果

1. 项目深入研究了智能制造基础共性技术，自主研制了一系列智能装置与系统，构建了智能制造全过程综合管控平台，为智能制造数字化车间建设奠定了坚实的基础

（1）深入研究了智能制造基础共性技术，为数字化车间智能装置、智能系统的自主研发和集成应用发挥了强有力的支撑作用。

项目对新型传感、嵌入式控制系统设计、先进控制与优化、系统协同、故障诊断和健康维护、高可靠实时通信网络、功能安全、特种工艺与精密制造、识别等全部九类智能基础共性技术开展了深入研究，提升了相贯线焊接机器人、智能制造信息跟踪系统、综合管控平台等智能装置/系统的集成研制能力。

（2）在"清洁高效锅炉制造数字化车间"项目中自主研发了一系列智能装置/系统，

显著提升了智能制造核心装置/系统的研制能力，为提升锅炉制造的数字化、智能化水平奠定了坚实的基础。

研制了相贯线焊接机器人、智能排焊装置、智能制造信息跟踪系统、无线数据采集系统、车间制造执行系统等智能装置、智能系统，关键智能部件国产化率达95%，性能不低于国外同类水平，实现了智能测控部件的国产自主可控，为清洁高效锅炉关键部件生产制造全过程的生产自动化/智能化、设备管控数字化、物料管理数字化、工艺过程数字化、质量管控数字化、人员管理数字化奠定了坚实的基础。

（3）构建了协同制造全过程综合管控平台，强有力地支撑异地数字化协同制造，实现均衡化混流生产。

构建了协同制造综合信息管控平台，通过基于 SOA 的企业信息总线，打通了锅炉 MES、锅炉制造 PLM 平台（设计 BOM、生产 BOM 等）与 ERP 系统的信息通道，实现车间管理、产品管理和企业资源管理在产品、质量、人员、成本等各方面的无缝衔接，达到公司异地设计、生产、管理的信息流的高度融合和协同制造管理，推动了企业基于销售订单拉动生产，提高了制造的敏捷性，提升了制造过程的透明化、流程化管理水平。

2. 华西能源通过"清洁高效锅炉制造数字化车间"建设，实现了由机械化、半自动化为特征的传统生产模式向数字化、网络化、智能化为特征的智能制造模式的逐步转变

（1）自主研制的相贯线焊接机器人等智能装置在"清洁高效锅炉制造数字化车间"全面工程化应用，实现了传统手工、半自动向数字化、自动化、智能化焊接作业方式的转变。

自主研制的相贯线焊接机器人、智能排焊装置、全位置管管对焊装置、自适应焊枪调节装置等智能装置，在锅炉接管、膜式壁排管、蛇形管等焊接作业中全面应用，关键设备的数控化率提升到85%，实现了锅炉关键部件主要焊接作业由手工焊、半自动焊向数字化、自动化、智能化焊接作业模式的转变，显著提升了焊接质量、焊接效率和智能化水平。

（2）自主研制的锅炉制造过程在线检测与监控装置的工程化应用，全面提升了生产过程在线检测与智能管控能力。

自主研制了锅炉汽包筒体内径测量配对及对中装置、焊接预热温度智能监测装置、焊接层间温度监测装置、水压试验过程智能化控制装置、焊接参数采集装置等在线检测与生产过程实时监控装置在锅炉制造中全面应用，提高了生产过程管控自动化、数字化与智能化水平。

（3）研制的制造执行系统、PLM 系统、ERP 等系统的集成应用，实现了产品全生产周期设计、制造到管理的全面数字化和信息化。

自主研制的锅炉 MES 主要负责车间生产管理和调度执行，打通了操作控制层与管理决策层之间的数据流、信息流、资金流通道，实现了人员、设备、产品、工艺等各要素信息在全生命周期的互联互通，有效地推动了企业精细化管理水平；构建了锅炉行业的 PLM 系统，解决了产品全生命周期的安全管理、图文档管理、版本管理、产品结构管理、零部件管理、多视图管理、报表管理、过程管理、变更管理、编码管理、工艺数据管理、消息

服务、企业工程资源管理。PLM 与 MES、ERP 贯通，实现从设计、制造到经营管理的全面数字化和信息化，并实现均衡化混流生产，达到国内先进水平。

（4）搭建了智能制造车间物联网络，构建了协同制造全过程综合管控平台，实现了异地数字化协同制造。

围绕华西能源异地数字化协同制造需求，搭建了由现场设备层、车间级监控层、厂级监控层三层结构组成，以现场总线、光纤环网组成的有线通信网络、基于 WSN 和 RFID 的无线网络等构成的智能制造物联网络，并在车间制造执行、全生命周期管理、数据无线采集等系统基础上，进一步构建了智能制造全过程综合管控平台，产品制造精度与稳定性显著提高，生产效率提高 50%，管子生产线一次成品率达到 95%，实现成都龙泉、自贡板仓一期、自贡板仓三期等三地高效率、高质量地协同生产制造。

（5）通过清洁高效锅炉制造数字化车间建设，提高了企业生产效率、产品质量，提高了设备利用效率，生产能耗大幅度降低。

本项目通过机器人、在线检测与监控装置、制造执行系统、综合管控平台等智能装置、智能系统的应用，提升了产品全生命周期的数字化、网络化和智能化程度，生产效率显著提升，产品一次成品率显著提高，大量减少了作业返工和材料浪费。生产效率的提高和质量的提升，还实现了单位产品的生产能源大幅减低。

通过本项目的实施，华西能源"清洁高效锅炉关键设备生产车间"，达到了项目预期目标，系统性能指标实现情况如表 1 所示。

表 1　系统性能指标实现情况

序号	预期指标	实现指标	指标完成情况
1	关键生产设备的数字化率达到 80% 以上	关键生产设备的数字化率达到 83.97%	关键生产设备主要包括大型机械加工、管子加工、焊接、无损探伤、热处理等生产装备，共有 137 台，其中数字化 115 台，数字化率达到 83.94%
2	关键智能部件国产化率达到 80% 以上	关键智能部件国产化率达约 97.37%	关键智能装置共有 152 台，其中国产化 148 台，国产化率达到 97.37%
3	管子生产线一次成品率达到 95%	管子生产线一次成品率达到 97.46%	按月对 2015 年管子生产线一次成品交检率进行统计，年均一次成品率达到 97.46%
4	生产效率提高 50%	智能化改造生产环节，生产效率提高 50% 以上	采用相贯线焊接机器人、管屏成屏探伤工业电视、管子水压试验、MPM 焊缝跟踪改造等智能化装置后，生产效率提升 50% 以上
5	单位产品的生产能耗降低 30%	智能化改造生产环节，单位产品的生产能耗降低 33.2%	智能化改造的生产环节，2013—2015 年单吨产品的能源消耗分别为 246.15 元/吨、212.63 元/吨和 164.54 元/吨，能源消耗降低 33.2%
6	安全事故发生率降低 80%	安全事故发生率大幅减低，重大事故发生率为 0	项目执行期间，通过技术、管理等能力提升，未发生重大事故

3. 推动智能制造技术清洁高效锅炉行业的推广应用，提升行业整体制造水平

（1）推动锅炉生产制造装备的更新换代，提升行业整体水平。

项目研制的相贯线焊接机器人、管管全位置焊接装置等智能装备在高效清洁锅炉行业推广应用，将实现大多数锅炉企业关键部件制造设备的更新换代，改变锅炉制造严重依赖人工作业，生产效率低、质量保证难、工作环境差等不利局面，提升锅炉生产制造行业的整体水平。

（2）提升锅炉制造过程的在线检测与生产过程实时监控能力，实现生产全过程的质量追溯与有效控制。

项目研制的焊接预热温度智能监测装置、焊接层间温度监测装置、焊接参数采集装置、水压试验过程智能化控制装置、锅炉汽包筒体内径测量配对及对中装置等在线检测与生产过程实时监控装置在锅炉行业推广应用，实现生产过程信息可记录、可追溯、可测量、可控制，为锅炉生产全过程的质量追溯与有效控制提供保障手段。

（3）提升企业关键环节信息化能力，打通全生命周期信息链路，逐步实现锅炉行业人员、设备、产品之间信息的互联互通。

锅炉 MES、PLM 系统、数字化工厂虚拟仿真平台等信息化系统在行业推广应用，将显著提升企业关键环节信息化能力，改变人工粗放管理的局面；通过构建企业工业物联网，以协同制造综合信息管控平台为核心，打通锅炉 MES、锅炉制造 PLM 平台（设计 BOM、生产 BOM 等）、ERP 系统的信息链路，逐步实现锅炉行业人员、设备、产品之间信息的互联互通，全面实现设计、制造到经营管理的全面数字化和信息化，大幅提高企业管理效率，降低管理成本，提升企业的核心竞争力。

（4）智能制造技术在清洁高效锅炉行业的全面推广，有效提高能源利用率和能源利用的经济效益。

通过相贯线焊接机器人等智能装备的推广，提高锅炉的制造质量和生产效率；通过焊接预热温度智能监测装置、车间制造执行系统等智能测控装备与管理系统的推广应用，实现生产过程的精益管理，减少作业返工和材料浪费；通过对电、水、气等各类能源形式的采集与管理，减少能源使用中各个环节的损失。从结构节能、管理节能、技术节能等多种层次，更有效合理地利用资源，提高能源利用率和能源利用的经济效益。

3.1.2 项目产业化目标完成情况

随着对本项目智能化车间实施完成，2015 年 1～6 月，华西能源正式签订订单合同总金额 34.69 亿元，较去年同期增长 262.48%，净利润 1.13 亿元，同比增长 23.15%。

上海工业自动化仪表研究院有限公司对接"中国制造 2025"计划，响应上海要加快向具有全球影响力的科技创新中心进军的要求，先后承接了 2014 年工信部智能制造装备发展专项"高压开关智能制造数字化车间"项目、2014 年上海市国资委企业技术创新和能级提升项目"能源装备智能制造关键技术研发平台建设"、2014 年度上海市引进技术的

吸收与创新项目"模式水冷壁排焊智能焊缝跟踪装置研制及应用"、2014 年上海市战略性新兴产业重点项目"大型智能化码头装卸系统研究及应用"、2015 年工信部智能制造装备发展专项"智能制造工业云、大数据标准试验验证"、"智能工厂通用技术标准试验验证"及"电力装备智能制造应用标准试验验证"项目、2015 年度上海市科委产业技术创新战略联盟"上海市智能制造产业技术创新战略联盟"建设,同时上海自仪院还配合特变电工完成"特变电工 2020 智能制造规划"项目,共同主办 2015 年"第一届中德智能制造/工业 4.0 发展与标准化高峰论坛"。

3.2　复制推广情况

3.2.1　项目市场发展前景及项目可持续发展能力,对产业链和产业群形成的带动效应等

电站锅炉作为现代火力发电厂三大主机之一,肩负着为国民经济及人民生活用电提供发电成套设备的重任,目前通过火力发电产生的电能占我国发电总量的 80%以上,电站锅炉行业的发展对缓解我国电力供需矛盾发挥着重要的作用。由于国民经济高速发展,对电力能源需求迫切,促进了我国电站锅炉制造业的快速发展。近两年电站锅炉向着清洁高效的超临界和超超临界机组高速发展,因而对锅炉的关键部件的制造提出了更高的技术要求。虽然我国锅炉生产厂家达 1400 多家,锅炉制造能力接近 1 亿千瓦,但是,除了上锅、哈锅、东锅三家企业的制造水平基本达到国际先进水平外,整个行业的整体技术水平、大型工业化生产水平及产品性能水平等方面与国外同行业相比仍有较大的差距。其他锅炉生产企业还存在着产能的不足,制造工艺落后,信息化水平较低,管理水平有待提升等问题,致使国产锅炉关键部件的生产制造无论数量、质量、品种等均不能满足电站锅炉制造业快速发展的需求。

针对以上电站锅炉行业发展特点及相关背景,进行了"清洁高效锅炉智能制造数字化车间"项目的建设。通过本项目实施,在锅炉汽包及管子冷热加工关键设备自动化、智能化的研制;产品制造工艺流程的自动化、数字化、智能化的再造;加工信息全过程跟踪;产品质量全生命周期追溯;协同生产制造综合管控平台构建和实现;企业级 PLM、MES、ERP 的贯通等方面研究与应用,达到装备智能化改造、生产信息化的贯通,企业制造模式的改变,来全面提升在锅炉制造行业制造水平及能级,并达到智能化、绿色化制造的目标。

"清洁高效锅炉智能制造数字化车间"是我国传统冷热加工工艺转型的第一步。本项目的实施对锅炉生产及其他加工工艺转型改造具有示范作用。技术推广后能全面提升相关行业自动化、智能化水平,通过协同制造模式的应用,改变企业传统的制造模式,推动企业的转型发展。通过本项目的建设不仅为清洁高效锅炉制造,乃至其他重型装备制造业的自动化、智能化、信息化提升起到示范作用。通过生产装备智能化程度的提升、生产全过

程数字化实现、生产监管力度的提高、检查手段的完善、工作环境的改善，提高产品一次成品率，并且实现关键设备数字化率达到 80%以上，国产化率 80%以上，生产效率提高50%以上，由此带来更高的生产效率、更好的产品质量和更低的成本控制，形成良性的可持续发展态势。因而本项目的实施符合国家《智能制造装备产业"十二五"发展规划》，是推动智能制造装备、机器视觉、控制系统国产化、协同生产制造模式的重要示范项目，满足国家战略性新兴产业发展战略的要求，对我国"制造大国"向"智造强国"转型具有重要的意义。

依托本项目的实施将使用户单位华西能源工业股份有限公司成为国内清洁高效锅炉制造行业首个国产"智能制造数字化车间"解决方案示范单位。对用户单位、乃至当地的品牌提升具有积极影响；可有效增加用户单位的车间安全监管手段，改善车间工作环境，实现友好的生产加工环境，改善作业工人的工作条件，减低作业工人的劳动强度，提升安全生产和卫生健康水平；项目能产生巨大直接或间接的经济效益，不但加快用户单位所在地经济发展的速度，并可以推动锅炉制造行业整体智能制造水平的提升和生产制造模式的转变。

今后 5 年，对锅炉、压力容器焊接自动化设备的需求量将明显增加，都需要装备自动化程度高，性能优良，可靠性好的各种自动化专用成套焊接设备，焊接机器人工作站和焊接生产线。市场容量相当大，发展前景乐观。因此，锅炉制造自动化装备市场发展空间巨大。

3.2.2　智能制造新模式探索

通过高压开关行业智能制造数字化车间的实践，实现了电力装备行业智能制造新模式的探索。通过自主研制的产品远程监控与诊断系统在智能化高压开关产品的应用，可实现设备的远程无人操控、运行状态监测、故障诊断与修复，初步构建了高压开关智能化产品远程运维服务新模式。通过产品虚拟设计、工艺仿真优化和虚拟装配平台，制造过程在线监测系统，制造执行系统（MES）与产品全生命周期管理（PLM）系统与企业资源计划（ERP）系统的高效协同和深度融合，成功打造了高压开关智能制造数字化车间，为电力装备智能工厂建设奠定了基础。

3.2.3　其他应用领域的推广

1. 核电压力容器及管道制造领域

在核电设备加工过程及现场安装中存在大量的焊接，焊机质量的好坏直接影响到核电站的安全可靠的运行。2013 年 3 月 16 日发布的《中华人民共和国国民经济和社会发展第十二个五年规划纲要》提出"要在确保安全的基础上高效发展核电"的方针，我国将重启核电进程。按照规划，从现在到 2020 年，中国核电装备制造订单约 5000 万千瓦，按照每千瓦核电装备价值 4000 元计算，这期间的核电装备制造市场总容量约为 2000 亿元，占全部发电设备制造总市场的十分之一左右，因而核电装备制造过程中的焊接工艺段的智能焊接系统工作国内需求迫切。通过本项目的研究成果，应用于核电装备产品制造及安装过程，实现核电产品制造全生命周期的跟踪系统技术的不断提升，即在实现从传统的粗放管理演变为集约化管理提升的基础上，解决核电产品焊接质量实时跟踪控制和可追溯，以及累积焊接工生产绩效的基础数据，逐步建立和完善生产管理体系，从整体角度优化、协调生产过程，生产计划的动态调整，包括根据客户订单、市场预测和内部资源状况来制定生产计划，也可以为核电设备制造高可靠、高安全的测量、监视和控制提供有力的保障。

2. 石油化工压力容器及管道制造领域

在石油化工行业中，压力容器已经被广泛应用到整个行业的各个领域，并且已经逐步成为石油化工行业中不可或缺的重要设备。压力容器的制造质量的高低很大程度上会决定其投入使用后能否正常运行，并能保证压力设备运行的安全性。

自 20 世纪 70 年代通过引进、消化吸收国外先进技术以来，我国在化工、化肥工业方面，能够自行设计和制造的设备越来越多，重大化工装备国产化的水平也越来越高，其中大型化肥生产的尿素生产装置压力容器 90% 以上可以立足于国内生产，大型合成氨装置的压力容器国产化也已达到 70% 以上。其中许多关键设备如大型尿素合成塔、CO_2 汽提塔、高压甲胺冷凝器、高压洗涤器、大型氨合成塔、高温变换炉、低温甲醇洗涤塔、煤气化炉以及大型液氨贮罐等均可立足于国内制造，不再依赖进口。我国大型甲醇合成塔的制造水平与世界先进水平差距也在缩小。

但我国的炼油工业均为小规模生产，最大的炼油厂年处理能力为 250 万吨原油，与国外先进国家的千万吨炼油装置差距是十分巨大的。为了降低炼油成本，必须发展大规模炼油生产装置。在我国炼油企业和机械行业的共同努力下，我国的炼油生产装置已向 1000 万吨/年级处理原油的能力进军。炼油厂所用的压力容器及受压设备具有高温、高压及氢、硫腐蚀特点，对压力容器制造业提出了更高的要求。我国的许多大型压力容器制造厂和重型机械厂都已掌握了制造高温、高压、临氢炼油和油品精制设备的技术和生产能力。其中，中国第一重型机械制造集团公司、上海锅炉厂、兰州石油化工机器厂、抚顺机械厂、西安524 厂、中石化集团南化公司化工机械厂、金州重型机器厂、上海石化机械厂等已制造成功大型石油加氢反应器、大型乙烯反应器、大型聚酯反应器、大型丙烯反应器、大型丙烯腈反应器、TA 干燥机等关键设备。

本次项目研究的基于清洁高效锅炉制造关键部件的压力容器、管子制造过程数字化车间的所涉及的加工过程关键智能功能和关键智能装备完全适用石油化工容器及管道的智能制造，不但提高加工过程的效率，还可实现质量全过程可追溯，满足石油化工不同种类压力容器加工要求。

3. 船舶及制造领域

船舶建造过程中，船体装配和焊接的工作量，占船体建造总工作量的 75%以上，其中焊接又占一半以上。故焊接是造船的关键性工作，它不但直接关系船舶的建造质量，而且关系造船效率。自 20 世纪 50 年代起，焊接方法从全手工焊接发展为埋弧自动焊、半自动焊、电渣焊、气体保护电弧焊。自 20 世纪 60 年代中期起，又有单面焊双面成形、重力焊、自动角焊以及垂直焊和横向自动焊等新技术。焊接设备和焊接材料也有相应发展。由于船体结构比较复杂，在难以施行自动焊和半自动焊的位置仍需要采用手工焊。

船舶焊接是保证船舶密性和强度的关键，是保证船舶质量的关键，是保证船舶安全航行和作业的重要条件。如果焊接存在着缺陷，就有可能造成结构断裂、渗漏，甚至引起船舶沉没。据对船舶脆断事故调查表明，40%脆断事故是从焊缝缺陷处开始的。在乡镇船舶造船中，船舶的焊接质量问题尤为突出。在对船舶进行检验的过程中，对焊缝的检验尤为重要。因此，应及早发现缺陷，把焊接缺陷限制在一定范围内，以确保航行安全。

本次项目研究的基于焊接制造过程数字化车间的所涉及的加工过程关键智能功能和关键智能装备完全可应用于船舶的制造，如相焊接机器人、探伤机器人以及智能信息跟踪系统的应用，不但能提高船体加工过程的质量，还可实现质量全过程可追溯。

第4章 总 结

通过《清洁高效锅炉智能制造数字化车间》项目的实施，将为节能减排作出重要贡献，取得非常明显的社会效益和经济效益，使用户单位成为国内首个国产锅炉制造行业"智能制造数字化车间车间"解决方案示范单位，对用户单位、乃至当地的品牌提升具有积极影响；可有效增加用户单位的车间安全监管手段，改善车间工作环境，提升安全生产和卫生健康水平；项目具有一定的经济效益，有利于用户单位所在地加快经济发展的速度。

本项目的实施符合国家制造强国战略规划，是推动智能焊接装备、机器视觉、控制系统国产化的重要示范项目，满足国家战略性新兴产业发展战略的要求。

锅炉焊接车间的智能化是我国传统热加工工艺转型的第一步。本项目的实施对锅炉焊接及其他热加工工艺转型改造具有示范作用，技术推广后能全面提升相关行业自动化智能化水平，对我国"制造大国"向"制造强国"转型具有重要的意义。同时，本项目涉及新兴传感技术、嵌入式控制系统设计技术、先进控制与优化技术、系统协同技术、故障诊断和健康维护技术、高可靠实时通信网络技术、功能安全技术、特种工艺与精密制造技术、识别技术等全部九类关键智能基础共性技术，将通过创新研究和实际应用掌握其中部分技术，提升我国智能技术的研发和应用能力。

未来，锅炉企业应该狠抓质量创新，发扬工匠精神，把质量创新和质量提升作为推动企业转型升级的重要动力，充分发挥智能制造所带来的各种优势，让企业产品由曾经的"傻大粗笨"，实现向"高精尖靓"的华丽转身，进一步形成独具特色的产业优势和区域品牌，增强区域产品的综合竞争力和品牌价值。同时，锅炉行业企业必须借助互联网、信息化、智能化技术在提高和保证产品高质量的前提下逐渐形成制造与服务相融合的新的产业形态，不仅向用户提供产品，还要提供依托产品的服务，以及提供整体解决方案，乃至围绕产品生产和使用的各类服务。唯有跟着时代发展的步伐，经过智能化的改造，锅炉企业才刻意继续存活。

本项目的实施将提升我国智能仪表、智能控制系统、精密仪器、工业机器人、伺服控制机构等核心智能测控装置的自主创新能力和应用集成能力，打破国外企业在这些领域的垄断现状，扶持和培育我国自己的智能制造装备产业，加快形成我国智能制造技术核心竞争力。同时，上海工业自动化仪表研究院有限公司也扔将继续推进制造业智能化升级和智能制造产业与技术的发展，打造中国制造竞争的新优势。

基于价值创造的传统水泥行业智能工厂建设

——浙江中控技术股份有限公司

　　中控集团（SUPCON）是中国自动化与信息化技术、产品与解决方案的业界领先者，业务覆盖工业自动化与信息化、工程设计咨询、智慧城市、轨道交通、科教仪器、节能等领域。公司创建于1993年，总部设在风景如画的中国杭州，全球员工超过3700人。

　　浙江中控技术股份有限公司系中控集团的核心成员企业，依托深厚的科研积淀，以及强大的自主创新能力，构建了完整的产品体系及工业自动化信息化整体解决方案，包括现场仪表、控制阀、控制系统（DCS、SIS、PLC、RTU、SCADA……）、先进控制与优化（APC）、制造执行系统、企业信息系统及智能工厂建设整体解决方案等。中控以多个行业首台套项目实施为积累，以国家级行业示范项目为标杆，提出了涵盖企业"安全、提质、降本、增效、环保"五大战略性目标的"安全工厂、智能优化工厂、绿色工厂"三大平台级解决方案，携手客户共同推进智能制造战略发展。

第1章 简 介

1.1 项目背景

水泥是国民经济建设的基础原材料。经过多年发展，我国水泥产量已位居世界第一。特别是 2005 年来，水泥行业实现了全面、高速的发展，但在"快步"推进的过程中也产生了诸如产能过剩等"后遗症"。作为国民经济产业链条中最基础的一环，水泥企业需要面对行业产能过剩、资源紧张、能耗限制、环保督促等影响企业可持续健康发展的困境，以往拼规模、拼成本的粗放型竞争方式已经不合时宜。改变传统发展模式，适应行业新常态，保持健康增长是摆在每个水泥企业面前的新问题。其中，以提升管理效率、降低能耗物耗，实现效益提升为目的的智能制造已经在水泥行业轰轰烈烈地展开。但在建设过程中，每家企业都先期选择进行决策管理层面的 ERP/财务/基础自动化等系统建设，而在后续的生产执行系统、工业互联网、大数据应用等的建设上浅尝辄止。如何让智能制造真正能成为企业可持续发展的有效保障？需要业内各界人士积极出谋划策、勇于实践、持续迭代。

1.2 案例特点

2010 年浙江某水泥集团（以下简称水泥集团）开展了财务/供销存等 ERP 系统建设、基础自动化系统建设。自 2016 年至今，在原信息化系统基础上开展了新的智能工厂建设。

1. 建设模式选择

智能工厂建设与实现，我们可以选择从上而下的方式逐层展开，也可以选择从下而上的方式逐层支撑。水泥集团早期智能工厂的建设选择从上而下的模式，即首先进行管理层 ERP 和财务、HR 等软件规划与建设，侧重于集团层面的数据整理；在此基础上，逐步扩展到其他层面。水泥集团早期建设主要围绕提升工作效率为主，与现场生产管理不紧密。随着后续建设推进，水泥集团发现若要进一步提升效率必然要进行管理模式、流程的优化、改变，并牵涉生产现场管理的方方面面。如果仍然采用从上而下的模式进行制造执行系统（MES）等信息化系统建设，建设方案无法落地——集团下辖十几家企业，分散在各地企业其需求多种多样。建设方案如何既能满足当前的企业需求，又能适应未来管理变革与技术革命？需要对原有建设模式进行创新，防止出现规划设计疏漏导致的孤岛模式（业务孤岛、数据孤岛、应用孤岛）。

目前整个水泥集团的生产执行管理模式为三级管控方式--集团总部、各区域公司、成员企业。MES 具体建设则先成员企业、后区域公司、最后集团总部。这样的建设方式的优点如下：先采用单个成员企业进行试点，建立一个完整的单厂信息化系统，因其拥有一个完整的单厂数据库系统，可不依赖外部网络独立运行，从而极大地提高了运行安全性。同时上下层级、不同企业之间彼此独立，既能通过一定渠道进行数据交换，又能在使用上互不影响，数据安全性将得到极大提高。不管哪一个厂、哪一个层级的数据库出现问题，影响都是局部的、小范围的，不至于影响全公司层级的使用。

水泥集团对本次智能工厂建设的重头戏——MES 的建设决定采用从下而上的建设模式。MES 功能框架设计以满足一个工厂全部生产管理需求为根本目的，以试点企业的生产执行系统为模板在不同企业进行一定程度的复制，同时针对各企业的不同需求进行修订，尤其在数据库整合、数据标准化方面。在试点企业基本建立完成以后，再进行区域公司和总部的 MES 建设，主要以数据的统一采集、标准报表、专业管理为目标。这样的建设步骤，每一步的实施影响范围小，一旦需求有变更，软件调整方便。

2．项目队伍组建

智能工厂建设项目谁来做，项目管理人员如何任职定位，将是直接影响智能工厂建设项目成败的核心要素。

按以往水泥企业的信息化系统建设项目，水泥集团通常会发文组建一支团队，总经理或者副总经理挂职项目负责人，信息中心或自动化部门人员担任具体项目的推进与操作，即由网络维护工程师或者分布式控制系统（DCS）维护工程师配合智能制造系统解决方案供应商进行项目的建设。由于推进人员的岗位权限职责问题，导致在项目执行中协调沟通成本很高，部分工作成果与实际需求严重脱节，在效率、效果上很难有明显成效。项目建设方案严重依赖解决方案供应商。供应商利用已有方案和积累的经验来建设项目，很难与现场管理模式一致，从而在水泥企业中产生了抵制情绪。

针对前几年信息化系统建设过程中出现的不良现象，水泥集团在此次智能工厂建设项目的人员安排上进行了调整——从集团总部直接派人到试点企业担任副总经理职务，同时担当 MES 项目的负责人，从而在项目建设与推进上较好地解决了职权、协调、方案规划的自主等问题，提升了 MES 项目建设方案专业性、协调管理顺畅，确保整个项目建设能真正满足实际生产管理的需求。

3．有限标准化

水泥集团各成员企业在管理细节上存在诸多不同，需求更是多种多样。但总部管理又需要统一化、标准化，彼此互相矛盾吗？如何协调？这是集团 MES、区域 MES 建设的难点。目前大型水泥集团管理上存在的较大问题就是下属成员企业太多，且管理没有统一化。在信息化建设中，通过标准化的报表，能有效了解成员企业的经营情况，再通过信息化软件进行报表的电子化，必然能极大地提高效率，标准化在上层管理软件尤其是财务等专业的管理上，都取得良好效果。但在 MES 建设应用上，标准化却屡屡碰壁。原因是目前的水泥生产管理还处在模糊管理阶段，具体的生产管理灵活性高，没有现成标准答案。各企业在实践中也积累了适合自己的管理方式。因此采用确定一种模式去硬性规范企业的生产管理行为，必然导致强烈的抵制。同时，各企业在 MES 建设中存在一个通病，即关注上层管理数据和报表的开发，而对基层数据缺乏有效的开发应用。大部分企业采用硬性规定要求人工输入下层数据来符合上层数据的要求。由于基层数据缺乏统一开发和汇总，大量基础数据需要人工输入，流转周期长、错误率高、人力占用多，导致一提起信息化建设，部门领导都头痛。如北方某水泥集团在标准化推广应用上强力推进，对成员企业的管控力度较强，取得了一定的效果，但其代价也较大，人员占用非常多——总部管理人员在 500 人左右。

针对这种情况，该水泥集团在 MES 建设中提出了有限标准化的概念。即针对上层管理，采用统一报表、统一数据、统一代码，等等，而在基层管理数据及管理模型上，不强制使用标准化模板，各企业可以按照自己的习惯和模式定制自己的管理模板，通过通信软件实现数据之间的互联交换。

4．基层数据的深度开发

目前在水泥行业，提供智能制造系统解决方案供应商很多，但大部分供应商关注点或重点都聚焦在上层管理软件——ERP、NC 等，建设过程不涉及或很少涉及下层数据，除 DCS 提供部分数据外，大量基础数据和中间流转数据都需要人工输入。

通常水泥企业有各类业务管理要求，为尽快实现业务系统信息化，往往会针对一项或者两项管理需求进行开发与应用，导致很多水泥企业建设应用了多套信息化管理软件、多个独立数据库，且数据无法实现自动流转，基础数据仍然需要人工大量输入、基础数据无法深度开发的糟糕状况。要改变这种现象，需要企业在智能工厂建设时，做好顶层规划，并贯彻落实——利用网络与通信技术实现各类基层数据直接输入到统一数据库，对数据进行统一处理。一旦一家成员企业的信息化系统开发完成，后续其他企业的信息化系统建设工作相对就会简单。

5．联合创造价值

随着水泥行业信息化的逐步完善，其开始从单一功能、需求分散向着一个中心、统一数据库及管理整合上发展，尤其在生产执行系统领域。目前智能制造系统解决方案供应商也逐步认识到这个问题，并努力向这个方向发展。但现阶段仍存在软件功能开发不全面，生产执行管控创新不足，仍以计划、报表、图形等静态管理为主，缺乏贴近生产实际、实时反映生产设备状况、规范员工操作行为、细化量化管理职能的动态管理模式。而这些需求单独依靠一个解决方案供应商提供，已经不能满足实际需求。

对此，本次水泥智能工厂建设采用数据库融合、多厂家配合的联合开发模式，即明确一个数据库中心的基本要求，将各专业需求、多管理功能要求整合到一个数据库系统中，由各设备厂家配合进行各自仪器仪表的配套定制开发，从而建立起一个完整的生产执行系统。该系统包括了远程画面监控、生产计划报表、生产绩效考核、生产优化控制、能源智能计量、设备动态管理、质量动态管理、计量实时管理、机物料前置费用管理等各个方面，涵盖了生产管理各个专业。通过不同设备厂家的配合开发和各个专业的联合行动，该系统真正实现了数据的一次输入、全程自动流转等功能；实现了各类抄录数据的自动采集、自动汇总、自动计算和上传；实现了设备从智能巡检→隐患自动生成→自动工单发送→维修状况自动汇总→相关记录自动存档的完整动态闭环管理功能；实现了生产现场数据自动采集→自动汇总→自动计算→自动调整优化生产等。系统实现了整个工艺生产全过程更简单、方便、真实、直观、节能、增效的预期目标。系统通过数据的自动流转实现了统计的高效化，通过生产计划的流程化审批实现管理的规范化，通过流程细化、量化实现了员工工作指标化考核，通过生产数据智能采集自动调整实现了节能降耗，最终实现项目建设目标。

第 2 章　项目实施情况

2.1　需求分析

在当前国内水泥行业产能过剩的大背景下，水泥集团如何提升管理效率、打造核心竞争力是当前面临的突出问题。在水泥制造成本中，人力成本、办公费用、物料消耗及能源消耗为主，其中能源消耗所占成本比重最大。在生产管理上，存在的问题主要有：

（1）信息孤岛现象严重，自动化控制系统、ERP、OA、化验室管理系统、库存管理系统等系统之间相对独立，靠人工进行各系统之间的数据流转，信息严重滞后，数据偏差较大，往往误导管理决策；

（2）生产控制系统信息无法自动获取，靠人工查找趋势曲线，确定产量、消耗量，同时受限于 DCS 本身特点，历史数据长期保存查询复杂，发现重大偏差无法追踪具体原因，企业生产管理不清晰。

（3）人工统计生产报表，信息滞后、人为因素影响较大，往往不能准确反映生产实绩，生产计划调度往往建立在不真实统计结果之上；

（4）厂区内能耗计量手段缺失，无法准确统计生产过程能耗，无法准确查找能源黑洞，企业能源浪费严重，单位产品能耗忽高忽低；

（5）设备运行维护随意性强，设备安全稳定运行依赖个人责任心，无完善的设备运维资料，无法统计预测设备的运行状态，造成故障停机事件频发；

（6）质量数据无法与工艺人员实时共享，出现质量问题无从查找原因，无法避免产生同样的质量波动。

本次智能工厂建设项目围绕以上问题，结合企业智能工厂建设需求，依托浙江中控技术股份有限公司自主研发的一体化管控平台，利用联合团队在数字化、网络化、智能化等多种技术的领先优势，共同开展智能工厂建设。

2.2 总体设计情况

基于一体化管控平台，水泥企业智能工厂建设方案包括六大平台：基础设施及运维平台、生产运营平台、经营管理平台、集成集中管控平台、应急指挥平台、三维数字化平台，包含实时监控、生产统计、盘库、计量平衡、质量管理、设备管理等诸多功能和模块，其总体框架如图 1 所示。

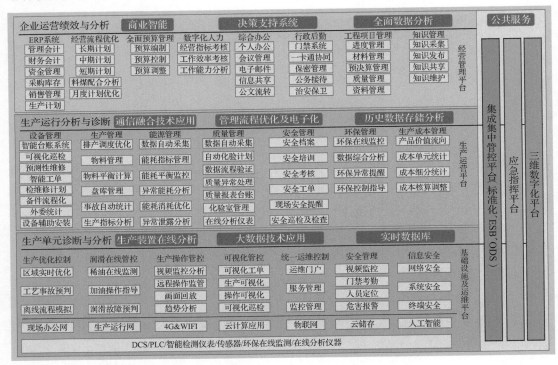

图 1 水泥企业智能工厂建设总体框架

在智能工厂建设中，一体化管控平台采用实时数据库平台，采集各生产线过程控制系统（DCS，PLC）中的生产数据，实现信息实时采集。实时数据库可以对快速变化的实时数据和运算结果进行高效压缩，形成历史档案，同时还具有断点续传的功能，保证数据的完整性。对数据访问者进行分级授权管理，确保数据安全与信息安全。提供事故追忆、趋势分析等功能，同时将生产中的报警信息以声音、短信、邮件方式通知相关人员，实现全过程、全员、全方位的安全管理。

一体化管控平台提供多种数据展现方式，实现基于角色的驾驶窗管理，包括流程图画面显示、生产参数、生产数据实时显示，报警记录显示、历史趋势显示分析、统计报表自动编制、生产报表查询、系统运行状态监视。系统采用各种动画的手段，以流程图的方式实时展现生产过程，以报表的方式实时展现生产数据；提供各种生产报表和统计报表，包括主要点位表、生产班（日/周/月/年）报表、开停车记录表、设备运行状态报表和根据需求定制的其他报表。支持实时数据库的 Web 发布功能，通过 Web 方式进行浏览、操作实时数据库生成的画面、脚本。

为有效降低能源消耗，一体化管控平台利用实时数据库，实时显示生产能源成本组成、能源结构分布，能源消耗；围绕成本消耗节点、消耗量，实时展示时间、监管方向、成本类别三维方向上的属性和状态，从而建立起一套实时专家优化系统，进行优化生产，实现节能降耗目标；通过动态监控企业运营的各个环节的节点状态（用能源消耗—成本进行量化），利用专业化知识科学评估企业成本分析，指导企业实时动态改善企业运营效率，最终达到管控、优化企业运营活动的目标。

未来可以将生产数据周期性地导入到上层其他系统的关系库中，从而使得上层管理软件（ERP）可以获得底层数据支持，给上层其他系统提供数据服务。

2.3　实施过程

为有效实施智能工厂建设项目，充分发挥硬件、软件、人力等资源要素投入效能，项目实施过程主要包括四个阶段：前期调研、基础应用模块实施、项目深化完善、项目总结。项目建设周期为 16 个月。各阶段主要工作内容如下。

1）第一阶段：前期调研阶段

主要内容为项目委员会的组建，在项目委员会的领导下开展厂内调研，内容分为厂内基础硬件条件排查与厂内需求调研两个方面，通过匹配厂内硬件基础条件与各部门各岗位的管控需求以及企业当前的管控难点，并在集团统一规划下进行整体项目蓝图设计，项目蓝图经项目委员会确认后，项目调研完成；时间周期为一个月。

2）第二阶段：基础应用模块实施

主要内容包括厂区内硬件网络搭建与调试，数据接口整体调试，完成实时监控、生产统计、质量数据统计、能耗数据统计等功能应用，实现对企业内基础计量数据及生产运行数据的全方位、高精度采集，提升企业的管控精度与效率；时间周期为三个月。

3）第三阶段：项目深化完善

在厂内基础数据整理的基础上，完成集团各类定制化报表的深入开发及整理，构建包含人、机、物等完整信息的企业生产过程谱系图，搭建多种分析工具，帮助企业实现人员技术素质的提升与企业经济效益提升。时间周期为二个月。

4）第四阶段：项目总结

完成所有功能应用的部署、上线运行，完成对各级管理岗位的应用培训，解决项目运行过程中可能存在的问题。完成区域总部级数据汇总应用的部署、试运行，检验各功能模块运行稳定情况，检验数据的准确性；完成项目各功能模块主体标准化应用梳理工作，为后续推广提供基准。

第 3 章 实施效果

3.1 项目实施效果

围绕企业提出的"对照标准—测量现状—计算差距—追溯根源—制定正确措施—落实及时到位"的管理流程，借助信息化技术手段，全面采集工厂工艺、台时、能耗、质量等生产相关数据，在此基础上，通过构建一体化管控平台，实现精细化管理，实时追踪生产现场的异常波动并及时进行整改，逐步提升企业生产效率，降低能耗，同时也为后续智能工厂的其他应用打下坚实的数据基础。围绕企业提出的管理流程电子化、自动化、透明化的要求，借助信息化技术手段，实现数据自动流转和汇总统计，减少或取代流程中的人工操作及干预，确保管理数据的真实性、准确性、及时性和可追溯性。通过大量历史数据的采集分析、数据建模，建立数字化生产流程及模拟仿真流程，利用智能化工具进行无人操作及分析管理，并将生产流程画面进行实时的网络传送，进行远程网监督管理，实现生产过程的数字化、网络化和智能化。通过内外部数据实时交互和流程管理，将企业单个业务管理单元整合为统一的业务系统链条，形成一个完整的业务系统，实现财务业务协同化、网络化、一体化，并能与供应商、客户、合作伙伴通过网络进行更广范围、无缝的业务协同。具体实施效果如表1所列。

表 1 智能制造项目实施效果对照表

指标改进	改造前	改造后
人员精简	270 人	150 人
综合煤耗	110 公斤/吨熟料	106 公斤/吨熟料
综合电耗	64.8 度/吨熟料	53 度/吨熟料
维修成本	9.5 元/吨熟料	8.5 元/吨熟料
余热发电量	34 度/吨熟料	40 度/吨熟料

3.2 复制推广情况

水泥行业的工艺流程、设备配套等存在较高同质化，对于智能工厂建设解决方案的推广非常有利。目前形成如下标准功能模块，可总体推进也可以单模块推广。

1. 生产实时监控

基于对现场实时数据的秒级采集、存储，通过模块化的组态流程，我们实现了对企业生产现场管控状态的跨空间再现，并在此基础上实现了实时/历史趋势曲线追踪对比查询，流程图回放，报警与查询等基本功能，通过与平台其他功能整合，还可以实现视频、设备等信息的集中集成，方便企业管理层对现场实际情况的监控，如图 2 所示。

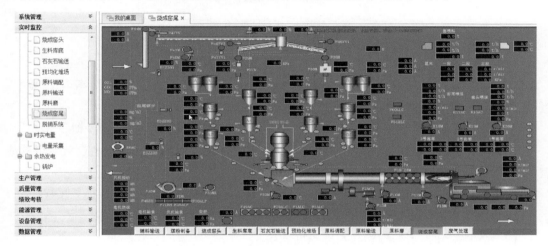

图 2 生产现场监控

2. 指标统计管理

依托数据自动统计，完成对生产过程波动、异常状况的实时追踪，同时考虑到水泥企业的现实特点，以盘库、进出库数据为基准，以计量平衡为手段，为企业的各个管理岗位提供了实时、准确可用的信息，辅助企业管理层进行各种管理决策。

3. 能耗管理

对水泥企业来讲，能源消耗主要是煤、电、水三个部分，而能源管理涉及生产现场的各个环节，依据水泥企业的实际情况，我们将能源管理功能划分为设备层、工段、厂级，然后根据不同生产层面所对应的不同管理层，统计不同的内容，提供不同的分析工具。能源管理系统功能组成如图 3 所示。

（1）通过系统化设计，及时发现各工段、各装置的能耗异常，变事后发现为事中干预，并逐步过渡到事前干预，实现企业的能耗平稳控制。

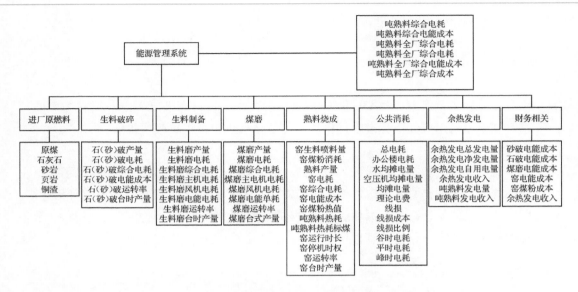

图3 能源管理系统功能组成

（2）在发现能耗异常时，能支持在物料质量、设备运行、工艺操控等多影响因素中，快速判断导致能耗异常产生的原因，及时地进行有针对性的调整。

（3）对重点耗能设备，空载、低载运行进行实时报警，提醒操控人员及时干预。

（4）支持同类型重点设备能效对比，找差距促进步，支持重点耗能设备能效衰退曲线观测，提醒设备及时进行维护。

（5）班组之间横向对标、班组自身纵向对标，企业内外对标等多对标体系构建。

（6）构建台产与能耗对应评价体系，指导企业生产调度优化。

（7）各种能耗报表的构建与数据挖掘体系。

（8）能源预测，预测在一个周期内的能源消耗情况，可以提前调整生产状况，达到经济化生产。

4．动态设备管理

动态设备管理系统通过实时监控设备运行状态，建立设备台账，对设备的累计运行时间、超限运行时间、日常维护、运行情况、点巡检、润滑、维修等全生命周期内容进行管理。

通过实现面向生产流程的设备状态跟踪，分析影响生产过程正常运行的瓶颈因素，予以预防和改进，减少故障和非正常停产时间，提高工艺设备资源的利用率。当设备发生故障时，及时进行故障性质、程度、类别、部位、原因及趋势的诊断及信息存储，建立设备状态数据库，帮助工程技术人员做出设备管理和诊断和决策。

5．质量指标管理

主要对化验的取样、化验过程以及化验结果的全过程管理，包括化验室管理、检化验制度标准管理、检化验中操作规程管理、检化验流程管理、检化验输出管理以及检化验数据统计分析等，实现检测项目管理、检测结果输入（原材料、中间品、产成品）、自动获取第三方质量分析数据。

6. KPI 绩效指标管理

依托于统计手段，可以实时地查询各岗位、工段、车间的生产效率，通过预选设定考核指标，很方便地实现对企业关键生产岗位的绩效管理。

7. 核算数据管理

构建生产管理系统与企业现有财务系统的数据交互通道，完成对业务所需财务核算数据的自动采集和财务所需业务数据的自动推送。定制开发手工输入界面，对所涉及的部分不能自动采集的数据采用人工输入的方式实现数据采集。

8. 管理驾驶舱

系统提供分厂级、产线级生产信息综合展示查询界面，方便高层管理者简单、快捷地获取实用的生产信息，便于及时进行相应的生产管理决策。

9. 安全管理

系统通过综合的管理平台，将安全管理活动嵌入到管理流程及员工日常行为中去，尽一切可能预防安全事故的发生。

10. 企业知识库管理

管理者在查看生产统计、质量、设备管理等各方面内容时，随时提供文档输入窗口，可记录在查看过程中发现的问题及各种相关建议，心得等内容，系统提供 Word、Excel、系统截图等各种形式内容上载，实现生产运行信息与生产管理知识信息的动态印证，方便生产运营知识的传承。

通过建设相应的知识评价体系，对大量有针对性、有实用价值的运行、操作、管理知识得以保存并实现共享。

第 4 章　总　　结

智能工厂建设项目实施过程遇到了各类问题，总结如下。

1）企业对智能制造定位不明确

目前水泥行业大多数企业管理者对智能制造到底能给企业带来什么尚不清晰，缺乏明确推进目标和推进方案。部分管理者的传统管理思维并不能很好地转化为数字化网络化智能化的管理思维。

2）一体化平台搭建比较困难

管理与执行的协调统一并没有体现在智能制造建设项目上，分散的功能建设对企业管理提升效果不明显。系统解决方案供应商受自身利益限制，对联合开发模式认识不深，创造价值不多。

3）组织建设保证难度较大

项目组人员构成复杂，彼此工作很难协调，打破固有生态圈，阻力很大。

4）部分企业基础条件较差

部分企业的自动化基础不扎实，智能制造建设缺乏数据基础与执行基础，如现场信号测点不足、信号检测准确度低、部分程序无法实现自动启停。部分企业管理基础较差，如企业基础档案维护更新不及时，资料大多缺失。

中药智能制造自动化物流整体解决方案

——昆明船舶设备集团有限公司

昆明船舶设备集团有限公司（以下简称昆船公司）隶属于世界500强企业中国船舶重工集团有限公司，是工信部第一批智能制造系统解决方案供应商推荐目录23家单位之一。团队早在2005年就已进入医药行业并成功实施了两大类代表性项目：完成了医药制药工业类型的神威制药有限公司自动化物流系统项目、医药配送类型的长沙双鹤医药有限责任公司配送中心项目，并在2011年实现了上亿元的医药配送中心出口项目，为昆船公司在医药行业深耕拓展并取得丰硕成果奠定了坚实基础。

目前昆船公司医药物流团队在医药行业已完成各类型项目几十个，涉及医药工业行业除医疗器械、专用设备外的其余五大领域：化学药品原料药制造、化学药品制剂制造、中药饮片加工、中成药生产、生物药品制造等领域。经过持续创新发展，昆船公司也拥有相关产品自主知识产权和核心技术，在国内自动化物流系统市场占有率保持领先，具备比肩世界物流系统优秀集成商的业绩能力。

第 1 章　简　介

1.1　项目背景

医药产业是关系国计民生的重要产业，随着人民生活水平的提高和医疗保健需求的不断增加，我国医药产业发展迅速，近 5 年平均增速居各工业门类之首，其中 2016 年医药工业总产值 3.2 万亿元，我国已成为仅次于美国的世界第二制药大国。然而，我国并非"制药强国"，与发达国家相比在产品、工艺技术与装备、制造水平等方面仍存在较大差距。

扬子江药业集团有限公司是一家跨地区、产学研相结合、科工贸一体化的国家大型医药股份制企业，也是科技部命名的全国首批创新型企业，近三年均位列中国医药工业百强榜榜首；扬子江药业集团采用传统中药的制造工艺，随着产能的加大，要走向大工业生产，实现严格的质量控制，提高生产效率，就现有的生产模式，已严重制约了扬子江药业的生产。

昆船公司实施的扬子江药业中药智能制造项目中，在保留以往中药制药工艺的基础上，结合国内外加工工艺及设备的普遍关注点，首次从原材料的数字化仓储、原药材洗、润、切、烘到饮片自动化储存；饮片的自动出库、自动配料、自动投料、自动化提取、辅料包材的自动化配送、半成品成品自动化入库、成品自动化配送发货等工艺出发；推进了智能装备、制造执行、资源计划管理等关键技术在中药制造领域的应用，建立以质量管控数据流为基础、以网络互联为支撑的中药制造智能工厂，同时促进制造、研发、管理、供销、业务等关键环节的交互集成。推出了适应不同需求的自动化设备，形成了一套完备的现代化中药智能制造生产整体解决方案，突破了目前中药行业存在的共性技术问题，解决了中药产品质量稳定均一性问题，对提升药厂管理，提高中药产品质量有着革命性的作用。

1.2　案例特点

1.2.1　项目涉及的领域和特点

扬子江药业中药智能制造项目属于先进制造与装备科学技术领域，主要在中药制药行业应用。当前我国中药行业的生产方式、质量控制手段、企业管理模式与国际先进水平有明显的差距。主要表现为自动化、信息化水平低，缺乏有效的质量控制方法，缺乏全生命周期的监管和质量追溯。为了改造传统的中药生产模式，近些年我国逐步推进智能装备、数据挖掘等技术的应用，打造以智能工厂为载体、以关键制造环节智能化为核心的中药智能工厂。

1.2.2　扬子江药业中药智能制造项目拟解决的关键问题

通过对传统中药制药工艺及制药设备方面专业知识的深入研究，对现有中药制药药材的处理工艺技术研究，针对中药材根、茎、叶、花、草等各种不同类别药材的加工特性研究，以及专利应用技术论证，结合实际应用情况，提出了具体实施方案。

完全实现中药材前处理自动化生产联动线，中药材前处理自动化生产联动线的设置根据药材的品种、加工特性、加工工艺要求、来料状态和加工产量统筹考虑，合理归类。车间设计有洗润切烘线、风选线、破碎线、筛分线等多条生产联动线，能够切实保证根茎、花、果实、种子、全草等不同形态药材的洗、润、切、选、制粉等加工操作，规范中药材的加工处理，确保公司的中药生产满足 GMP 的要求。

从原材料洗、润、切、烘的配套中药自动化生产前处理线到饮片自动化储存；饮片的自动出库、自动配料、自动投料，形成了一套完整的精益化生产工艺物料流与信息流系统。

1.2.3　存在和突破的技术难点

通过扬子江药业中药智能制造项目的实施，实现了中药制药工艺自动化、信息化，药材加工过程可视化，有效提高了药材生产效率，降低了中药企业运营成本，改善药材加工的均匀性，实现对药材的均质化加工，信息化管理，提高物料处理合格率。

自动生产线把目前中药前处理过程的解包、预处理、净选、水洗、润药、切制与烘干等主要工序通过输送设备、缓存输送设备、分料设备进行有机连接，采用自动检测技术、自动控制技术对生产过程进行实时检测与控制，使中药前处理的自动化水平得到大幅度的提升，降低工人劳动强度，改善加工环境，保证产品质量的稳定、可控。

前处理车间处理合格的中药饮片，通过物流连廊转运至净药材库进行存储。净药材库为局部四层建筑，采用高架立体仓库存储，为确保净药材存储温湿度恒定，净药材高架立体库区安装自控空调系统，能自动调节仓库温湿度，确保净药材阴凉存储。库区设高层隔板货架、有轨巷道堆垛机、出入库输送系统、自动控制系统、计算机仓库管理系统及其配套设备、器具。可对单元货物实现自动化存取、控制和管理。通过主控计算机系统，实现对在库净药材重量、品质按计划定时抽检，做到在库实时监控，确保投料净药材的质量稳定。

第 2 章　项目实施情况

2.1　需求分析

当前我国中药行业的生产方式、质量控制手段、企业管理模式与国际先进水平有明显的差距。主要表现为自动化、信息化水平低，缺乏有效的质量控制方法，缺乏全生命周期的监管和质量追溯，对制药企业的生产向规模化、规范化、标准化、集约化方向的发展有很大的制约。

近年来，随着国家的高度重视，新版 GMP 的执行，制药企业已经快速走入了工业化大生产时代，与之前的人工生产模式相比，现在的产量相对比较大，按照以前人工的生产模式已经不可能完成，这就需要投入更多先进的自动化生产设备来完成，并且随着 GMP 的要求越来越高，对药品生产过程的控制要求也越来越高，以人为主的生产必然会被淘汰，取而代之的是高效自动化物流中心。这不仅可以保证产品质量的可重复性，降低工人的劳动强度，提高设备的利用和效率，还可在同样空间达到更高的生产产出，改善生产车间内的环境，真正实现技术现代化、工艺工程化、质量标准化、产品规模化，力争实现中药生产标准化、客观化、国际化。

扬子江药业中药智能制造项目以扬子江龙凤堂为载体，推进智能装备、制造执行、资源计划管理等关键技术在中药流程制造领域的应用，建立以质量管控数据流为基础、以网络互联为支撑的中药流程制造智能工厂，同时促进制造、研发、管理、供销、业务等关键环节的交互集成。扬子江药业中药智能制造项目的实施将解决目前中药行业存在的共性技术问题，解决中药产品质量稳定均一性问题，推动中药的现代化和国际化，为中药走出国门、扩大国际市场份额提供技术支撑。昆船公司为扬子江药业中药智能制造项目定制化开发的中药生产自动化物流信息系统，将打造以智能工厂为载体、以关键制造环节智能化为核心的中药智能工厂。

2.2　总体设计情况

根据中药 GMP 规范、各种剂型规模、产量，按照宏观原则、生态原则、可持续发展原则、现代化原则进行工厂总体布局建设，计划项目用地 1000 亩，建设药材前处理车间、提取车间、口服液车间、颗粒剂车间、固体制剂车间、公用工程车间、动力中心、污水站、高架仓库、物流广场及相关配套公共设施、办公楼等，总建筑面积 50 万平方米。采购设备、软件近千台套，生产流程中设计上万个工艺控制点。

扬子江药业中药智能制造项目是现代中药企业中最大、最复杂的机电设备工程，涉及机械设备与传动、自动检测与控制、信息自动识别、信息处理与交换、计算机管理与调度、无线通信等众多高新技术领域，具有很大的技术难度，同时自动化物流系统需要具备很高的运行可靠性和安全性，对项目的建设/运行成本有直接的影响。本项目技术路线：以设计着眼，以系统集成入手，以关键单机和技术为突破，以制药行业产品实现自动化生产为目标，研究探索大型制药企业生产物流的解决方案，并依托扬子江药业集团永安龙凤堂项目进行示范应用。

智能特征：智能物流与仓储装备。轻型高速堆垛机，超高超重型堆垛机，智能多层穿梭车，高速托盘输送机，高参数自动化立体仓库，高速大容量输送与分拣成套装备，车间物流智能化成套装备。自动输送，自动分拣、条码识别、自动探测、自动剔除、节能运行、阻塞模式、自动跟踪、自动分合流、间距与间隙控制、集放与缓存、运行故障自动定位、设备故障智能诊断、智能路由分配、冗余、互备等。

扬子江药业中药智能制造项目关键智能部件包含大规模分布式智能电控系统、集成信息识别与处理系统、集群计算机管理与调度系统、智能多车调度和管理系统、可视化监控系统、设备故障智能诊断系统、远程诊断系统，具体通过自主研制和集成的设备、系统的搭建来实现。

本项目分布式控制系统覆盖中药前处理车间和中药提取车间，中药前处理车间建立的自动化控制系统。中药饮片炮制自动化生产线将中药材洗涤、干燥、切制、润泡和蒸炒等单元设备连成一体，通过分布式控制系统技术实现设备分布控制，集中管理的结构模式，使中药饮片加工过程的工艺操作和参数得到科学、有效、严格、精准的监测和控制，减少炮制过程人为因素的影响，提高中药材饮片的稳定和均一。通过车间信息化管理，减少了人工操作，最大限度降低了劳动强度，实现了中药材前处理的全面自动化。同时，车间的自动化系统能够与公司物流系统无缝衔接，中药材从原药材出库经洗润切烘生产线到净药材储存实现全面自动化。

中药提取车间建立了分布式控制系统，实行中央集中控制模式，控制功能采用模块化设计，每一个品种在自控系统里建立了完整的工艺流程路线档案，车间根据生产安排，随时可调度各品种生产用流程图及工艺参数，如当需生产某一品种时，直接在系统里调出该品种及规格，并发出配货指令，系统将自动组合可用设备并对各工序进行模块化自动集成。采用分布式控制系统及所开发的先进自动化控制方案，采集单元装备关键检测仪表（如温度计、压力表、流量计、液位计、调节阀、pH）的数据信号，然后传输至系统控制柜，再输出至操作员工作站和工程师工作站。单元装备生产现场都配有 PLC 控制触摸屏，以便在生产现场进行操作。所有 PLC 现场控制数据都通过工业总线控制通信协议传输至分布式控制系统。此外，单元装备上都配备有在线检测系统，分布式控制系统能同时将在线检系统的数据进行统计分析，并进行反馈控制，从而实现工艺参数、质量信息以及设备运行参数、运行状态、运行时间、损耗状态、核心部件使用状态（寿命）等信息的提取与储存分析，保证设备精确、稳定运行。所建立的集成式自动化控制系统具备权限管理、工艺参数与配方管理、生产状态实时显示、工艺流程图及仿真、生产报表管理及打印、工艺参数数据统计分析、动态与历史趋势分析、报警信息管理与处理、故障诊断等功能。

本项目自动化物流系统的功能分析，自动化物流系统体系结构可分为：上位信息系统层、物流计算机系统层和物流作业执行层。其中计算机系统又可以分为仓库管理（WMS）、调度控制（WCS）、系统接口（INF）三大模块，分别实现与外围信息系统的接口、物流管理层和物流调度层相应的功能。通过对物流主机设备、物流电控系统、物流计算机系统的数据库服务器、应用服务器、管理软件等统一配置，实现对物流自动化系统的统一管理和调度。

2.2.1 仓库管理模块（WMS）

WMS 模块是物流系统的核心软件之一。WMS 管理模块实现仓库管理层的功能，通过对物料托盘和仓库货位进行全面的信息化管理和对调度模块的信息进行收集归类、整理和分析，实现仓库物料的自动化存储和出入库，及时准确地反映仓库物料的收发情况、储备状况，使管理人员能够随时掌握物料的消耗情况和趋势，可有效避免物料在生产过程中出现积压或短缺，有效控制物料的存储成本，为企业生产决策提供准确、快捷的材料和数据。

WMS 模块还支持多种存取策略以满足不同出入库需求，可通过接口中间件提供的多种接口方式与不同的上层管理系统、底层执行设备系统进行无缝对接和数据交互，是物流系统应用逻辑的支持平台。

2.2.2 调度控制模块（WCS、TDCS）

TDCS 调度模块是物流系统的另一核心软件，是连接物流管理层及设备执行层的枢纽，其功能是实时接收物流管理系统下达的任务指令，分解并通过作业接口层下达给具体的作业执行层，对物流过程进行统一的调度，并对各个物流环节、现场关键设备及工艺点进行监视、控制。

系统设计通过对象转换插件的方法，集成不同厂家、不同类型的物流设备，完成集中控制操作、状态监视、报警显示、日志记录等功能。

2.2.3 接口模块（TINF）

系统采用模块化结构进行设计和实现，各子系统相互独立，子系统之间通过标准化接口模块进行对接，可以集成不同厂家的系统。TINF 模块具体包括物流系统与外围管理系统、设备执行系统以及物流管理模块和物流调度模块之间的标准接口。

扬子江药业中药智能制造项目 WMS 系统与企业 ERP 等系统、电子监管码系统、设备控制系统等进行无缝连接，实现信息交换接口。包括从上位系统中获取物料基础信息、订单、入库通知、发货单、产品信息、客户地址、物流信息、车辆信息等，向客户上位系统提供实时库存、库位信息、订单处理状态、托盘关联信息等及其他必要信息。

物流系统与外围管理系统的接口主要负责接收与处理上层管理系统的出入库单据、成物料基础信息等，为上层管理系统提供反馈库存信息等，实现企业信息的自动流转。

2.3 实施步骤

扬子江药业集团永安龙凤堂项目将建立完善的设备控制系统，提升制药行业在生产过程的自动化水平；建立完整的生产运作流程，改善生产协同能力，提高生产效率；建立生产控制与调度中心，实现药品生产过程的透明化、可视化，优化控制系统组合，稳定产品的质量；建立药品生产车间信息化管控系统，达到消除信息化孤岛，实现企业生产管理无缝集成的目的；构建中药生产区域的控制与通信硬件网络平台，实现生产区域各自动化子系统控制与通信的基础硬件高速公路。最终全面、系统地提升制药企业在药品生产领域的核心竞争力并起示范作用。

扬子江药业中药智能制造项目研发的系统产品在价格方面，与同类进口产品相比具有明显成本优势，将大幅降低高昂的设备进口费用和后续维护成本，为国家节省大量的外汇支出。同时，本项目的成功实施，将带动相关产业的发展。

2.3.1 分期实施步骤

（1）整体物料集成信息管理系统（TIMMS）一期项目建成一个综合立体仓储库，对固体、口服液及颗粒剂三个制剂车间的物料进行物流系统管控。

（2）TIMMS 二期项目建设原药材库、前处理车间、提取一车间和净药材库的物流系统，各制剂车间向综合库输送成品的件箱物流系统。

（3）完成整个 TIMMS 系统验证工作。

2.3.2 建设内容和关键技术应用

1. 建立中药生产物流智能装备与自动化系统，实现流程化自动转运，填补行业空白

建立国内规模最大的中药生产物流智能装备与自动化系统，包括净药材自动仓储、自动称配料、自动投料、自动出渣以及提取设备的自动化控制，实现了跨车间中药材原料的自动化输送和管道化、模块化、数字化生产，形成了一套完备的现代化中药饮片处理、提取整体解决方案，实现传统人工转运方式向流程化自动转运模式的转变，对提升药厂管理，

提高中药产品质量有革命性的作用。

2. 实现信息系统集成，消除信息孤岛，实现企业信息的共享和企业制造流程的贯通

目前我国多数制药企业设备控制层和资源计划层（SAP）无法连接，自动化设备呈孤岛局面，数据孤岛和断层现象严重。导致信息的多向采集和重复输入，影响数据的一致性和正确性，使得大量的信息资源不能充分发挥应有的作用，无法有效提供跨地域、跨部门、跨系统的综合信息。扬子江药业中药智能制造项目引入制造执行系统（MES），通过新一代信息技术，实现 SAP、MES、SCADA、PAT、PLM、LIMS、QMS、TIMMS 等系统的集成，消除信息孤岛，实现企业内部信息的共享和企业制造流程的贯通。

3. 建立中药制药信息化管理体系，实现中药制药全生命周期的信息化管理，保障数据的完整性和可靠性

建立了基于 SCADA、SAP 和 MES 的中药制药信息化管理体系，实现了中药品种相关的原料、中间体、成品、设备、人员、生产、质量、文件、环境等信息的采集、存储和管理，实现了一线生产、检验数据不可更改的实时记录，实现不同批次中药产品生产过程工艺与质量信息的统计分析与质量追溯，最终实现从原料至成品生产全过程的安全生产质量管理，使中药生产监管方式由传统的人工监管向数字化监管转化，由就地监管向远程监管转化。

4. 建立了中药制药数据挖掘与过程知识管理系统（PKS），实现中药制药过程的反馈优化控制，进一步提高产品质量

建立中药制药数据挖掘与过程知识管理系统（PKS），构建形成基于生产智能制造体系的中药生产管理数据云平台，对中药制造过程海量的工艺、质量和精确自动化控制等生产数据进行处理、利用，形成质量反馈控制策略，指导工艺的合规性调整，实现产品工艺及质量的持续优化，最终实现利用大数据、云计算实现企业智能管理与决策，全面提升企业的资源配置优化、操作自动化、实时在线优化、生产管理精细化和智能决策科学化水平。

2.3.3 总体运行情况

前处理车间处理合格的中药饮片，通过物流连廊转运至净药材库进行存储。净药材库为局部四层建筑，采用高架立体仓库存储，为确保净药材存储温湿度恒定，净药材高架立体库区安装自控空调系统，能自动调节仓库温湿度，确保净药材阴凉存储。库区设高层隔板货架、有轨巷道堆垛机、出入库输送系统、自动控制系统、计算机仓库管理系统及其配套设备、器具，可对单元货物实现自动化存取、控制和管理。通过主控计算机系统，实现对在库净药材重量、品质按计划定时抽检，做到在库实时监控，确保投料净药材的质量稳定。

车间物流基本能够实现自动化，原辅料和包材从仓库通过二层连廊由激光导引 AGV 小车经车间西面的物流通道运输到车间，把原辅料卸到西北角的卸料栈台，把包材卸到升

降栈台,降到一层车间。原辅料存储在二层栈台旁边的储料区,外包材存储在一层升降栈台旁边的外包材存储区,内包材经外清气锁进入内包材存储区。物料在车间内的运输通过传送带、管道输送以及人工搬运完成。从二层平面到一层平面设有提升机和电梯,满足物料输送的需要。后包装线采用全自动包装,生产所得成品直接送至大物流通道,从一层到二层通过垂直件箱输送到总运输线,送往高架库。

实现了以下主要功能:

- 原料在前处理车间实现自动化供料。
- 原料库自动供料便于模块化扩展。
- 前处理车间实现了二楼联动生产线的自动在线装箱。
- 整线输送、装箱、存储及投料工艺环节均采用箱盖密封、避免二次污染及串味。
- 前处理产生的饮片实箱下线设置多层穿梭车缓存系统,可模块化扩展。
- 采用单品种提前分批配料方式,操作简单,效率高。
- 配置Ⅱ级高精度电子秤,实现净药材精确配方。
- 采用Ⅱ级高精度电子秤进行称重、校验,保证精度控制在 10g 范围内。
- 采用 RFID 读写器对料箱进行信息追踪及复核,确保信息准确性。
- 提取车间采用自动投料方式,便于模块化扩展。

第 3 章　实施效果

3.1　项目实施效果

3.1.1　关键指标及经济效益

昆船公司承制的扬子江药业集团江苏龙凤堂中药有限公司自动化物流项目,通过自动化、信息化技术与生产工艺的相结合,实现了生产效率提高 25%,降低运营成本 23.5%,产品工艺优化周期缩短 32%,中间体不良品率降低 22%,单位产值能耗降低 11%;达产后将实现主营产品年销售收入 30 亿元,利税 4.5 亿元。

同时扬子江药业中药智能制造项目相关技术在其他中药品种乃至整个中药行业的推广应用,将提高中药制药企业的生产管理水平,提高生产效率和产品质量,为其他中药制药企业带来显著的经济效益。

3.1.2 社会效益分析

通过项目实施实现了中药生产全过程的自动化生产和信息化管理,确保每个操作程序合规,并且每个批次生产工艺稳定,保证了产品质量,同时实现了产品的可追溯性。扬子江药业中药智能制造项目的实施,将显著提高扬子江药业的中药产品生产制造水平,进一步提高产品质量,形成中药智能制造新模式,建立中药智能制造示范,推动中药行业现代化发展。同时也将培养起大批中药行业智能制造领域中数字化设计、设备自动化、系统集成、大数据应用等多领域复合型人才,成为扬子江药业后续快速推广智能制造、提升企业竞争力的核心力量。

由于实现了生产单元的联动自动化控制,使物料转运实现管道化、连续化,降低了工人劳动强度,提高了生产环境安全性,与原有生产模式相比,生产周期大大缩短,物料损失和对生产环境的污染大大降低。此外,项目实现对各种能源介质和重点耗能设备的实时监控、控制、优化调度和综合管理,及时了解和掌握各种能源介质的生产、使用及关键耗能设备的运行工况,达到绿色制造、环境友好的目标。

3.1.3 标志性建设成果

1. 研制开发国内规模最大的中药生产物流智能装备与自动化系统

包括净药材自动仓储、自动称配料、自动投料、自动出渣以及提取设备的自动化控制,实现了跨车间中药材原料的自动化输送和管道化、模块化、数字化生产,形成了一套完备的现代化中药饮片处理、提取整体解决方案,实现传统人工转运方式向流程化自动转运模式的转变,对提升药厂管理,提高中药产品质量有着革命性的作用。

2. 采用生产信息管理技术,基于 MES 和 ERP 系统,实现系统集成,建立中药生产智能制造系统

基于生产制造执行系统(MES)及企业资源计划管理系统(ERP)集成建立智能化车间的生产信息化和流程化管理体系,实现生产决策、过程执行、成本、质量动态跟踪、分析优化。同时积累分析中药生产过程关键工艺参数信息与质控指标数据信息,运用计算机技术,数据挖掘技术等研究开发中药制药过程知识管理系统(PKS),实现产品质量的持续优化。通过扬子江药业中药智能制造项目中先进系统及智能装备的集成,实现MES 与 TIMMS、ERP、QMS、LIMS、PLM、PLC、PKS 等独立系统的数据交互集成,构建生产、管理、服务等制造活动一体化的智能管控体系,初步实现信息深度自感知、智慧优化自决策、精确控制自执行等目标。提高产品生产管理水平与产品质量,实现从原料至成品生产全过程的安全生产质量管理以及生产过程实时可控,实现中药生产过程的智能制造。

扬子江药业中药智能制造项目的实施,对于大大提高了扬子江药业的产品质量控制水

平和企业管理水平，提升我国中药行业的生产与质量控制水平，促进中药产业技术转型升级和推进中药现代化进程具有重大科学意义和显著的应用价值。

3.2 复制推广情况

3.2.1 医药行业推广情况

随着国家对医药行业的高度重视，我国医药行业新建自动化物流中心项目逐年递增，扬子江药业中药智能制造项目最新研究成果可以完全覆盖上述医药行业物流中心的应用需求，预期经济效益总量可达几十亿元，市场潜力十分可观。

目前昆船公司在医药行业已完成各类型项目几十个，涉及医药工业行业除医疗器械、专用设备外的其余五大领域：化学药品原料药制造、化学药品制剂制造、中药饮片加工、中成药生产、生物药品制造等领域，完成了扬子江药业、云南白药、石药集团、齐鲁制药、天坛生物、华海医药、华润湖南医药、烟台新时代健康产业、正大青春宝等一大批典型项目，业务流程涵盖医药工业生产的原料、辅料、中药前处理、包材、半成品、产品、备件以及医药拣选、配送中心等自动化物流信息系统。

随着业务覆盖面的铺开，昆船公司针对医药制药五大领域的产品特点，定制化开发的解决方案也在不断迭代和创新中发展，优秀的模式在符合工艺要求的前提下可以快速、稳定、高效地复制运行，为我国医药制药工业企业的发展提供了较好的解决方案和各类丰富的系统配置，推广复制效果较好；而且随着规模化运营，后面企业的投入及使用成本必将会大幅减低，从而加快制药企业步入智能工厂的步伐，有效提高企业智能化生产水平。

3.2.2 对行业智能制造转型的带动

随着技术的进步和迭代，通过扬子江药业中药智能制造项目实施，针对目前中药产业存在的共性难题，将 PLC、MES、SAP、SCADA、TIMMS、LIMS、PKS、基于智能制造人员及任务管理系统等先进系统及装备引入中药生产过程，建立了一个集生产控制、优化、调度、管理和经营于一体的智能制造系统，提高产品生产管理水平与产品质量，实现从原料至成品生产全过程的安全生产质量管理及生产过程实时可控，实现中药生产过程的智能制造，确保产品的安全、有效、可控与质量可追溯。

项目在解决中药制药过程中提取率低、除杂效果差、设备的工程化和适应性程度低等技术问题方面，为提高中药产品技术含量提供了技术支撑；通过先进智能装备及自动化控制技术和信息化管理技术的应用，提高了产品的技术水平，实现了产品质量和产量的大幅提高，提高了产品的市场竞争力，具有一定的示范作用。

第4章 总 结

目前，信息物理系统的智能装备、智能工厂等智能制造技术的快速发展，正在引领传统制造方式的变革，我国制造业转型升级、创新发展迎来重大机遇。扬子江药业集团作为我国医药行业的领头企业，一直坚持以创新引领发展的理念，采用新的生产模式改造传统中药生产过程，推进智能装备、数据挖掘等技术在中药行业的应用，新建的智能工厂实现从原料至成品生产全过程的安全生产质量管理以及生产过程实时可控，实现中药生产过程的智能制造。提升企业的生产水平和管理决策水平，加快与国际接轨，并逐步实现"中药智造2025"，推动我国由制药大国向制药强国转变。

医药行业潜力巨大，2017年规模以上医药制造业增加值同比增长了12.4%，增速较上年提高1.8%，高于工业整体增速5.8%，连续3年增速持续增长，继续位居工业全行业前列。面对巨大的市场需求增长趋势，结合2018年医药行业呈现出的产业规模保持较快增长、新产品上市增多、国际化进程加快、一批中小科技型企业脱颖而出、新兴产业发展迅速等特点，昆船公司将继续秉持创新发展、信息驱动、智能物流的理念，对于中大型制药企业需要从做强做大上加强投入；对于在产业政策引导和"重大新药创制"等专项带动下医药领域涌现出的一大批创新型中小科技企业则需要在做精、做细上下功夫；同时昆船公司也将投入资源做好医药电商领域业务，逐步扩大业态经济总量。

面向食药胶类智能生产线整体解决方案

——哈工大机器人集团股份有限公司

哈工大机器人集团股份有限公司（以下简称哈工大机器人集团）由黑龙江省、哈尔滨市、哈尔滨工业大学三方联合建立，注册成立时间为2014年12月22日，注册资金85 000万元。

哈工大机器人集团是工业和信息化部第一批智能制造系统解决方案供应商（共23家单位）之一，哈工大机器人集团将哈工大优秀的研发能力和专业的市场运作模式相结合，在自动化装备及机器人应用领域形成强有力的竞争优势，在食药生产智能装备、自动化生产线、智能工厂及研发、大规格动力锂电池智能工厂等多领域完成了多项创造性工作。依托哈尔滨工业大学的技术和人才优势，公司以设备"小"（能耗低）、"巧"（突破传统，设计思路巧）、"灵"（工艺延展性高，模块单独控制，总线连接，兼容性强）、"稳"（核心工序双工位，MES 系统稳定）为特点，推动自动化设备生产线在各行业的广泛应用，同时致力于解决生产制造类企业设备自动化、车间数字化、工厂智能化的问题。

第1章 简 介

1.1 项目背景

阿胶膏是具有 3000 年生产历史的传统名贵滋补中药，但其生产过程仍停留在遵循古法工艺的手工和机械化生产模式下，存在产能低、产品质量稳定性不高、人力密集、生产环境恶劣等问题，没有形成行业共性标准，导致品质差异极大，无法实现具有行业共性的标准化生产。

阿胶膏智能制造设备正处于起步阶段，发展空间大，前景广阔。由于世界上先进的工业化国家不涉足胶类中药的生产，胶类中药产品智能制造设备的发展没有成熟经验借鉴，因此提升胶类中药产品智能制造水平是对我国智能制造能力的全新考验，需要结合基础智能制造技术与本行业特殊要求，形成具有智能制造基本特征的，同时兼具核心工艺可智能化实现关键技术的智能制造体系。

1.2 案例特点

1. 项目涉及的领域及特点

该项目的研究开发填补了国内外胶类领域自动化、智能化生产的空白，同时产业化应用方面可将其核心技术推广到休闲食品、糖果、豆干包装、蜜饯上料、自动切糕、薯片包装等数百济的传统食品及现代食品领域。

2. 拟解决的关键问题

传统工艺及生产方式与现代智能装备技术跨度大，覆盖工艺链条长，传统工艺特性突出且不能改变传统工艺，生产环节多。相对于单一的设备开发，胶类产品生产过程中涉及的设备众多，可以集成的极少，需要开发的较多，且由于传统制药工艺水平落后，许多工艺环节并无成型设备可以借鉴，研发难度大。怎样在保证食药胶类产品品质及传统工艺的基础上，设计并制作出产品产出率高且具有行业普遍使用性的设备是本项目要解决的关键问题。

3. 存在和突破的技术难点

通过对食药胶类智能生产线的实施，实现了食药胶类生产智能化、信息化，有效提高了食药胶类的生产效率，降低了生产成本，提高了产品的合格率。食药胶类智能生产线的首次实施，突破以下技术难点。

（1）建立了熬胶工艺过程的数字化模型，获得最佳工艺参数，提高了熬胶过程的工艺稳定性和产品质量一致性。

（2）提出了一种胶类容器内衬的特氟龙烧结新工艺方法，大幅度增加了涂层与胶箱间连接强度，解决了胶类容器和胶类产品在生产中的粘连难题，实现了胶块易于脱模、防止涂层脱落污染胶块。

（3）研制了一种微波能量均布有效加热装置，降低了蒸发浓缩过程中的胶类碳化率。

（4）建立了食药胶类产品正态分布模型，通过高速多级分选、自动调选不同胶块产品，实现了多胶块产品包装重量一致性。

第 2 章　项目实施情况

2.1　需求分析

随着我国制造业转型升级的时机到来，智能制造必然会取代传统行业落后的生产方式，成为我国新时期推动经济和社会发展的源动力。中药制造行业作为我国所特有的产业，更需要进行产业转型升级以及发展智能制造。

从国家层面看，国务院及相关部委均出台了各类文件，支持中医药标准化、规范化、科学化建设，为中药行业的智能制造标准化体系的建设提供了有力的政策保证。

从行业背景看，食药胶类作为我国传统胶类行业中历史最悠久、工艺最传统的分支，经过多年的发展，食药胶类制造遍布全国二十多个省份，近百家企业，行业年产值规模已近 500 亿元。但是，从全行业的生产现状看，多数企业的生产过程仍停留在遵循古法工艺的手工和半机械化生产模式下，存在产品质量不稳定、人力密集、生产环境恶劣等问题，与国际一流制药装备技术水平还存在较大的差距。

在此背景下，本项目针对食药胶类中的代表性产品阿胶的生产工艺、装备技术水平和发展需求进行了深入研究。阿胶作为胶类中药的代表，其制造工艺包含化胶、熬胶、出胶称重、冷库储存定型、脱模、切胶、包装等胶类制造的代表性工序。本项目在遵循食药胶类生产工艺、产品质量标准并参照国际一流制药装备技术和标准的基础上，从生产制造过程中的每个工序入手，设计并制定了覆盖胶类生产全工艺、符合食药胶类生产特性的食药胶类智能制造生产系统。

鉴于胶类相对落后的生产现状和良好的发展前景，以此类产品为基础建成的食药胶类智能制造装备，将会在胶类中药制造行业乃至智能制造全行业成为推广性极强的标杆和验证相关制造标准的理想选择。相比其他领域在先进工业化国家的发展已近成熟，食药胶类智能制造生产系统更可能成为我国智能制造领域的典范，代表我国自主研发智能制造的先进性。对食药胶类工艺进行智能化改进，建成国内首条食药胶类智能生产线，不仅有助于提高我国胶类中药智能制造水平，更促进了胶类生产企业和行业标准的形成，积极推进我国中医药生产现代化的步伐。

本项目针对胶类生产行业仍停留在传统古法工艺的手工和半机械化生产模式下，存在产品质量不稳定、成品率低、一致性差、人力密集、生产环境恶劣等问题，食药胶类生产装备自动化水平与国际一流制药装备技术水平还存在较大差距的现象。

2.2 总体设计情况

1. 总体技术架构

本项目开发了一条包括从原料投入到包装并且覆盖胶类生产全工艺、全过程的自动化、智能化、信息化的食药胶类智能生产线。该生产线由全过程智能控制系统、智能熬胶及精确称重定型系统、智能冷库系统、智能切割系统、智能包装系统和智能转运系统五大部分组成。

该项目采用先整体后局部再整体的研究方法，即先根据传统食药胶类产品生产工艺的特性对生产全过程进行整体规划，根据其工艺特点划分成若干个功能部分，针对各功能部分的生产现状和技术特点进行详细的调研、数据分析、概率及变化区间的分析与研究，经过大量数据分析与研究，设计了各环节重点工艺特性参数，制定了更加具体的解决和改造理论方案和实施细则；再将各部分功能有效串联成线，对完整的生产线进行论证，最终实现食药胶类生产全工艺智能装备制造水平的提升。

总结食药胶类企业生产工艺特点，对涉及食药胶类产品生产安全、生产环境、GMP生产环境认证、环保、产品内在质量和外观质量、总品质等多方面的影响因素进行全面分析与提炼，形成面向食药胶类行业的标准化生产工艺，拟定食药胶类产品智能制造行业性的基础共性标准。

在食药胶类产品智能制造基础共性标准指导下，采用机器视觉、人工智能、机器人、分部式集中控制方法（DCS 系统及 PLC 可编程控制）物联网、现场总线等现代技术与装备，建成食药胶类智能制造综合标准化试验验证系统和食药胶类智能制造示范性生产线。

2. 技术路线以及实施步骤

按照智能生产管理系统设计需要，采用逐级分部式集中总线控制方法，整个系统分为三个层次：总控制层、中间控制层、执行层。控制系统的总体架构如图 1 所示。

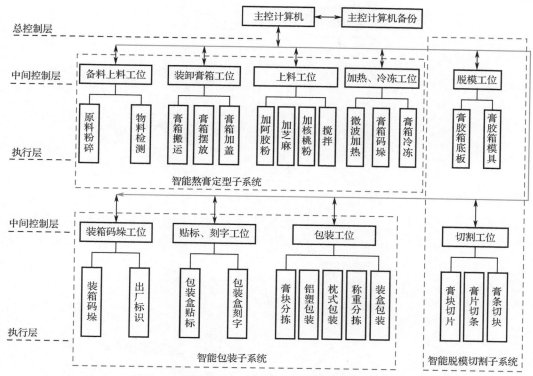

图 1   控制系统的总体架构

1. 执行层

执行层是实现食药胶类产品智能生产线的基石,是根据总体工艺特性将编辑好的生产信息输入 PLC 系统并集中管理、实时采集总控系统各环节生产底层各种数据实时分析变化趋势,并加以统计、分析和数据远传备份。执行层中各部分核心工位方案包括以下几点。

1)智能熬胶定型子系统

该过程采用自动控温、控湿、控压、控制时间、控制输送顺序等智能技术,对胶液恒温加热,自动回收化胶过程中产生的废气,胶液通过管道自动进入下一工序,彻底改变了传统工艺中人工直接干预、一致性差、蒸汽弥漫的问题,改善现场工作环境,智能熬胶及精确计量定型系统工作流程如图 2 所示。

2)智能脱模切割子系统

(1)胶箱设计方案

采用合金铝基体内附特氟龙板框式的结构,减小胶块与胶箱之间的摩擦力及胶箱热变形胶液渗漏等问题、胶箱底部特殊密封结构解决了大平面不平度问题,以及胶箱脱模时的粘连问题,胶箱结构设计图如图 3 所示。

(2)脱模部分整体方案设计

脱模部分的主要功能是将从冷库运送来的胶箱与其中的胶坨分离。胶箱通过智能运输系统从冷库运送至脱模部分,经滚筒式输送机送至脱模工位。

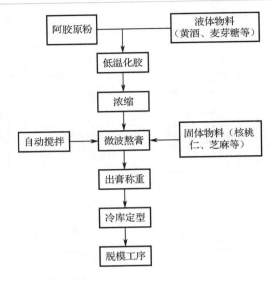

图 2　智能熬胶定型系统工作流程图

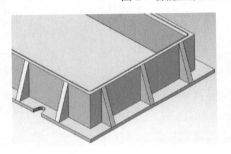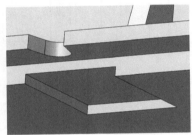

图 3　胶箱结构设计图

● 侧板脱模机构设计

当气缸动作时，胶块压板（图 4（a）中蓝色部分）先向下压住胶坨，之后气缸继续收缩，C 型板（图 4（b）蓝色部分）向上运动使侧板与胶坨分离。

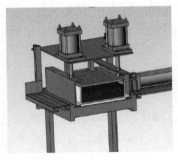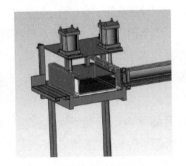

（a）脱模压板　　　　　　　　　　　　（b）脱模 C 型板

图 4　侧板脱模机构

● 底板脱模机构设计

侧板与胶块分离后，底板脱模系统中的气缸向前运动，将胶坨从底板推至切割工位。如图 5 所示。

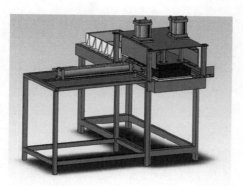

图 5　底板脱模机构

（3）自动切割工位

● 整体设计方案

该设备由 3 套切割机和 3 套连接机构组成，按顺序进行三道由快到慢的切割工序，将大块物料切割成适合包装需要的小块。如图 6 所示。

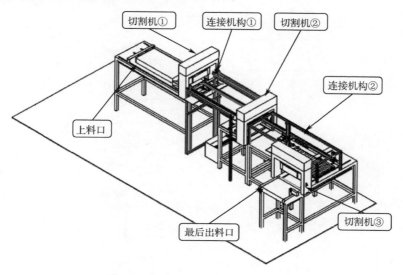

图 6　切割机整机示意图

本机设计符合物料切割规律，切割尺寸灵活能适应企业生产的不同需要。设备切割精度高，可减少切割废料的产生。采用人机交互界面操作，无需人工参与，可降低企业人工成本，提高生产效率，满足企业现代化生产的需要。切割方式如图 7 所示，工作流程如图 8 所示。

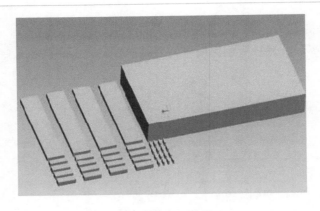

图 7　切割方式示意图

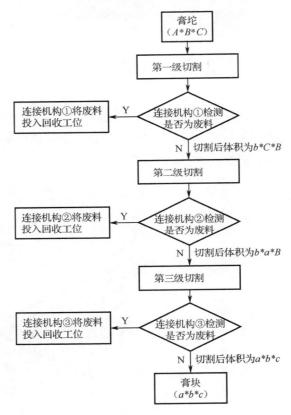

图 8　切割机工作流程图

● 连接转运机构

项目采用两点间摆动抓取机械手和直角坐标进行每级切割之间的转运。

两点间摆动抓取机械手是位于切割机①和切割机②之间的转运设备，采用组合气缸进行驱动，真空吸盘进行抓取，可以实现物料的翻转、水平运输和两者的组合运动，如图 9 所示。

直角坐标抓取机械手是位于切割机②和切割机③之间的转运机构,如图10所示。

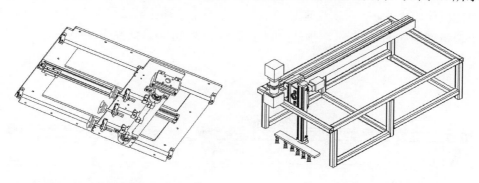

图 9　两点间摆动抓取机械手　　　　图 10　直角坐标转运机械手

3)智能包装系统

智能包装系统主要包括胶类产品生产中的真空包装、枕式包装、装盒码垛,包装流程如图 11 所示。

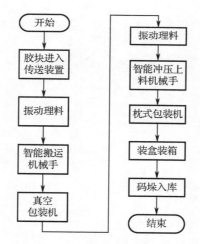

图 11　智能包装流程图

(1)智能抓取机械手设计方案

项目采用电磁式振荡器来接取整理经过自动切割机切割后的胶块,自动分离开包装机模具凹槽规定距离后转运至自动包装机的包装槽内,代替手工实现了自动包装机上料。智能抓取机械手上料速度快、效果好,可实现理料和上料工序的全自动化,无需人工参与,全过程智能控制,如图 12 所示。

智能抓取机械手(见图 13)可通过吸盘将胶块从传送装置上抓起,并按照包装机包装槽间距要求将胶块放入包装槽内。

(2)智能冲压上料设计方案

本方案拟采用冲压原理,智能冲压上料机械手将物料冲压至特制传送带,传送带上设计可固定物料的结构。物料在特制传送带上规则排列，被送入枕式包装机进行包装。该装置上料速度快、效果好，可实现理料和上料工序的全自动化，无需人工参与。小型枕式包装机上料机械手如图 14 所示，预计上料速度≥120 块/分钟，成品率≥95%。

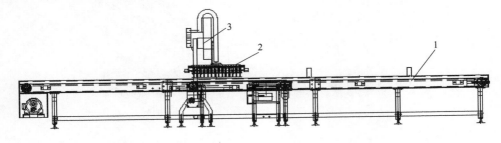

图 12 自动包装上料示意图

1 胶块传送装置 2 智能抓取机械手工作端 3 智能抓取机械手控制端

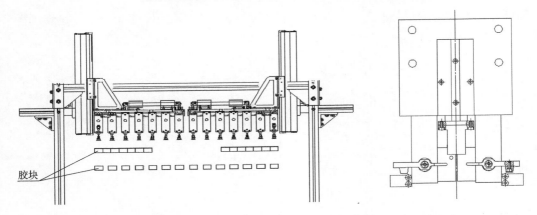

图 13 智能抓取机械手示意图   图 14 小型枕式包装机上料机械手示意图

4）装箱及码垛方案

纸箱包装流水线可以实现纸箱的自动展开、自动封底、自动扩口、自动封箱（见图 15），以及实现纸箱的自动码垛（见图 16），其设备主要由自制 3 坐标机械手（一台）、纸箱包装流水线（一套）、气动系统（一套）及控制系统组成。

图 16 中，栈板料仓可以实现栈板的自动投放，减少栈板投放的工作量，达到一次投放实现多次任务的目的。

5）智能转运系统

智能转运系统由多种智能机械手和相关配套传送装置组成，该系统分散于胶类产品智能生产线的各环节间，将各生产环节串联成线，是各功能模块之间物料自动传送的桥梁，是实现全工艺智能化生产的重要组成部分。

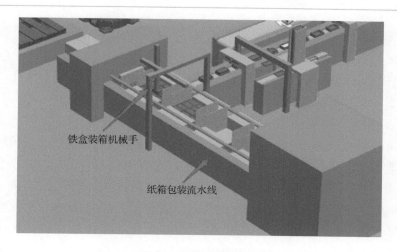

图 15　纸箱装箱示意图

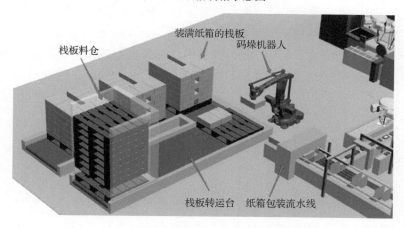

图 16　纸箱码垛示意图

2．中间控制层

中间控制层将食药胶类产品及生产现场的实时信息完整无误地反映给管理者，并能精确调度、发送、跟踪、监控车间的生产信息和过程。MES 模块如图 17 所示。

图 17　MES 模块

在这一层次控制系统中，通过综合分析各个工位的工作状态信息，从而控制整个生产线，使得生产线中各个工位之间能够更好地配合，提升整条线的效率。同时，在总控系统中生成各种生产经营所需要的报表，并且可以与工厂网络连接，融入到工厂整体生产规划当中。

传统的食药胶类生产线，缺乏中间控制层的协助，必须以人工进行作业，有关现场的数据采集，也需要人工进行整理、汇总，一般需要 3～4 天收集数据。因此生产现场数据滞后，无法实时掌握车间现场的实际生产情况，即便当天发生生产异常，也无法及时纠正，对企业生产造成极大的损害，通过中间控制层的进行实时采集胶类生产的现场数据，可快速了解食药胶类智能产线上下游生产产品的进度、数量与缺料等情况，实时进行相关产品的生产管控与调整，以增进整体生产线的作业效率，避免食药胶类产线在生产过程中待料、重工等问题，缩短产品制造周期、减少在制品、大幅度提高产品质量，降低生产成本。如果发现产品质量不合标准，系统也会立即提出警示。

总控制层建立一套科学、完善、符合企业需求的企业资源系统，其利用现代企业的先进管理思想，全面地集成食药胶类生产线所有资源，并为智能产线管理者提供决策、计划、控制与经营业绩评估的全方位和系统化的管理平台，协助企业规范管理、完善流程、杜绝漏洞、加强协调、降低成本、挖掘潜力，提高市场竞争力，最终实现智能产线自身价值的提升。ERP 系统组织运行模式如图 18 所示。

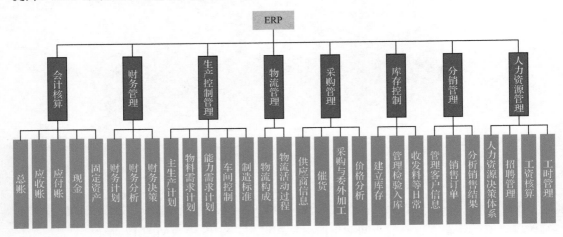

图 18　ERP 系统组织运行模式

2.3　建设内容及关键技术

1. 研制了国内首条"食药胶类智能生产线"

针对食药胶类产品，建立完成了国内首条智能化生产线，并交付用户使用，相对于传统工艺具有产品质量稳定，合格率达到 98% 以上，生产效率得到了极大的提高，车间工人的劳动强度大幅度降低，社会效益和经济效益大幅度提高的优点，解决了食药胶类产品传统生产工艺过程中的质量严格可控等技术难题,性能指标及其独创性在同行业领先。

2.建立了熬胶技术及胶类产品的数字化模型及其控制方法

本项目建立了熬胶工艺过程中的数字化模型,获得最佳工艺参数,提高熬胶过程的工艺稳定性和产品质量一致性。本项目在生产过程中创造性的运用现代计算机及网络通信技术(MIS)加强了食药胶类生产的信息管理,通过对车间、班组的人力、物料、能源、工艺设备、技术、过程损耗等信息源的调查了解,经过与传统生产过程的数理统计分析,建立了科学、完整的区间曲线分析模型,行成了正确的数据库,加工处理并编制成各环节的工艺信息资料及时提供给管理人员,以便进行正确的决策,并运用到生产过程中.运用 MIS 管理体系以及 DCS 分部管理系统,用 MIS 系统数据指导 DCS 中央控制系统及各环节工艺参数的管理,并及时反馈各环节数据。DCS 及各部分设备 PLC 编程,也是在充分研究、分析、论证、统计传统生产技术和工艺的曲线区间变化,经过加权分析后,制定的 DCS 分部式集中控制参数,再上传 MIS 系统,经过 PLC 编程,输入到各控制系统,经过多批次验证和反复修正参数,最终得出最佳工艺参数,利用熬胶过程中熬胶温度、熬胶时的搅拌速度、搅拌桨的结构形式、搅拌方向、胶体的运动轨迹、熬胶时间的精确控制、保温时间、含水率的精确控制、切胶、包装、入库信息等,形成完整的胶类自动化、智能化管理体系,在胶类生产中行成史无前例的智能化生产模式,使食药胶类产品质量等的一致性达到 98%以上,远好于原始工艺生产状态的 76%,生产效率极大的提高了,不合格率为零。

3.提出基于特殊结构下特氟龙烧结新工艺的胶类容器设计方法

食药胶类产品是中国独有的一类产品,含有糖浆和蜂蜜等,低含水率高粘稠物质,含水 15%的糖浆或蜂蜜粘度指数约 75~95VI,而含水 15%的阿胶粘度指数是 140VI,对于粘度指数在 75~95VI 是普通喷涂方法的特氟龙喷涂是不易被破坏性剥离的,摩擦系数也小于普通不锈钢的 5 倍,但对于胶类产品粘度指数 140VI,普通喷涂方法的特氟龙材料很容易被剥离。胶箱在装胶之后,需冷却后才能脱模,普通涂层与胶箱之间粘结强度不够,易脱落,在胶块上粘有脱落的涂层杂质,采用烧结工艺解决了摩擦系数降低及胶块粘连杂质的问题。

4.研制了一种微波能量均布有效加热装置

研制一种微波能量均布有效的加热装置,基于微波加热理论,解决了食药胶类产品在生产过程中快速蒸发浓缩产生碳化现象的难点,并且可以精确的控制含水量。

经过分析和论证传统工艺熬胶以及胶类碳化特性,首先绘制了加热曲线,再由加热曲线转换成微波电流变化曲线,反复试验,积累数据,统计加权曲线,应用到生产,实现胶类碳化率大幅度下降的效果。

5.基于概率论的统计分析方法建立了食药胶类智能包装系统

本项目发明了正态分布区间概率分析达到了胶块装盒的智能化。我们根据胶块内核桃分布不规律性及前期阿基米德搅拌规律的核桃分布特点。该智能系统以正态分布曲线为理论基础,通过高速分选秤进行多级分选,通过自动调整正态曲线区间,将胶块称重装盒系统智能化，代替人工称重装箱工序。

包装盒可装 40 个小包装胶块，系统设定每 40 块胶块中分选出 8 块，分选出的胶块用于重量匹配，剩余 32 块胶块称重后装入盒中；再将 8 小块按照正态分布区间分为轻、中、重三类。通过电脑计算正态分布区间，并由 delta 机械手分别在轻、中、重几个区间内抓取胶块进行重量匹配，以保证装盒产品总体重量在其允许误差范围内。

2.4　实际应用效果

（1）项目已对设计的特氟龙烧结工艺和全自动切割机制作了试验样机，设备运行稳定，切割速度可达 480 块/分钟，达到了设计要求。

（2）项目设计智能搬运机械手和码垛机器人及相关配套设备在其他领域已有相关应用，设备稳定性已经得到证实，具有很好的参考以及推广价值。

（3）项目设计的自动脱模机和自动切割机样机已在食药胶类生产企业生产试运行，设备运行效果稳定，满足设计要求。

第 3 章　实施效果

3.1　项目实施效果

1．主要技术指标

食药胶类产品生产线全面投产后预计较传统食药胶类产品生产模式产量增加 200%。整体减少人工至少 50 人/次，可为企业年减少人工成本 30%，年增加利润超过 100%，大型食药胶类智能生产线利润可达千万。其中，（1）食药胶类产品包装系统：设计并制作了智能冲压上料机械手解决包装关键问题。速度可达 240 块/分钟，节省人工 90%，包装效率为传统包装线效率的 4 倍；（2）食药胶类自动擦胶机：自主研发多孔快换式擦胶辊，结合真空与蒸汽系统，擦拭速度大于 90 块/分钟，擦拭效率是人工擦拭的 9 倍以上；（3）食药胶类产品直角坐标转运机器人：摆放速度大于 120 块/分钟，单工位每班次可减少 3～4人，摆放效率较传统人工摆放提高 8 倍以上。

2．经济效益及社会效益

胶类中药生产线生产效率较传统模式提升 200%，人工减少 40%，单位能耗降低 40%，各生产环节生产成品率高于 90%。提润整体提升 270%，1～2 年即可收回设备成本。

胶类中药生产线是国内唯一一个针对胶类中药研发的智能生产系统，该项技术在胶类中药生产设备中属于行业唯一，它填补了胶类中药建设领域的空白，在行业内尚无竞争公司。

食药胶类作为我国传统食药行业中历史最悠久、工艺最传统的分支，经过多年的发展，食药胶类制造遍布全国二十多个省份，近百家企业，行业年产值规模已近 500 亿。但是，从全行业的生产现状看，多数企业的生产过程仍停留在遵循古法工艺的手工和半机械化生产模式下，存在产品质量不稳定、人力密集、生产环境恶劣等问题。

食药胶类在创造利润的同时，改善了工人的工作环境，满足了人性化发展需要。解决了食药胶类产品生产行业存在的一些普遍问题，显著提高了胶类生产行业的自动化水平，在胶类智能制造方面起到了积极的示范作用，标志着我国食药胶类智能制造技术迈上了一个新的台阶。

食药胶类智能制造生产系统是国内唯一针对胶类中药研发的智能生产系统，该项技术在胶类中药生产设备中属于行业唯一，填补了胶类中药智慧工厂建设领域的空白，在行业内尚无竞争公司。本产品很好地运用现代科技的力量，解放了劳动力且更具环保意识。

3.2　复制推广情况

项目建成将成为我国首条胶类智能生产线，预计生产效率将在现有基础上提升 200%，单位能耗降低 40%，人工节省 40%。该条生产线的建成，解决了胶类产品生产行业存在的一些普遍问题，显著提高了胶类生产行业的自动化水平，在胶类智能制造方面起到了积极的示范作用。现阶段市场对于胶类产品的需求量不断增加，但胶类生产技术十分落后，各生产厂家均对装备制造升级的需求强烈。胶类智能生产线的建成，解决了胶类生产厂家的燃眉之急，且该生产线具有很强的实用性和可复制性，市场推广前景光明。

目前在此项目基础上正在推进的项目有同仁堂车间智能改造项目，徐矿自动化锂电项目、哈药集团口服液杂志检测自动化、粉针剂上料及后包装自动化项目等。同时，该项目生产线中的单体设备在其他领域也有很高的产业化前景。自动切割机可使用于固体物料切割，真空包装机上料搬运机械手、枕式包装机上料系统也具有很好的行业推广性，适用于食品、药品、化妆品、日用品、化工品等生产领域。这些单体设备的研发，解决的许多领域在该方向的瓶颈问题，显著提高了单工位的生产效率，可实现标准化规模生产，具有很大的市场前景。

食药胶类智能制造设备正处于起步阶段，发展空间大，前景广阔。阿胶糕作为食药胶类产品中的代表，其智能制造装备技术的发展将给食药胶类行业带来了革命性的变化，实现食药胶类制造技术革新的同时也更有利于将食药胶类产品推向国际市场。

第4章 总 结

本项目针对食药胶类中的代表性产品阿胶的生产工艺、装备技术水平和发展需求进行了深入研究。在遵循食药胶类生产工艺、产品质量标准并参照国际一流制药装备技术和标准的基础上，从生产制造过程中的每个工序入手，设计并制定了覆盖胶类生产全工艺、符合食药胶类生产特性的食药胶类智能制造生产系统。

胶类中药生产行业在未来3~5年内将迎来井喷式的发展，预计到2020年，我国主要胶类中药产区将新增同类型企业150~200余家，年产值规模将达到1500亿元。由于本研究掌握相关自动化设备制造核心技术，在未来2~3年内行业内很难形成强有力的竞争对手，随着胶类生产企业的增多，未来三年，预计在胶类中药生产设备制造方面实现产值1~1.5亿元，与10~15家大型生产企业建立合作关系。

面向机加工行业的智能工厂系统集成解决方案

——沈阳机床（集团）有限责任公司

沈阳机床（集团）有限责任公司（以下简称沈阳机床）于 1995 年由原沈阳第一机床厂、中捷友谊厂和沈阳第三机床厂资产重组后成立，近年来，通过持续自主创新、整合国内外资源、深化企业内部改革等举措，集团发展取得了长足的进步。

沈阳机床自 2007 年开始在政府的支持下启动核心功能部件数控系统的研发，并于 2014 年实现相关产品的产业化应用。在此基础上，沈阳机床逐步开发形成了基于智能技术的 i5 智能数控系统、i5 智能机床、WIS（Workshop Information System）车间信息管理系统以及基于数据分享的一站式工业服务平台——iSESOL 工业互联网平台，实现了从智能终端、云端协同到产业链协同的机械加工领域智能制造系统解决方案。

云科智能制造（沈阳）有限公司（以下简称云科智造）是由沈阳机床下属创慧投资管理有限公司、吉林省金融资产管理有限公司和沈阳机床集团管理团队投资成立的一家高新技术企业。云科智造作为承担沈阳机床智能制造系统集成业务的公司，利用自身制造技术、信息技术和金融资本等各类资源相融合的优势，以智能桁架机器人、关节机器人、立体库和 AGV 等智能搬运设备为基础，结合行业智能专机的研发、WIS 系统的实施和硬件设备的搭建，专注于机加工和非机加工领域的"数字工厂"和"智能制造"等产品的研发、集成和服务，重点打造中国工业 4.0 的范本。

第1章 简 介

1.1 项目背景

制造业是国民经济的基础产业，是一个国家经济的基石。党的十九大报告提出："加快建设制造强国，加快发展先进制造业"，这既是制造业作为基础产业对建设制造强国的客观保证，也是深化供给侧结构性改革、推动经济高质量发展的重要内容。要推进中国制造向中国创造转变、中国速度向中国质量转变、制造大国向制造强国转变，关键是推动制造业高质量发展。

然而，受全球经济低迷的影响，我国经济也面临转型之困，对于制造行业来说，形势更为严峻。工厂是制造行业发展的着力点，如今，我国制造工厂面临以下问题：

（1）工厂普遍存在信息化程度不高、集成化程度低、管理体系分散等问题，导致制造成本上升，制造效率低下。

（2）中小企业工厂创新能力不足，技术人才、操作人员匮乏，用工成本不断增加。

（3）资源环境约束强化和要素的规模驱动力逐步减弱，主要依靠资源要素投入和规模扩张的粗放式工厂加工方式难以为继。

受制于当前发展现实，我国制造工厂发展亟待寻找新型动能，以增强韧性与活力，积攒力量蓄势待发。

另一方面，国内外经济、技术、政策的新发展也为解决制造业、智能工厂面临的问题提供了新的机遇。

"一带一路"战略为制造业转型升级带来潜力。"一带一路"涉及大量设施建设、工业产品需求，会对我国制造行业产生直接拉动作用，有力地提振国内的产品需求，而与此同时，对国内机械产品的制造也提出了更高的要求，工厂的研发、生产、销售、供应链等环节已经不再局限于国内区域，跨工厂、跨地域的集成整合已成为大势所趋。产品的供应需要适应国内外客户弹性化的需求，工厂的生产和运营要在统筹考虑的情况下进行重新设计。

以物联网、云计算、大数据等基于互联网的新一代信息技术已成为全球关注重点。新一代信息技术创新异常活跃，技术融合步伐不断加快，新一代信息技术在网络互联的移动化和泛在化、信息处理的集中化和大数据化、信息服务的智能化和个性化方面具有明显特点。新一代信息技术发展的热点已经不再局限于信息领域各个分支技术的纵向升级，而是信息技术横向渗透融合到制造、金融等其他行业,信息技术已经从产品技术转向服务技术。随着制造业与互联网融合程度的不断提高,研发、设计、生产、物流、仓储和服务等环节的联系日趋紧密,工厂内部解决好生产制造、物流、仓储等相关系统的集成问题,就能带来工厂整体效率的提升。同时,新一代信息技术在工厂各环节的深入应用,促进了生产制造、质量控制和运营管理软硬件系统全面互联,提升了工厂网络化协同制造水平,因此,制造业的工厂可以借助互联网完成自身转型升级的需要。

聚焦到本项目的主题上,机械加工领域涉及行业众多,比如金属切削加工行业、激光加工行业、木工雕刻行业、电火花加工行业,等等。对于整个工业来说,机械加工是整个制造业的基础,小到日常用具,大到飞机轮船,机械加工领域支撑了众多的民用品和工业用品,为国民经济作出重要贡献。但是一个不可忽视的现象是,机加工行业中多为中小企业的工厂,而民营企业由于规模的限制,往往都缺乏足够的资源,技术力量也非常薄弱,行业的整体集成创新能力不足,导致在质量上只能被动满足客户需求。这些现象在机加工业界由于所占比例很大,已成为机械加工业整体发展的瓶颈,也造成了行业发展的不平衡。总体上看,机加工工厂的生产制造、物流、仓储环节衔接不紧且离散化,各环节信息交互程度低、技术能力薄弱、设备利用率低等问题都亟待解决,而这些问题直接导致了低质、低价的恶性循环,竞争的压力也使企业无力承担工厂的系统集成与升级换代。

因此,本项目从工厂系统集成的角度,由设备集成、生产集成、运营集成等方面着手,运用互联网思维,形成面向机加工行业的智能工厂系统集成解决方案。通过智能工厂系统解决方案的实施,提升机加工行业技术和产品的品质和效率,推动创新资源、生产能力、市场订单在智能工厂内的集聚与对接,实现生产、物流、仓储等环节的并行组织和协同优化。

1.2 案例特点

1.2.1 行业特点

本项目涉及制造业中的机加工领域,这个领域的工厂属于典型的劳动力密集且集成化程度较低的情况。

从整体来说,机加工行业工厂生产组织结构不合理,不适应社会化大生产的要求。在传统机加工企业中,企业内部生产实行部门制管理,这种管理方式暴露出许多难以避免的弊端:企业形成了一个个大的信息孤岛,从生产加工,再到物流供应链,整个活动都是通过不同部门分别完成,很难从一个整体的视角去梳理企业生产关系,这就导致生产要素难以优化配置。

这种分化的生产方式,难以形成"1+1>2"的效果,工厂难免生产效率低下、生产成本较高(人力物力资源严重浪费),更严重的是产品不能合理分工,生产不能合理布局，形不成专业化生产，机械制造业的规模效益优势没有得到充分发挥，这也间接导致了制造行业整体竞争能力偏弱。以生产成本为例，近年来，生产成本的飙升逐渐蚕食着中国制造业在世界上的竞争力。过去制造业成本较低的经济体由于制造业工资、劳动力生产率、能源成本和汇率等因素，正慢慢在国际市场上丧失优势。

1.2.2 拟解决的关键问题

本案例为面向机加工行业的智能工厂系统集成解决方案，项目将解决以下关键问题。

1. 设备集成

智能工厂系统集成的首要问题就是设备的集成问题，只有通过设备的集成，使得设备的通用性和社会化属性加强。设备的集成可以将传统的离散化的设备形成以工厂局域网为中心的加工群，并且可以进一步扩展到整个工业互联网。在设备集成中，还将用数据串联起从生产、仓储到运营等各个环节，驱动智能工厂生产协同效应的产生，实现生产制造的共享和协同。

2. 生产管理集成

生产管理集成是智能工厂集成的核心问题，借助所构建的 WIS 车间信息管理系统，接入企业相关的订单、生产数据，通过数据共享和信息集成，实现智能工厂内的生产资源和价值的共享，重塑智能工业生产要素的获取、配置、实施方式。

3. 运营管理集成

将智能工厂生产、物流、仓储等环节进行合理集成，有效提高各个环节间的信息交流、产品流转的能力，这些是本项目解决的一个重要问题。将生产、成本、时间、信息等纳入整体系统集成考虑范围内，为智能工厂提供精度高、可靠性高、成本合理的智能化生产运营方案，在生产资源共享、物流供应链等全环节提供网络协作创新能力，减低机加工行业企业的工艺、设备管理等成本，提高生产质量和生产效率，从而达到提高机加工行业产品附加值的目的。

1.2.3 技术难点

本项目在实施过程中，解决了以下技术难点。

1. 设备的联网

本项目采用自主的联网协议，同时提供可支持不同设备联网的接入设备，使得包括机床在内的设备产品数据、刀具信息、生产计划、加工进度、设备状况都可以及时获取，设备"产生"的数据和"可连接"的数据使生产过程实现全透明、数字化、知识化和实时化。

2. 数据的互通

在本项目中，底层设备通过总线或者协议等方式提供基础数据，而本项目所构建的 WIS 车间信息管理系统，将建立一个以数据为基础的虚拟空间——可以超越物理特性的限制，用数据连接其他的人、设备、产品和活动，从而使过去在物理空间中难以整合或连接起来的、不同性质的活动实现"互联"。数据从采集到应用，可以为智能工厂提供多方面的支持，例如，将数据应用在设备维护上，设备不但有使用寿命的限制，而且设备在使用过程中需要定期或者不定期维护，以便设备在良好的状态下运行，本项目解决现有流程在设备的全生命周期管理中无法做到预防性维护的问题，通过大数据技术对设备进行预防性维护。

3. 流程的梳理

要实现智能工厂系统集成，就需要对工厂各环节、各流程进行梳理。在工厂基础信息、生产计划、生产管理、现场管理、看板、仓储管理、质量管理等方面，梳理出各个模块所包含的内容，从一定程度上规避由现有网络系统产生的信息孤岛现象。

第 2 章　项目实施情况

2.1　需求分析

2.1.1　研发团队情况简介

为开展实施面向机加工行业的智能工厂系统集成解决方案，实现本项目基于软硬件系统集成、实现数据互通、推进智能工厂各个环节协同的总体目标，云科智造依托沈阳机床的技术力量，组建以技术、集成研发团队为主，生产、市场、服务等人员作为补充的综合团队，该团队具备丰富的项目规划和实施经验，承担过 i5 智能数控机床的研发设计及制造、互联网平台的建设和实施、智能工厂设计及建设等项目，团队承担的"面向工厂规划和生产过程的数字化工厂技术及其应用"项目曾获得教育部科技进步二等奖。

2.1.2　项目需求分析

传统工厂在系统集成能力方面的不足，很大程度影响了工厂的持续发展，而本项目实施面向机加工行业的智能工厂系统集成解决方案，其根本出发点就在于工厂内外部对于系统集成的需求，主要有以下几点。

1. 解决车间纸质文档管理混乱、复杂且浪费问题，为智能工厂提供无纸化办公环境

传统车间由于各个模块比较独立、各个系统无法实现互联互通，造成工厂内纸质文档较多，生产计划单、操作说明书、工艺图纸，人工下达生产计划、打印派工单、下发生产任务、整理图纸、打印说明书等纸质材料较多，使得工作量大且易出错，需要进行系统集

成，实现可视化生产排程，并将生成工单与工艺文件直接下达到生产工位。

2. 解决现场数据采集困难、任务状态反馈慢的问题，为智能工厂提供实时数据分析

工厂内经常见到以下场景：由于设备故障、任务下达错误，导致生产报表还没出来，进一步使得上个月完成的工单数、生产数量、合格数无法及时统计完完整；另外，由于上次任务仍没有做完、任务严重延迟，造成工作效率低，需要进行系统集成，产生实时的生产报工与设备故障上报，现场能及时进行生产调度与管控。

3. 解决工厂内各个环节产品质量追溯问题，为智能工厂提供质量追溯系统

现代工厂应该建立一整套质量追溯体系，一旦发现质量问题，需要追溯是何时、何地、何人生产的产品，这就需要智能工厂提供关于产品质量标签的系统，通过流转卡、条码、报交单等实现物料、工艺参数、操作工、产品的关联，并且实现产品的正向追溯与反向追溯。

2.2 总体设计情况

本项目实施面向机加工行业的智能工厂系统集成解决方案，利用沈阳机床、云科智造在机加工行业的深厚积淀，以智能桁架机器人、关节机器人、立体库和 AGV 等智能搬运设备为基础，结合 i5 智能数控系统的研发、WIS 车间信息管理系统的实施和硬件设备的搭建，进行智能工厂系统集成的开发和实施。

面向机加工行业的智能工厂系统集成解决方案在设备层、生产管理层、运营管理层进行集成，使得智能工厂信息流、物流等形成有效的穿透。

智能工厂系统集成项目总体架构及实施效果如图 1、图 2 所示。

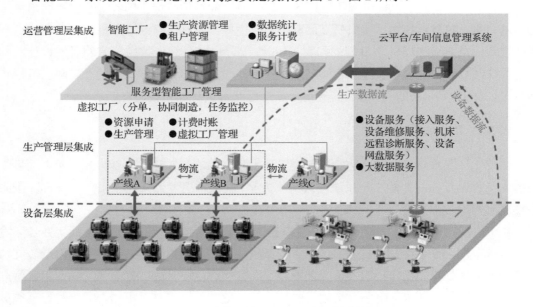

图 1　智能工厂系统集成项目总体架构

图 2　智能工厂系统集成项目实施效果

在整体解决方案中，沈阳机床、云科智造提供的软硬件产品/技术如表 1 所示。

表 1　沈阳机床、云科智造系统解决方案软硬件产品/技术

产品/技术名称	图　　例
桁架加工单元	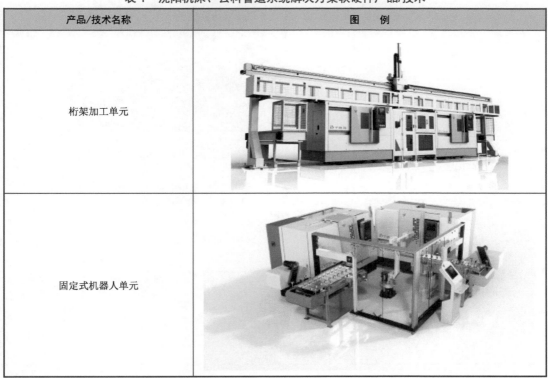
固定式机器人单元	

续表

产品/技术名称	图　　例
组合式机器人单元	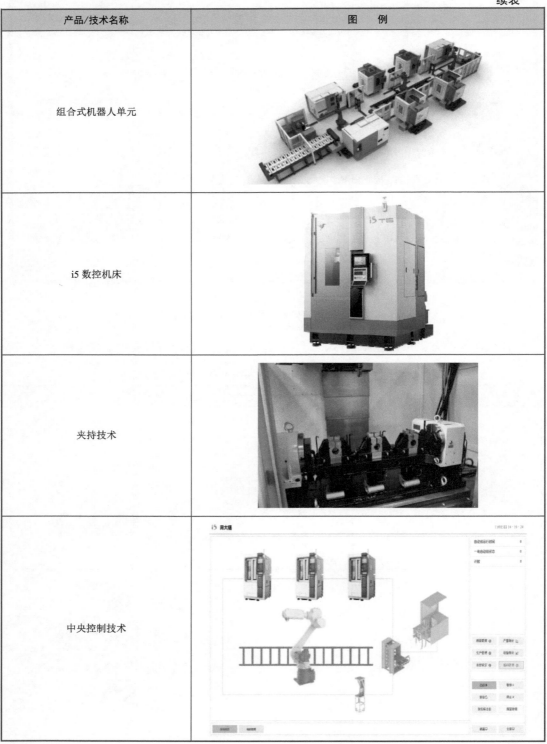
i5 数控机床	
夹持技术	
中央控制技术	

续表

产品/技术名称	图　例
AGV 输送技术	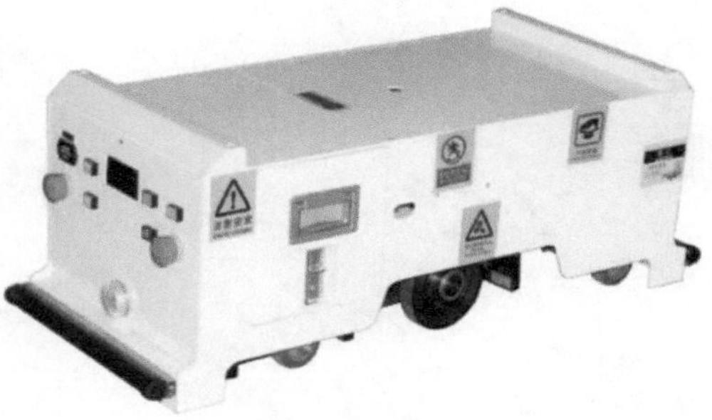
自动立体库技术	
WIS 车间管理系统	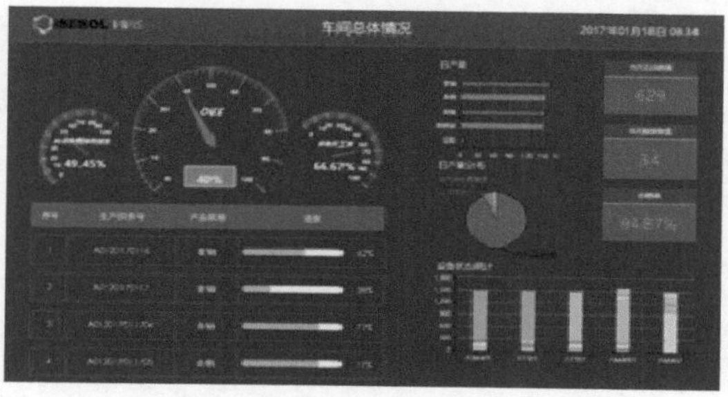

通过在智能工厂中应用上述产品/技术，沈阳机床联合云科智造提供面向生产、物流、仓储等环节的智能制造系统集成，整体的软硬件集成解决方案如图 3 所示。

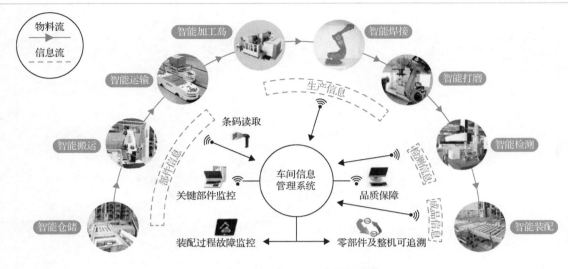

图3 智能工厂软硬件集成解决方案

2.3 实施步骤

2.3.1 项目阶段

本项目的实施阶段主要包括调研、方案设计/沟通、需求设计、开发/测试、部署、验收/陪产几个阶段，如图4所示。

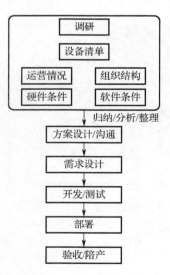

图4 项目实施步骤

1）调研

由团队实施人员对用户生产现场进行调研，内容包括设备清单，用户运营情况，硬件条件，软件条件，组织结构等。

2）方案设计/沟通

根据用户提出的核心需求及调研信息，制订解决方案，并持续与用户沟通，直至双方确定方案可接受，并签定技术协议。

3）需求设计

我方根据技术协议撰写需求分析文档。

4）开发/测试

开发人员根据需求文档进行开发及开发后的系统测试工作。

5）部署

开发/测试完成后，由我方在用户现场实施部署。

6）验收/陪产

系统试运行，用户验收，培训，我方在试产期内陪产。

2.3.2　建设内容

2.3.2.1　设备接入与集成

1. 适用多种协议接入的开放性接口协议（iPort 协议）

iPort 协议是 i5 智能数控系统联网的媒介，通过互联网可以将所有符合联网条件的 i5 智能机床连接起来，如图 5 所示。

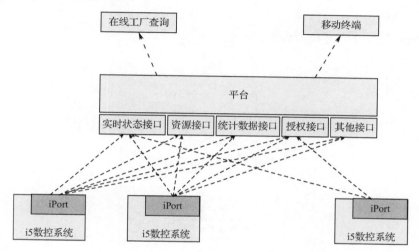

图 5　i5 智能机床联网方案

1）系统中的对象包括以下部分

（1）i5 智能数控系统：这里的 i5 智能数控系统不仅单指数控机床，还包括装备 i5 智能数控系统的 i5 智能数控机床。

（2）iPort 协议：嵌入 i5 智能数控系统的应用程序，用于统计数控机床运行数据并与平台进行通信。

（3）平台：在智能工厂上架设的位于互联网端的集成服务平台。

（4）实时状态接口：平台提供给 iPort 的用于上报实时状态的接口（服务）。

（5）资源接口：平台提供给 iPort 的用于上报资源数据的接口（服务）。

（6）统计数据接口：平台提供给 iPort 的用于上报统计数据的接口（服务）。

（7）授权接口：平台提供给 iPort 的用于获取授权指令（文件）的接口（服务）。

（8）其他接口：其他接口为预留接口。

（9）在线工厂查询：用户登录平台门户，可以根据权限查看不同设备，进行操作配置等。

（10）平台移动终端：承载平台的移动应用。

2）软件功能：主要实现机床和平台之间的数据发送和接收

（1）统计：按照 iPort 协议中指定规则统计数控机床的各种运行数据，并保存至数控系统中指定的 sqlite 数据库中。

（2）查询：用户可以通过 iPort 协议查询本机运行的相关数据。

（3）上报：在接入互联网的前提下，iPort 协议可以按照数据定义规则上报机床运行的相关数据。

（4）推送：有新文件或更新需要下载时向用户界面推送信息。

（5）下载更新：除了向前端界面推送可下载信息外，iPort 协议还可以向后台静默下载更新某些程序和配置文件。

3）总体设计

通过 iPort 协议建立连接流程图，如图 6 所示。

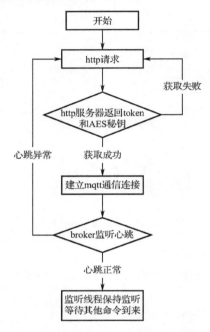

图 6　通过 iPort 协议建立连接流程图

2. 智能数控系统互联网接入设备（iSESOL BOX）

iSESOL BOX 是智能装备实现与其他外界系统互联的中间件，基于 http 协议实现第三方（例如 MES）对机床等设备的数据采集和命令控制，如图 7 所示。

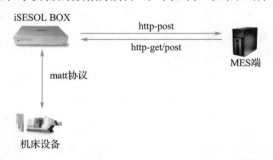

图 7　MES 对机床等设备的数据采集和命令控制流程图

MES 可发送 http-get 请求至 iSESOL BOX，用于获取机床设备的数据信息；或通过发送 http-post 请求发送命令至 iSESOL BOX，iSESOL BOX 根据 MES 的请求发送控制命令至机床设备。

系统联网方式如图 8 所示。

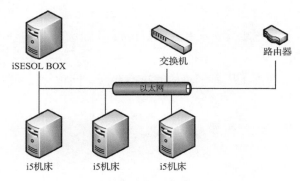

图 8　系统联网方式

1）iSESOL BOX 支持的使用场景

（1）使用机床/数控系统的用户，希望自己的系统（如 MES）能够获取相关机床的信息，能够发送指令（需要机床支持并符合相关安全规定）到机床。

（2）使用本地 MES，同时云端使用云平台的在线工厂 APP、MES 或租赁等 APP，相关信息可以通过 iSESOL BOX 安全分发到云端。

2）功能特性

iSESOL BOX 基于 http 协议开发，具有良好的易用性，并且提供了 Web 页面用于修改 iSESOL BOX 的相关配置，其主要特性如下：

（1）具备智能数据系统参数订阅机制，使得数据采集更灵活。

（2）基于 rest 接口，提供主动推送数据、数据查询两种方式。

（3）标准化通信，支持多种不同类型的机床。

（4）数据安全性和可靠性，使用可靠的通信机制，可配置的超时、自动错误检查和自动恢复等机制。

（5）可选配 3G/4G 无线模组，方便智能数控系统互联网接入设备连接互联。

（6）使用简单，各服务开机自启动，并提供 Web 配置界面。

（7）可提供大型企业高可用配置。

3）MES 系统如何获取机床数据

获取机床数据有两种方法：

（1）通过 http rest 方法轮询，主动查询相关数据。一般用在客户端，以固定的频率查询相关信息的场景，如机床运行状态数据、每秒一次获取机床各轴转速及进给速度等。此类数据一般在 MES 中也不进行存储。

（2）iSESOL BOX 主动推送。一般用在机床主动推送的一些事件，这类数据没有固定的频率，发生后，机床会主动发送，并由 iSESOL BOX 主动推送到 MES。这种方式需要 MES 开发一个服务端接收数据的 rest 服务。

3. 设备（机床）接入总体方案

智能设备是面向机加工行业的智能工厂系统集成解决方案的基础，智能设备的联网特性借助于车间管理信息系统或者云平台，就能更好地实现智能工厂内基础功能的集成，同时，智能设备的接入及控制也是实现智能工厂内协同制造的必要基础。

1）接入方式方案

面向机加工行业的智能工厂系统集成解决方案为不同智能设备提供多种接入方式，接入方式有以下几种。

（1）根据接入方法的不同划分：

● SDK 接入。

● iSESOL BOX 硬件网关接入。

（2）根据数据网络不同划分：

● 移动网络接入。

● 固定网络接入。

对于支持标准通信协议的设备，平台提供 iSESOL BOX 硬件网关，方便客户使用移动网络或固定网络接入平台。iSESOL BOX 提供标准的 OPC-UA 设备通信协议及 iPort 协议，为设备提供便捷且整套的平台安全接入方案。

对于非标设备，平台提供 SDK 开发包接入方案，降低对设备通信协议的技术门槛，便于客户将多种设备接入，增加平台设备资源的多样性。

2）接入技术方案

由于目前互联网络具有的不稳定性及来自第三方的安全威胁，沈阳机床、云科智造提供了高安全及高稳定的技术方案。如图 9 所示。

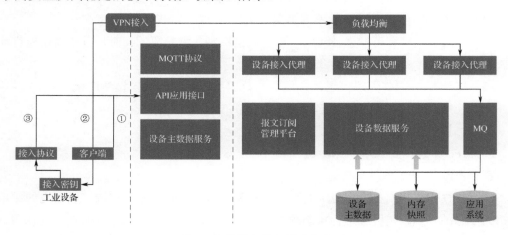

图 9　智能设备接入技术方案

（1）平台通过设备主数据系统授权及管理设备接入，防止非法设备的接入。使用唯一的设备识别码作为设备接入许可密钥。

（2）平台接入使用 VPN 专业网络，有效防范来自互联网攻击及数据窃取。

（3）网络中的传输数据实时加密，有效防止数据泄露。

2.3.2.2　生产系统集成

项目将提供以加工岛为核心的生产线集成方案，如图 10 所示。生产线主要由功能单元（包括智能数控机床、自动机器手上下料单元）、检测单元、仓储单元、搬运单元等部分组成。

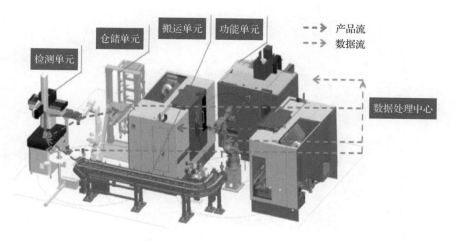

图 10　生产线集成方案

智能数控机床可包括沈阳机床 i5 T1 智能车床、i5 T3 智能机床、i5 T5 智能机床、i5 M1 智能高速钻攻中心等，在沈阳机床、云科智造的工厂集成解决方案中，可提供面向不同应用的 i5 智能数控机床，各个型号简介见表 2。

表 2　沈阳机床智能数控机床简介

分　　类	系列	型号	简介
T 系列智能车削类	T1	T1.4	性能： 立式伺服刀架代替电动刀架，极大地降低故障率，使用更可靠。 整体床腿设计，刚性大幅提升；高度精密集成的主轴单元，保持高精度、高刚性切削的同时，可实现快速拆装和更换维修。 配置进口滚动导轨和丝杠，重复定位精度可达 0.006mm，最高快移速度 30m/min，耐用和高效加工的完美结合。 用途： 针对通用型盘类零件及轴类零件的加工，涵盖轴承、齿轮、汽车、传动轴等多种行业，作为通用行业的工具机，具有广泛的通用性

分类	系列	型号	简介
T 系列智能车削类	T3	T3.1 T3.3 T3.5	性能： i5 T3 系列智能机床是基于零部件结构极简与数量极少原则全新打造的可用于一般工业的标准机型，适用于各行业对回转体类零件的加工。 高效加工首选：刀架转位时间短，两轴快移速度达到 30m/min，极大缩短辅助时间，提高加工效率。 高性价比：整机高刚性、高精度，加工综合精度 IT6 级以内，重复定位精度可达 0.006mm。 用途： i5 T3.1 智能机床适用于手电筒、五金等行业。 i5 T3.3 智能机床适用于传动轴行业。 i5 T3.5 智能机床适用于其他一般工业
	T5	T5.1 T5.2 T5.4	性能： 最高转速 4500r/min，最高快移速度 30m/min，X 轴重复定位精度可达 0.004mm。 简单紧凑的结构设计，整机零部件仅 42 种，极简的结构带来极高的可靠性。 可选配小尾台、第二主轴、中心架、拔料器等多种配置，满足不同零件的加工需求。 用途： 适合汽车行业、摩托车行业、轻工机械等行业，对旋转体类零件进行高效、大批量、高精度加工
M 系列智能铣削类	M1	M1.1 M1.4	性能： 专为消费电子行业打造的高速加工中心。 最高转速可达 20000r/min 的集成式整体主轴。 轻量化的立柱结构和十字滑台设计，布局紧凑，伺服电机直连，定位精度高。 整体占地面积小，适合紧凑的车间布局，每一处细节都体现对消费电子行业的专注和专业。 用途： 主要用于加工手机、平板计算机等消费电子类产品的外壳、中框、按键等小型金属零部件

续表

分类	系列	型号	简介
M 系列智能铣削类	M4	M4.2 M4.5 M4.8	性能： 主要用于汽车、摩托车零部件及通用型零件的加工，最高扭矩可达95.5N·M，同时机床配置智能误差补偿系统，定位更加精准。 经典的立柱结构和十字滑台设计，高速高精的导轨丝杠，布局紧凑，伺服电机直连，定位精度高。 用途： 主要应用于汽车、摩托车零部件及通用型零件的加工
	M8	M8.1	性能： 3 轴立式加工中心，采用龙门动梁框架结构，与传统立加相比，具有更强刚性，Y 轴采用双轴驱动，运行更加平稳，抗振能力更强。电主轴转速12 000r/min，工作台尺寸 700mm×500mm。 用途： 适合模具、3C 产品及汽车零部件的加工
		M8.2	性能： 3+1 轴立式加工中心，龙门动梁结构搭配单轴转台，实现零件三面的集成加工，单轴转台为直驱电动机，承载大、精度高，扭矩 1400N·m，重复定位±3"。 用途： 适合液压阀体、泵体、汽车缸体的加工
		M8.3	性能： 3+2 轴立式加工中心，龙门动梁结构的摇篮式五轴机床，实现五轴五面的定位加工，AC 轴均为直驱电动机，承载大、精度高，扭矩 1400N·m，重复定位±3"，工作台尺寸 φ400mm。 用途： 适合汽车底盘复杂零件，多面体箱体及壳体的加工
		M8.4	性能： 5 轴联动立式加工中心，龙门动梁结构的摇篮式五轴机床，实现复杂曲面及腔体的切削，采用直驱技术，A 轴为双电机驱动，重复定位精度±3"，最大扭矩 2800N·m，动静态性能优越。 用途： 适合高档模具、医疗、航空、汽车等行业关键零件的加工

续表

分类	系列	型号	简介
M 系列智能铣削类		M8.5	性能： 4 轴联动立式加工中心，龙门动梁结构搭配单轴转台和尾台，实现回转体多面加工，直驱转台提供更高承载与精度保证，联动效果极佳，工件最大尺寸$\phi300\text{mm}\times500\text{mm}$。 用途： 适合叶片等回转零件的加工
		M8.6	性能： 卧式车铣加工中心，龙门动梁结构首次搭配车削主轴形式，实现车削和铣削的集成加工，可实现 C 轴联动，工件最大尺寸$\phi200\text{mm}\times500\text{mm}$。 用途： 适合各种轴类、盘类的车铣复合加工
		M8.7	性能： 立式车铣加工中心，龙门动梁结构搭配垂直车削主轴，实现车削和铣削的集成加工，主轴扭矩 540N·m，超强的复合切削能力，工件最大尺寸$\phi320\text{mm}\times200\text{mm}$。 用途： 适合各种盘类的车铣复合加工
		M8.8	性能： 倒立式车削加工中心，龙门动梁结构搭配倒立式车削主轴，直驱刀架实现更快换刀速度，3 列动力头实现铣削功能。 用途： 适合小型及异型零件的复合加工

搬运单元采用 AGV 小车设计出元器件、成品搬运的自动化输送料道。仓储单元利用自动化存储设备同计算机管理系统的协作，建设具有高层合理化的立体仓库，实现存取自动化、操作简便化。沈阳机床、云科智造还可进一步提供更具有集成化的仓储系统解决方案。

1）物料分拣系统

物料分拣系统是将随机的、不同类别的、不同去向的货物，按照其具体要求进行分类的一套解决方案，该方案由控制系统、分类装置、输送装置及分拣道口组成。

物料分拣系统的特点是自动化程度高、分拣效率高、分拣正确率高。

2）堆垛机系统

堆垛机是自动化立体仓库的核心设备，通过手动操作、半自动操作或者全自动操作实现货物存取。从结构上分为单立柱、双立柱、从货叉形式上分为单伸位、双伸位。

堆垛机系统特点是安全平稳，运行速度及加速度快。

3）自动化立体仓库

自动化立体仓库主要由立体货架、巷道堆垛机、出入库输送设备、操作控制与管理系统组成，如图 11 所示。

自动化立体仓库的特点是自动存取，操作简便，是当前最先进的仓储形式。

图 11　自动化立体仓库

2.3.2.3　车间信息管理系统

WIS 车间信息管理系统是一套面向车间生产执行过程的信息化集成管理解决方案，系统以 i5 智能数控机床为核心，深入车间管理，通过强调制造过程的整体优化集成来帮助智能工厂实施完整的闭环生产，同时为企业智能制造提供良好的实施基础。

WIS 车间信息管理系统总体功能框架如图 12 所示。系统共计分为 10 个功能模块，包括基础信息、生产计划、生产管理、仓储管理、NC 程序管理、现场管理、看板、实时监控、系统维护、质量管理，可为生产企业打造一个智能、高效的制造协同集成管理平台。

1．基础信息

基础信息管理功能管理整个 WIS 车间信息管理系统的基础数据。建立企业各种制造资源的数字化模型，描述工厂关键业务数据，保证数据的准确性和完整性，实现信息规范化。

基础信息管理包含布局建模、供应商信息、客户信息、设备信息、员工信息、刀具信息、物料信息、班次班制、产品信息、能力定义功能。

2．NC 程序管理

NC 程序管理是对 NC 程序的全生命周期管理，将 NC 程序与零件（含工序）关联，满足 NC 加工程序版本、权限控制及归档管理，实现 NC 程序的查看、下载、设备绑定和下发等无纸化和网络化程序管理。

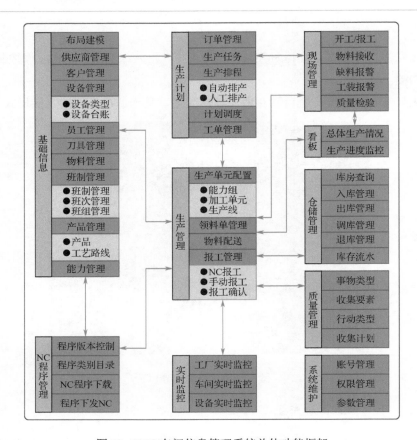

图 12　WIS 车间信息管理系统总体功能框架

3. 生产计划

提供对车间生产作业排程，包括生产计划的制订、调整、执行与跟踪。系统将实际的生产任务细化分解到工序，并按照能力组及设备拆分成每个可以执行的工单，更好地帮助企业管理者跟踪和监控整个生产过程，实现透明化、精细化生产作业管理。

生产计划管理包括订单管理、生产任务管理、生产排产、工单管理功能。

4. 生产管理

依据生产计划排程结果，组织安排车间内物料配送、加工生产、工人报工、报工确认等工作。

生产管理包括生产单元配置、领料单管理、物料配送、报工管理功能。

5. 仓储管理

通过领料单、出库单等电子单据，加强对企业出库、入库流程的管理与控制，实现原材料、半成品和成品的出库和入库，调库与退库电子化管理。

仓储管理包括库存管理、入库管理、出库管理、调库管理、退库管理、库存流水功能。

6. 现场管理

收集生产现场的各类生产过程数据，实时反馈生产执行情况，及时触发生产预警信息，使管理人员及时全面地掌握企业的生产运营情况,为考核提供依据,为生产决策提供支持。

现场管理包括报开工、报工、物料接收、工装接收、缺料告警、缺工装告警功能。

7. 看板

以生产统计为基础,定义企业生产相关的关键绩效指标(KPI),实现企业的生产过程信息查询与统计,并以图表及看板形式进行展现。实时监控整个车间的生产过程,包括总体生产情况、生产进度监控等,使管理者可以及时了解现场情况,解决现场问题,作出准确决策。

8. 系统维护

提供系统级参数定义功能,工厂可以根据各自情况定制自己的系统参数。

系统维护包括账号管理、权限管理、参数管理功能。

9. 实时监控

以图形化和流程化方式展示企业、车间内部布局,三维展现工厂与车间生产实况信息,通过车间实时数据展示页面,把设备运行状态、工单完成进度动态展现出来,使生产过程数据一目了然。

10. 质量管理

根据产品工艺建立工序的检验项目及检验标准;制订工序的生产任务时,可设定检验类型,并自动生成检验单下发到生产终端。生产现场工人根据检验单进行质检,检验数据可实时上传;系统自动汇总检验数据,并生成工单的质检报表。

第 3 章　实施效果

3.1　项目实施效果

沈阳机床联合云科智造通过提供整套的智能制造系统解决方案,为大中小型企业解决工厂集成问题。项目已在多家机加工企业实施,包括河北固安华夏幸福智能工厂、沈阳机床厂第一车床厂轴杆车间(A3)、辽宁工业大学演示线、沈机数控系统大赛 i5 支持演示系统、同济中德工程学院自动线、湖北三环襄阳轴承主生产线车间、云南机床厂大件数字化车间等,本项目实施后具有如下效果。

1. 提升效果及经济效益

本项目的基础是设备的集成,通过集成智能化的设备,使得设备的通用性和社会化属性加强,将传统离散化的设备形成以工厂局域网为中心的加工群,并且可以进一步扩展到整个工业互联网，用数据串联从研发、生产、仓储到运营等各个环节，驱动智能工厂生产协同效应的产生，实现生产制造的共享和协同。

同时，本项目构建的 WIS 车间信息管理系统接入企业相关的订单、生产数据，通过数据共享和信息集成，实现智能工厂内的生产资源和价值的共享，重塑智能工业生产要素的获取、配置、实施方式。

将智能工厂生产、物流、仓储等环节进行合理集成，有效提高各个环节间的信息交流、产品流转的能力，将生产、成本、时间、信息等纳入整体系统集成考虑范围内，为智能工厂提供精度高、可靠性高、成本合理的智能化生产运营方案，在生产资源共享、物流供应链等全环节提供网络协作创新能力，减低机加工行业企业的工艺、设备管理等成本，提高生产质量和生产效率，达到提高机加工行业产品附加值的目的。

2. 标志性建设成果

1）基于 i5 技术的智能生产线

i5 运动控制底层技术是沈阳机床自主研发的核心技术，围绕 i5 技术打造的智能生产线，避免了因设备型号冗余，产品质量不齐，供应厂商过多造成的维护难、服务难等问题，在平台的支持下，可以实现真正的智能化管理和远程运维，使客户买得放心，用得舒心。

2）定制化的 WIS 车间信息管理系统

通过应用 WIS 车间信息管理系统，车间内的所有联网设备实现了集中监控，车间内大屏幕上记录着智能工厂内所有联网设备的加工时间、效率、数量、材质以及成本等一系列关键参数，全面反映工厂、车间运行情况。通过加工事件、设备时间分布，节拍分析等功能，充分挖掘生产资源潜能，促进生产制造管理向柔性化、自动化、精细化、敏捷化方向发展，提高生产效率，降低生产成本，实现企业卓越运营。

3）全面互联的 iSESOL 工业互联网平台

在沈阳机床自主研发的 i5 运动控制底层技术、数控装备接入与管理技术、工业软件集成技术，以及云制造技术集成的基础上，通过具备天然联网特性的数控机床互连，打造了"云、网、端"信息集成的制造平台——iSESOL 工业互联网平台。

截至 2018 年 8 月，iSESOL 工业互联网平台已连接各类智能设备超过 12 000 台（套），提供服务时间累计超过 400 万小时，在线订单成交量超过 6000 单，如图 13 所示。

3. 改善的关键环节

本项目的实施，还可以改善以下关键环节。

1）减少人工

传统工厂是典型的劳动力密集型企业，生产线、仓储等环节需要大量工人，而在实施本项目之后，可以大量节省人工。以某传动轴公司的数字化工厂集成实施项目为例，原先某条生产线人工操作需要 4 人，而实施自动线后仅需 1 人，减少人工 75%。

2）产能提升

实施自动化集成后，工厂产能获得了明显的提升。以某传动轴公司的数字化工厂集成实施项目为例，在人工操作时，单班产量是 180 件，而实施自动线后，单班产量 240 件，产能提升 33%。

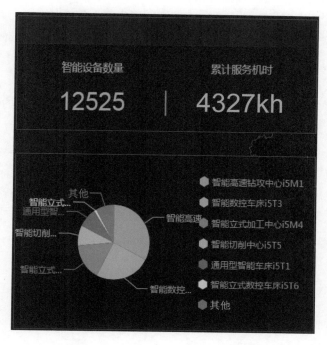

图 13　iSESOL 工业互联网平台全国在线产能热力图统计数据

3）企业形象提升

在实施自动化集成后，将先进的设备、技术、能力引入，可以大大提高企业的形象，增强客户的信任感，使得企业订单逐步增加。

4）企业营利能力提升

工厂集成化程度提高，带来了现场工人的减少和产能的增加，一方面减少了操作工人的工资成本，另一方面增加产能带来了额外收益，使企业营利能力大幅提高。

3.2　复制推广情况

沈阳机床、云科智造不仅可以为机加工企业量身定制智能工厂系统集成解决方案，而且，沈阳机床联合云科智造，基于这一解决方案，结合自身拥有的高端数控装备、先进的行业创新理念、领先的工艺积累，以及大批的制造业专业人才，提出了 i5 智能制造谷模式：瞄准智能制造发展潜力大的地区，与当地政府的合作，共建智能型共享工厂。

目前，i5 智能制造谷模式已在 9 个地区进行了推广复制，包括江苏省建湖县、浙江省嘉善县、湖北省钟祥市、湖北省十堰市茅箭区、安徽省马鞍山市、河南省新乡市、山东省淄博市、江苏省南通市、江苏省徐州市等地，目前已吸引 50 余家优质企业入驻。

通过 i5 智能制造谷模式，为相关企业解决了以下问题：

（1）为 i5 智能制造谷的入驻企业一次性解决了设备、管理软件、厂房、基础设施、服务团队、培训讲师等多方面资金投入，并提供有利的税收、人才政策，增强企业营利能力。

（2）通过装备联网、远程管理，为企业提供了设备维护与保养的服务，降低设备停机时间，保障产品质量。

（3）为企业提供产能共享与交易的保障平台，打破了传统地域性的供需错配的矛盾，降低了产能浪费的现象。

i5 智能制造谷模式的实施，对行业和地区产业的智能转型带来了巨大影响。i5 智能制造谷以装备共享、数据分享为理念，打造设备制造商、用户和地方经济的多赢生态。一方面，为入驻的企业解决了资金压力，有利于他们专注于工艺水平和产品质量的提升；另一方面，通过培养人才和引进人才相结合，培育机加工行业的创新能力。同时，带动区域经济繁荣，吸引更多的优势企业和资本涌入。

第 4 章 总 结

沈阳机床、云科智造为各种类型的企业工厂提供了定制化的系统解决方案，解决方案涵盖了企业生产、物流、仓储、运营等方面。通过针对客户产品、环境、经营状况、需求等方面的调研，在软硬件方面提供定制化的集成方案。

对于大型企业，由于其在资金、实施环境、需求等方面的体量都比较大，因此，可以充分借助云计算、大数据、人工智能等工具，完成大型企业整体的信息化改造，提高智能工厂整体的数字化、网络化、智能化水平，通过先进的信息技术来颠覆传统工厂中管理效率低、数据不流通等问题。从智能单元出发，逐步进行智能生产线、智能车间以及智能工厂的建设。在工厂运营管理方面，可以通过集成 OA 系统、财务、人力资源等管理系统，并进一步推广应用能源管控、资产管理、决策支持、集中物资采购平台，形成集团化管控模式下的工业互联网平台，全面提升管理能力。

而针对中小企业，可以根据企业自身发展需求，提供相应的模块（如生产计划管理及工单管理），并针对相应模块进行本地化细节调整与操作优化。另外，针对中小企业融资较难、重资产占比过高等问题，沈阳机床、云科智造为中小企业量身打造了设备租赁的模式，提供智能机床按使用时长付费、按月付费等不同的付费租赁模式，满足不同中小企业顾客的需要。

机联网数据管理分析系统

——中国电信集团有限公司

中国电信集团有限公司（以下简称中国电信）坚决贯彻落实国家网络强国建设，将设备联网作为构建工业互联网的先决条件，进一步帮助企业改善原有的生产管控不透明化等问题，依托中国电信全程全网的服务网络，结合合作伙伴专业服务资源，打造了线上线下协同的专业化服务网络，满足制造企业内部的设备互联、数据采集、数据分析等贴身服务的需求。

第1章 简 介

1.1 项目背景

机械加工行业作为国内制造行业内比例偏重的行业，业内企业信息化程度普遍偏低，迫切想要改变现状却无从抓手，电信作为企业的良好合作伙伴，一直助力解决企业存在的问题，帮助企业实现数字化改革。本方案将以昆山钜全金属加工有限公司的厂区机联网改造项目作为案例，展现中国电信具体解决企业内普遍存在问题的方式方法。昆山钜全金属工业有限公司是一家集汽车零部件、多种压铸件与重铸件的加工生产企业。企业成立于1999年9月，属于台湾独资公司。企业成立时间较同类企业晚，其母公司引进多种行业内领先的数控设备，与之相对母公司给予本公司的生产利润指标也较高。近几年公司的生产利润趋于平缓，无法满足公司的可持续发展理念，公司高管缺乏有效数据辅助决策管理。基于上述背景，电信公司帮助昆山钜全金属工业有限公司建立完整的机联网方案体系，帮助企业进行数控设备联网，借助管理与分析所采集设备数据，综合提升企业生产力。

1.2 案例特点

本项目所涉及的机械加工领域具备企业普遍依赖人机共同生产加工的领域特性，在设备方面多采用数控设备、可编程逻辑控制器（PLC）等，其中以国外发那科（FANUC）、西门子、三菱等公司生产的数控机床为主。操作工人手动辅助数控机床的生产程序将金属进行切、削、磨等，从而制成所需产品。该领域独有特点表现为产品的多样性、订单接收数额庞大、交接时间短、生产程序不确定性以及管理无序性、数控设备零件损坏率高、数控设备开机时间久等。本项目着重解决企业以下关键问题。

（1）生产过程数据不透明化：企业生产设备处于无联网状态，无法实时采集生产过程设备数据，整个生产过程处于封闭状态，生产部门无法准确统计每日产量、良品数量、报废数量等。设备产能和OEE不能及时准确把控，导致设备派工不均匀，加工效率降低，影响交货期，甚至为了提高生产量而购买新设备方式，导致成本加大等，无法从改善生产过程的维度提高企业产量。

（2）工厂现场工单无把控，产量低：现场没有及时的看板来实时显示目前工单的加工进度，领导不能第一时间掌握车间生产状况等。

（3）纸质人工填报，效率低且水分大：企业数据填报为工人手工填报，生产数据及工人绩效考评数据不准确，无法作为有效数据支撑为企业高管结算工资的场景服务。

（4）刀具损耗大，成本投入多。企业设备刀具损耗严重，额外支出更换费用较大，增大了企业投入成本。

（5）备件库作用小，资金利用不当：企业设备备品备件库存分配不合理，多数备件长时间闲置，部分关键备件数量不足，导致设备部件损坏无法及时更换，投入成本无法做到有效利用。

（6）生产程序缺乏有效管理手段：企业生产程序繁杂且版本更新频率高，没有形成有效管理手段，不同部门程序交流无序导致版本不统一，易造成批量产品规格不当而报废。企业采用 U 盘的形式进行数控程序传输，效率低下且易损坏数控设备接口。

（7）设备故障维修周期长，无知识储备企业设备故障状态不明确，委派维修过程易出现无意义的多次往返沟通故障原因等状况，设备无法在第一时间修理完好投入生产，造成产量降低，减少收入。

在项目展开途中，通过与企业的良好合作与共同研讨，本项目最终突破的关键技术包括：

（1）企业内部无线网络覆盖连接数控设备。

（2）数控程序与产量通过模块进行统一管理。

（3）设备数据采集的实时性。

（4）企业员工绩效考评统一模块化管理。

（5）刀具使用寿命模块化管理。

（6）解决企业多种类型数控设备的协议不通等技术难点，从根本上促进企业与行业的良性发展。

第 2 章　项目实施情况

2.1　需求分析

本项目由周骏带领的项目团队全面完成规划与实施。周骏，复旦大学计算机应用硕士，现担任中国电信制造行业信息化应用（上海）基地执行副总经理，首席咨询专家，工业云战略发展专家,智能制造系统资深专家,教授级高级工程师,拥有丰富的技术研发、咨询和管理经验和丰富的项目实施管理经验。周骏在自身研究领域中,对于构建基于数字驱动的智能制造数字化协作体系相关的理论、方法、信息化应用和智能分析应用等有显著推进作用。项目团队长期从事边缘化计算、智能制造研究、国家重点项目建设,具体项目包括海尔送装一体化咨询项目、TCL 智能产线改造项目、潍柴智能产线改造项目、潍柴大数据项目、中建钢构新材料项目、中联重机农机产品远程运维项目、上海斯瑞上产线改造项目等。

基于项目过程中解决的实际问题,项目团队分析目前国内同类企业具体应用的诸多需求,具体表现如下。

1)多种设备数据采集需求

由于机械加工行业的特殊性,多数企业会使用多种类型的数控设备,如数控加工中心、数控机床、数控铣床、压铸机等。多类型的设备生产年份不同,数控系统版本也是多样化的,工厂内使用近十种不同种类、不同品牌、不同版本的数控设备是绝大部分机械加工行业内企业的常态,企业无法克服由此引发的接口协议多样性的问题,在购买多类接口协议版权的同时还需考虑经济效益及投入产出比,因为部分协议所应用的数控设备可能仅有一台或少量。协议不通导致设备无法联网采集数据,且无法明确采集数据的有效性。

2)企业产能量化指标数据统计

企业内高管与生产主管均无法对企业的产能有量化统计描述,多数月度企业设备开关时间一致且员工工作时间一致,最后统计产量却相差巨大,不确定性令企业决策者对于新订单的接取难以抉择,而订单的接取与完成直接对应企业产出利润,因此企业需要获取数控设备的运转情况与生产参数来辅助决策者选取订单与计划安排,减少产能的不确定性。

3)精确有效的绩效统计与管理模式

每月的员工绩效考评也是企业的痛点之一,本行业内的企业统计员工工作情况分为计时考评与计件考评两种情况,两种考评均采用统计人员人工填报的方式进行统计。通常统计人员根据自身人际关系进行统计填报,企业管理人员无法得到手工填报的差值,导致绩效考评时会出现员工工资较为平均的现象,引起部分人员的不满。由于工人相对其他行业招收更为困难,且企业没有实际数据支撑,导致企业选择统一上涨员工工资的方式解决类似问题,不科学的解决方法令企业在产出不变的情况下投入不断增加。同时两类绩效方式会带来额外的问题,计时考评方式下员工在设备开机状态工作懒散,管理人员巡视时与不巡视时表现不同,这种现象既增加了设备开机的资金投入,也减少了每月产量。计件考评方式下员工的工资与自身生产零件数量挂钩,致使员工存在赶工的工作方式,这类方式由于员工不规范的操作,会对数控设备上的刀具产生额外的严重磨损,具体表现为部分生产数目靠前的员工所操作的数控设备刀具损坏频率高。数控机床刀具本身价值也相对高昂,因此此类现象会引发企业内的资金投入多于产出。企业需要机器填报表格且与设备运作参数进行比对,分析得出有效的数据,支持帮助企业平衡投入与产出。

4）设备配件与程序的有效管理模式

　　企业也需要一个合理的方法帮助管理企业备件库与刀具，备件库的精准定位可以帮助企业节省无用投入，用于改善技术，提高核心生产力。刀具作为企业生产过程中的核心器件，对应企业产出产品的次品率、报废率，本行业内的企业目前无法做到对刀具进行有效管理与数据采集，因此企业会在生产过程中出现部分批次产品全部为次品，原因归结为企业无法第一时间发现数控设备内刀具已损坏，科学的刀具管理是企业不可缺少的诉求之一。设备生产程序的统一管理也是企业的重点需求，机械加工企业生产过程属于物理生产，不同版本生产程序的加工工序与加工时间也各不相同，在大批量的加工环境下企业需要统一的设备生产程序管理模块，帮助企业生产部门对比改善不同版本的生产程序，选择相对优化的生产程序，节省加工时间，增加企业产量。

2.2　总体设计情况

　　整个项目分为网络连接层与分析应用层两个层面，网络连接层意在解决企业内部网络连接与数据传序不通的问题，分析应用层意在解决企业内部缺乏有效数据支撑与合理管理模式的问题。图 1 所示为机联网项目总体框架图。

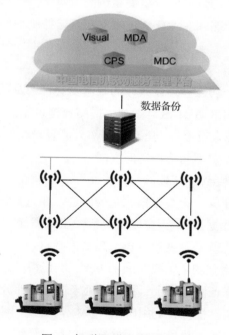

图 1　机联网项目总体框架图

1．网络连接层

本方案采用无线网络的方式将所需联网的设备进行基础网络连接，与企业内的数据存储中心组建企业内的局域网络，统一采集数控设备数据并上传至数据存储中心，数据存储中心内数据通过备份的方式备份至电信天翼云上进行数据管理与应用分析模块加载。依据设备状态监控系统建设项目的实际需要，在技术上选用的硬件是技术成熟和性能可靠的硬件。整个网络应安全、可靠，并能提供不同类型的网络接口和互联手段；主要设备的生产厂家经营状况和用户信誉良好，产品质量稳定可靠，既满足现实需求，又符合网络技术的发展方向。网络系统中采用的技术和设备应该遵循相关的标准，系统中的硬件、软件、网络协议和数据库系统都应采用与国际标准兼容的开放协议。

安全性主要体现在网络系统必须能够保障信息传输安全，以及防止车间数控设备被恶意病毒损坏，这一直是制造企业的重点关注点。本项目确保网络系统的安全性，具体表现为以下几个方面。

（1）机床分配独立网段，使公司局域网与设备网络分离，服务器配置双网卡，一块卡与机床网络通信，使机床网络保持在独立的一个网段，另一块卡与公司局域网络通信并且服务器仅保留 80 通信端口，仅供机联网方案系统使用，拒绝其他所有数据的访问，以实现病毒的隔离。

（2）机联网方案系统具有数据传输格式自动过滤功能，可以自动将一些容易遭受病毒感染的 exe、bat 等文件屏蔽，不允许这些文档通过系统网络上传到服务器和通过系统网络下载到设备，从数据传输方面规避病毒感染系统的风险。

（3）构建相应的安全策略，企业需通过域安全策略控制访问 MDA 服务器。

（4）企业每台系统服务器上安装防病毒软件，并在内网中设立病毒文件升级服务器，保证病毒定义文件实时更新。

（5）禁止数控设备端一切没有经过允许的数据复制行为及网络擅自接入操作。

（6）数据库服务器采用 RAID1 磁盘阵列，提高数据可靠性。

（7）数据访问需要管理人员授权，所有数据都只能登录软件系统后才可对数据进行操作，而且针对不同人员可设定不同数据访问权限。

（8）服务器操作系统使用强密码进行管理。

为解决企业内数据量庞大，无关数据冗杂的问题，通过数据清洗的方式来规范数据，主数据库采集数据（动态数据），每天空闲时进行一次数据静态化，即将动态数据库抽取出来生成静态数据，先压缩静态数据库，再清理动态数据。

网络连接层的实施采用强弱电隔离布线的方式：网线桥架线独立走线槽，避免强电干扰，网线套有外部护管，保证网线安全、稳定。机床端垂直部分的网线外部套有护管。机床端网线接入电气柜，且电气柜开孔处用防水接头接入网线。网线两端水晶头要求带有金属屏蔽及水晶头护套。网线接入机床电气柜网络接口后，预留一米长的富余量，以方便后期维护整改。交换机端的网线经通信测试无误后，统一整理接入交换机柜内。

2. 分析应用层

分析应用层帮助企业实现数据采集—数据传输—数据管理—数据应用的设备数据全

面统筹规划，提升企业管理效率，增加企业产值。分析应用层具体表现为机联网服务管理平台。

机联网服务管理平台系统架构将采用模块化的方式进行管理实现，MDC 数据采集模块用于采集与传输数控机床内的关键数据，包含协议转换、网络组件、控制组件、边缘计算等功能，具体功能如下所述。

（1）协议转换：包含了数控机床的设备协议解析与转换。

（2）网络组件：支撑辅助厂区网路进行采集数据的传输。

（3）控制组件：控制采集数控机床内的关键数据，企业通过该功能可反向输入设备应用程序于厂内设备中。

（4）边缘计算：采集到的数控机床关键数据在企业内进行预处理与简单算法计算。

MDC 数据采集模块分为网卡采集及硬件采集两种，对设备数据（产量、关机、运行、停机、空闲、调试等）进行采集；通过网口采集的数据有运行模式（自动、手动、MDI 等）、程序状态（运行、停止、暂停）、各轴坐标、进给速度、主轴转速、进给倍率、主轴倍率、加工代码、产量、报警信息等。通过硬件采集的数据有运行模式（自动、手动、MDI 等）、程序状态（运行、停止、暂停）、进给倍率、主轴倍率、产量、报警等。MDA 数据采集模块、DNC 程序传输及管理模块、刀具管理模块、绩效分析模块、Visual 厂区可视化模块是通过采集服务把采集的数据统一通过企业局域网输送至数据存储服务器上，经过数据备份至云端，在云端实现了将现场采集的设备状态、产量、运行参数、质检信息、生产任务、操作人员等数据通过云端模块进行解析、汇总、统计、计算并生产相应的图报表和看板信息，设备管理者只需在办公室的 PC 端即可全面、快速了解现场生产的整体运行状况，以便实现快速处理现场生产异常问题和执行管理决策。MDA 数据管理与分析模块通过对采集上传的数据进行解析、汇总、统计、计算并生产相应的图报表和看板信息，包括设备状态、协助诊断、过程参数、稼动率分析、历史状态、用时分析、报警分析、报表导出等功能，具体功能如下所述。

（1）设备状态：定义数控机床停机、运行、空闲、关机、调试五种状态，通过数控机床数据采集实时展现企业所有机床的状态。

（2）协助诊断：对采集数据处理与计算，展示数控机床的设备状态、主轴倍率、主轴转速、进给倍率、进给速度。

（3）过程参数：存储管理数控机床生产过程的状态数据，并导出相关参数的全部数据。

（4）稼动率分析：定义时间规则描述企业的效率 OEE，展示设备组的使用效率，企业可自行对时间节点，统计方式，展现类型，基准线等更改。

（5）历史状态：自定义时间节点、时间段、班组内分析设备或设备组的状态分布以及设备的详细运行日志。

（6）用时分析：自定义时间段，多维度展示分析设备状态、用时及百分比、利用率、停机率等。

（7）报警分析：统计展示设备或设备组在定义时间段内的故障频率，并通过与故障数据库比对，得出故障维度与故障产生原因。

（8）报表导出：多种类型报表展示与导出，数据支撑决策制定。

由于企业内数控设备接口分为两种（网口和串口），因此将采用串口、网口混合联网方式。针对串口设备：将交换机的串口通过 RS232 数据线与数控机床的串口相连，然后将串口交换机接入以太网交换机，以有线方式接入企业局域网；针对网口设备：仅需一根网线即可将机床接入企业局域网。将办公室 DNC 程序传输、管理模块与数据存储中心及现场数控设备接入企业网络，模块经过云端备份将 DNC 程序传输及管理模块在云端加载。进而实现对现场机床、数据存储服务器、云端模块的统一管控，真正意义上实现将现场机床像计算机一样进行统一管理，现场操作，人员只需在机床端即可远程下载数控设备生产程序。DNC 程序传输及管理模块具体功能如下所述。

（1）程序远程调用：操作工人只需在机床端即可以实现程序的上传和下载功能。

（2）程序回传自动命名：模块可以对上传的程序进行自动命名。

（3）程序列表查看：操作工人可以在机床端查看服务器对应目录中的程序清单。

（4）程序在线加工：对于相对大的程序，系统可以实现程序的在线加工（数控机床必须有在线加工功能）。

（5）权限配置：可根据不同角色进行权限配置，同时支持将权限细化到某一文件夹甚至到某一文件，以及支持分配只读、修改等某一项权限功能。

（6）多程序比对：支持多种程序比较功能方式，如同一文件比较、跨文件比较、右键功能比较，帮助用户快速查看、区分同一程序不同版本之间的差异，颜色标记处即为两个程序的差异之处。

（7）BOM 管理：产品分为总装、部件、零件等节点，零部件下关联图纸、文档，BOM 任意节点属性查看，BOM 结构维护，包括导入、导出等，BOM 节点之间复制、借用、粘贴，BOM 节点可分配不同访问权限。

（8）流程管理：流程的自定义，客户可根据实际情况来自定义流程，包括创建、校对、审核、批准等标准流程模板，流程权限分配，可以按照流程节点分配权限及指派相关责任人；流程的管理，可对流程进行发布、启动、停止、暂停、删除、作废等操作；流程的监控，在流程运行过程中，可方便查看当前流程运行到那个环节及相关信息。

（9）图文档管理：提供权限控制、文档的模板管理、文档的检入/检出、归档文档借阅等，支持按照产品或者项目检索所有相关的文档、图纸，可以在线预览图纸和相关文档，包括 3D 图的旋转、剖面、缩放等功能，可对文档及图纸进行多版本管理，随时查看当前版本及历史版本。

（10）自动版本管理：具备自动版本管理功能，确保现场使用的加工程序为最新工艺的程序。

如果用户想用老版本的程序，可以通过置新版本操作实现，同时版本删除权限可以通过权限进行控制。为了更灵活地管理程序版本，还为用户提供了自定义版本备注信息的维护功能。绩效分析模块根据设备产量与操作员工上机操作实时数据采集与存储数据，有效数据备份至云端进行数据结合与分析，进而在云端展现，为企业实时提供操作员工工作情况以及对应执行程序与产量统计。该模块具体功能如下所述。

（1）员工上/下线：实时统计展现工厂不同设备员工工作情况，上下机情况。

（2）上线明细：依据数控设备所采集的实时数据，通过数据处理统计在规定时间内员工上下线时间、使用数控设备编号、登录人员及设备名称。

（3）运行状态分析：分析展现员工操作数控设备的状态占比，为企业绩效考评提供有效依据。

（4）产量分析：统计展现企业内所有操作员工不同时间内位于不同设备对应的产品产量。

刀具管理模块根据数控设备加工过程刀具数据实时采集与存储，有效数据备份至云端进行数据管理与分析，进而在云端展现企业生产现场刀具运作情况及报警功能，通过进一步分析还可实时展现企业刀具寿命，并以报表方式呈现。刀具管理模块可实现以下功能。

（1）刀具寿命信息查询：实时呈现不同编号与名称、刀具参数及刀具相应工作状态，并可预估刀具使用次数与寿命。

（2）刀具寿命报警：搭配刀具寿命信息查询功能，依据企业规定时间提前针对即将达到寿命周期的刀具进行告警。

Visual 厂区可视化模块为企业在云端加载配套企业工厂现场展示屏，实时展示整个生产现场状态信息，该模块包含厂区展示、可视化展示、工序展示等功能，企业可以自定义报表格式、样式、电子看板数量、每页显示时间和间隔时间等操作。该模块具体功能如下所述。

（1）厂区展示：根据颜色区分设备状态，并通过 3D/2D 的状态方式展现现场设备的即时信息。

（2）可视化展示：提供多种维度的厂区内可视化看板。

（3）工序展示：按工序先后次序展示设备加工效率（条状图），突出瓶颈工序。

（4）信息发布：实时更新发布生产信息，展示企业实时生产任务信息，预计产量、完成量、完成率、合格率、加工设备等信息。

2.3　实施步骤

机联网项目方案对比其他方案具有标准化的特点，解决方案中较大部分均为标准化，仅有部分需要根据企业的情况进行定制开发，因此机联网解决方案实施共分为四个阶段，分别为厂区网络搭建、设备连接与数据采集、数据核对与校准、云端功能模块开发调试。

厂区网络搭建阶段对企业现场车间搭建无线网络布置，依据工厂内部结构与数控设备布置情况合理布置 AP 数量与位置，并从所布置 AP 中选取两个接入厂区主干网络。其他 AP 端接入电源，车间每一台数控设备均直接从数控系统的 RJ45 接口连接一台无线终端。

设备连接与数据采集阶段通过 MDC 数据采集模块适配与应用分别匹配至企业工厂内 83 台数控设备，并根据不同型号版本的数控系统进行协议转换，调取所需关键指标数据，通过特定方式进行数据的再编码，形成可通过网络传输的标准数据，汇聚至数据存储中心。

本阶段涉及关键技术如下所述。

（1）协议适配与整合技术：通过筛选企业数控设备所需的所有协议，将特定的整合技术集成至数据采集模块中，统一解决设备通信协议阻隔。

（2）权限安全管理技术：具备机联网服务管理平台的全业务、全流程的权限统一管控能力，包括数据采集、存储处理及能力开放的功能权限、数据权限、应用权限等。

（3）加密脱敏技术：建立贯穿全数据生命周期的数据定级、加密、脱敏、还原的数据生产安全管控体系。

（4）安全审计技术：基于机联网服务管理平台日志统一收集、建设完备的安全审计功能，包含日志解析、风险识别、异常告警、风险处置等。

数据核对与校准阶段通过数据的反编译与再定义，将数据存储中心内存储的模块化的数据反编译为属于数控设备的设备编码，并与数控设备内采集的数据进行比对，经过数据清洗筛选出准确的数据，差异值偏大的数据通过原始数据校准出有效数据。

云端功能模块开发调试阶段通过 Java、Go、C/C++、Python、Php、Javascript、Ruby 等语言的运用，在云端搭建不同模块的应用环境，部分模块选择与企业内的应用匹配进行定制开发，该阶段涉及以下部分关键技术。

（1）提供 Map-Reduce 计算模型，更适合于处理半结构化或非无结构化的数据。适用于在可接受的时间内计算某个特定的查询结果。

（2）为满足实时的数据分析功能，提供大规模流式计算能力，让更多 BI 人员、数仓人员和传统开发人员像使用数据库一样，专注于自身业务开发。

（3）分布式消息队列采用完全分布式的、可分区的、具有副本的日志服务系统， 具有高水平扩展性、高容错性、访问速度快、分布式等特性；主要应用场景是日志收集系统和消息系统，在大数据中用作离线批处理等。

（4）Hadoop 分布式文件系统（HDFS）被设计成适合运行在通用硬件上的分布式文件系统。

（5）为了保证数据安全及系统的开放性，允许用户使用系统的软件、硬件、数据等资源，大数据平台提供一个安全隔离的多租户环境；从而实现服务快速发布、资源隔离和调度、分布式协调、动态扩容和缩容、负载均衡。

第 3 章　实施效果

3.1　项目实施效果

3.1.1　对企业的影响

本项目帮助企业建立数据汇聚与分析平台，符合企业数字化改革中以数据为核心的发展方向，完善了企业基础架构，企业可依据平台进行数据积累，基于积累的数据企业后续可进一步优化生产乃至订单流程中每个环节，包括智能设备加工数字化、智能仓储物流数字化、管理数字化等方面，建立数据采集模型和算法，然后结合加工人员、物料、作业标准、产品标准，以关键工位、瓶颈工位与线体进行具体分析改善，设计行业管理模型与工业技术模型算法，整合品质管理、工艺管理、计划管理、人员管理、物料管理等应用与数据构建，实现企业的整体可持续发展。项目改善的关键环节为生产环节，且带动了设备环节、工艺环节、统筹管理等方面的发展。项目实施后一年企业员工数量由 160 人减少至 130 人，其中 20 人为厂区内工作效率低、态度不认真的操作工，10 人为统计人员。全面采用设备数据统计生产效率，避免人工填报数据不准确的问题，形成了员工绩效考评的有效数据支撑。基于数控设备程序管控模块的辅助，形成了科学的数控设备程序管理手段，降低了操作工的操作难度，实现人均操作设备台数由产品上线前人均 3 台到上线后人均 5 台，操作人员效率提升 67%。通过数据支撑与合理分配设备开机数量由全厂 83 台全天开机到每日计划关机 20 台设备，增大设备的生命周期。在每日计划关机 20 台设备的条件下对比产品上线前设备利用率提升 24%，年产值从 9000 万元提升至 11 000 万元，共计提升 22%。全场人均年产值由上线前 4.7 万元/月上升至 7 万元/月，共计提升 52%。

本项目实施后企业产能得到数据的有效支撑，令企业产能成为可量化指标，方便企业高管筛选生产订单，同时企业高管可依据模块化的数据表格进行生产计划制订，增加了规定时间内的可接订单量。企业内部生产管控，减少人工报表的弊端，实现生产管控无纸化。企业能够合理安排备品仓库，对于设备发生故障可以实时发现并根据故障数据库所列原因解决问题，减少了项目实施前工人经验判断的误差，扩充了企业设备部门解决问题的知识储备。企业的关键备件刀具也依据项目方案实行机器管理与机器预警，增加了企业刀具利用率，减少企业频繁更换刀具的投入资金。项目实施后企业的产量与工人水平均能够有显著提升，既符合了企业可持续发展战略目标，逐步增大了企业产能与效益，也实现了企业以人为本的经营理念，员工根据机器的生产程序统一管理，减少对应的工作量。

3.1.2　对行业、地区产生的影响

项目的实施为企业实现内部数字化改革奠定了基础，一切业务服务均以数据为核心，企业在储备了可观的数据量后可以开拓发展其他模式与应用，根据所获取与处理过的数据行业企业可建立相应订单分配及生产模式，贯穿行业企业的人、机、料、法、环，整体提高行业的运营架构体系。企业积累的设备故障数据后续可作为模型参数，建立相应预测性维护模型，减少设备故障率，提高设备利用率。同时设备供应厂商可根据设备故障数据提早给出解决办法，从根本上建立行业内企业设备预测问题—问题出现—问题维修—问题反馈的闭环模式，改善行业产业链及配套方式。中国电信可根据本项目的实施方案与地方政府合作，搭建基于政府的机联网服务平台，并于平台上开放部分对于企业属于非重要性的数据，政府可实时查看地区企业运作情况，如出现企业大范围内的停机故障，政府可以从其他层面作为引导，帮助企业解决所遇到的问题，从而加快地区性的产业发展变革。政府也可根据平台数据制定区域性的产业导向与扶持政策，形成区域特点鲜明的产业合作体运作形式。

3.1.3　下一步计划

目前项目还是聚焦于相对标准化的维度，并且对于工艺维度的流程管理、技术维度的程序管理、综合维度的决策管理方面还未做到深度挖掘，未来将会对流程管理、程序管理以及决策管理方面深度挖掘，建立厂区生产流程的细化架构，并与设备数据相结合，更为全面地提高设备生产效益、减少声场过程中不必要的损耗。程序管理方面则建立完成的 程序库，基于与机联网数据管理服务平台的数据互通，建立生产程序与产能的紧耦合联系，从而实现在程序方面精准优化产能，并且后续将会使用诸如温度传感器等其他传感器采集数据，从而帮助管理者逐步完善决策制定。在生产、设备、工艺、技术、主管五个维度的标准化管理服务完善之后，将会针对企业的独特情况逐步个性化开发相关应用，例如设备巡检、点检与自检，过程参数建模以及模型迭代，程序深度管理等从而帮助企业建立企业内部纵向全部集成对接，实现企业的整体数字化转型。

3.2　复制推广情况

3.2.1　复制推广价值

目前国内数控机床数量约为 500~600 万台，每年将会以 50 万台的数量增长；国内 PLC 数量约为 5000~6000 万台，每年将会以 100 万台的数量增长。预计未来数控机床的

需求将会更加明确，增长量会以指数变动，而 PLC 的需求会随之逐步降低。现有设备中仅有 10% 的数控机床处于联网的状态，大多数设备仍处于未联网状态。国内数控机床市场目前还是以国外主流数控机床为导向进行划分的，其中发那科与西门子的数控机床占据了市场的 80%，占有率分别位居第一、第二，三菱的数控机床以 10% 的国内市场占有率屈居第三，剩余 10% 的国内市场被海德汉、力士乐、施耐德、发格、马扎克、华中数控与广州数控瓜分。大多数企业数控设备没有联网上云，其根本原因就在于企业拥有不同品牌、不同种类的设备需要联网采集数据，同时企业对于数据的重要性理解不够透彻，无法认识到装备上云提升企业效益的效果。而本项目恰能解决这些企业目前存在的两个问题。首先能够解决设备本身数据采集与传输的问题，无论标准化设备与非标准化设备，均能采集数据并传输上云；其次能够明确显示设备上云及数据挖掘对企业降本增效，提升人员与设备管控能力的重要性与推动性。

3.2.2 复制推广模式

复制推广方式以温州市冠盛汽车零部件企业为例，首先梳理出企业从设备层的数据采集到传输通信层的传输方式，数据传输至天翼云上的机联网数据管理服务平台，进行统一管理，同时平台对接企业原有的系统；最后在机联网数据管理服务平台上进行数据分析、数据处理以及数据价值挖掘，并针对深层挖掘后的数据匹配相应的应用，以体现设备数据的核心价值。将梳理出的理念思路以项目组的方式推进，制订以月份为节点的发展推进时间表并严格遵守相应的时间节点，以保证项目的有序建设。其中智能装备将优先进行分类，按分类进行不同阶段的设备联网、数据采集与上云。本项目对企业数字化需求较低，因此企业供应商与企业仅需少量投入，两个工厂 100 台设备所需投入仅为 60 万。同时项目对企业效益提升较为明显且短期内即可反馈。本企业项目实施后年产值提升 16%，设备损坏维修成本降低 23%，企业 2 月内效益提升与成本降低将超过所投入成本。

3.2.3 复制推广情况

本项目建议复制推广到模具加工行业、汽车零配件加工行业、小型家电生产加工行业、蒸汽及工业流体阀门生产行业、机械轴承加工生产行业、3C 零部件加工生产行业。以上行业内的企业主要分布在长江三角与珠江三角区域及周边地区。项目实施周期短，企业所需投入资金少，项目实施效果显著且效益反馈时间快，并且机联网数据服务管理系统可与翼联工业互联网服务平台对接，平台遵循信息物理系统（CPS）建设理念，后期建立国内数字双胞胎模型模版库，从根本上解决困扰制造企业数据孤岛，也为平台之间的数据互联互通奠定基础，并且可帮助企业进行数据积累方面的大数据应用服务，加快产业智能转型推进工作。

因为项目本身主要以标准化形式输出，仅有部分应客户需求特殊定制，所以目前行业内的大多数企业均可以用标准化的形式配置方案，对于部分有特殊要求的企业所提出的定制化需求实现方式也较为清晰简单，目前不存在技术难题。建议推广范围为离散型机械加工企业，因为目前国内制造行业内大部分企业为离散型机械加工企业，智能装备中绝大数也集中在这些企业当中。离散型加工企业因为本身的生产模式有悖于流程型加工企业，使此类企业对数字转型改造的接受度更高一些，因为数字转型改造不会使原有的生产状态停滞。推广模式选择供应商推广复制，同时寻求地区政府帮助，建立具有辐射性的标杆推广案例进行复制推广。

第4章 总　结

机联网项目解决方案以云端方式构建开放平台，为中小型机械加工企业提供采集、管理、分析、展现等生产过程管控服务。机联网服务管理平台由中国电信建设、运营，该平台向全国各地区的中小机械加工行业企业提供信息化服务。

机联网方案通过整合多种类型数据协议、数据采集与管理分析软件，以前沿技术促进工业互联网的整体发展，推动机加工行业内企业的产能管理变革，加快行业和区域服务型制造新生态的形成。一方面方案本身对于企业信息化程度要求较低，无须企业投入大量资金即可产生效益，加快行业共性公共服务环境的形成。今后将聚焦行业企业的共性问题进行探索研究，并通过信息化与工业化两化融合的方法与企业共同创新一系列综合改善企业不同维度的管理手段，提升企业整体业务管理水平。另一方面为政府区域性管理提供数据支撑，帮助政府第一时间发现行业企业面临的重大问题并给予政策帮助，带动区域内整体信息化发展，构建完善的管理生态体系。机联网方案的正式推广，标志着机械加工行业对于工业互联网与产业服务化转型的推进态度与能力表现。

在机联网项目整体实施应用及复制过程中，电信总结出部分经验供企业参考。中小型企业多数本身处于无序管理，企业自身对设备并无归档统计，导致设备损坏无法提供设备型号和搁置维修时间，建议企业针对企业设备设立档案管理，方便企业集中式管控设备、更新系统。既提高设备生命周期，又为后期数字化整改提供基层储备。中小型企业生产环境复杂，主要原因是厂区网络线路规划混乱，限制企业自身数据传输与反馈时间周期，阻碍后续企业发展迭代，建议企业对厂区规划预留梳理出详细的线路规划路线。

大型企业自身信息化程度较高，有多个管理系统从不同维度管理企业，管理系统本身互不相通，信息无法交互，导致数据利用率低，无法从根本上改善企业经营模式。管理系统更多处于宏观架构上收集管理数据，细节数据处于无管理状态。设备状态仅能反映基本设备台账数据，诸如开机时间、关机时间等，这类数据对企业作用细微，建议企业顶层打通不同系统之间的隔阂，形成企业内部多种数据交互模式，综合改善企业经营理念，底层聚焦深入关键有效数据储备，多个节拍改善提高，逐步带动企业良性发展。

经编行业智能制造系统解决方案
——经编行业云平台

—— 中国电信集团有限公司

为贯彻落实国务院《关于深化"互联网+先进制造业"发展工业互联网的指导意见》、《工业互联网发展行动计划（2018—2020年）》、《工业互联网专项工作组 2018 年工作计划》相关要求。积极承接工业互联网发展"323"行动计划，深入研究工业企业智能化转型需求，在智能连接、智能平台及智能应用等领域都有相应的探索实践。2016 年，中国电信与中国信息通信研究院联合发布工业连接计划白皮书，围绕工业数据的采集、传输、汇聚和应用提出不同场景下的连接需求和解决方案。同时，中国电信基于安全可信的天翼云，搭建了企业级和跨行业、跨领域级的工业互联网平台，并联合浙江飞戎机器人科技有限公司的 M-CAT 数据采集终端及平台相关应用，依托中国电信天翼云资源，通过物联网、大数据、云计算等手段，实现经编行业机械设备的互联互通。

第1章 简 介

1.1 项目背景

《中国制造 2025》提出大力发展工业物联网，推动新一代的信息技术、互联网技术与制造业深度融合。为此，飞戎机器人与中国电信充分发挥双方优势，利用飞戎机器人在制造领域的数据采集优势，以及中国电信在网络基础建设、云及物联网等信息化服务的资源和技术优势，共同打造了经编行业云平台。

2017 年浙江省《省政府工作报告》提出了"十万企业上云"行动计划。计划指出，要让十万企业率先上云，以云计算技术和平台为支撑，降低企业信息系统构建成本，提高企业信息化应用水平。不断提升竞争力，切实转变经济发展方式，使浙江省成为企业云计算应用的标杆省，向建设全国云计算产业中心的目标迈出坚实的一步。

经编行业作为海宁的传统支柱行业之一，产业分布集中，总体产值较高，去年海宁经编行业企业产值超过 260 亿元，产业规模占全国比重达 25%以上。但海宁经编产业仍以中小企业为主，企业数量达到数百家，整体实力有限，管理模式简单粗放，行业内企业信息化建设薄弱，设备自动化率参差不齐，一线工人短缺严重，人力成本一涨再涨，再加上国际市场竞争日趋激烈，虽然行业产值较高，但行业利润率不断下降。此外，企业对信息化管理的需求迫切，但企业信息化建设却面临费用高、实施周期长、风险大、行业针对性差等问题。针对上述问题中国电信股份有限公司嘉兴分公司与浙江飞戎机器人科技有限公司积极响应国家"企业上云"等相关政策，通过走访企业深度了解经编行业生产过程、上下游的供需情况、行业内产能实际利用情况等，将各类信息紧密整合，打造了一个深度融合、协同发展的行业产业生态链。同时，深度融合行业思想，专项定制开发涵盖行业/企业经营、管理、生产及沟通等全方位 SaaS 层资源的管理类 App，为行业企业提供最专业、最专注的信息化管理和服务。

1.2 案例特点

经编行业云平台解决方案特点如下。

（1）针对生产设备的数据采集问题，飞戎机器人利用自主研发的 M-CAT 数据采集系统，实现经编行业各类设备底层数据的采集。

（2）针对数据传输问题，利用中国电信全覆盖的基础网络资源（工业光纤网络、4G 网络、NB-IoT 网络等）加以实现。

（3）针对数据展现问题，利用基于云端配置的企业门户构建企业驾驶舱，个性化显示企业所需信息，配合行业定制企业管理 App，真正实现经编行业中企业的智能制造转型升级。

基于上述特点及数据采集、云服务等关键技术，最终提升企业管理、降低企业智能制造费用、提高企业产能，降低企业风险，实现行业资源共享，促进行业整体发展。经编行业云平台具有云管理（MES、ERP 等）、云商城（行业上下游资源）、金融服务、创客平台（为有志之士提供开放性平台）、云端数据采集、云端设备联网等功能，制定行业标准，引领行业整体发展。

第 2 章　项目实施情况

2.1　需求分析

2.1.1　项目实施团队情况

目前，整个经编行业云平台的实施工作由浙江飞戎机器人科技有限公司全面负责。该公司拥有电气工程师、软件工程师、机械工程师和嵌入式工程师等完善的技术团队架构，以及经验丰富的一线实施团队，为经编云平台的实施提供了强有力的保障。

2.1.2　项目服务客户及需求分析

通过对当地企业深入调研，发现本地经编行业高端资源严重不足且不均衡，中小企业比重大，如无法及时作出改变以适应产业转型升级的时代趋势，企业必将面临被边缘化，甚至被淘汰的风险。这些问题制约了海宁经编行业整体发展，导致无法有效构建行业标准。针对上述问题，当地政府及经编企业高度重视，一致认为智能制造是企业转型、行业整体发展的必要条件。实现智能制造的基础是数据，如何获得设备底层数据是实现智能制造的第一步，然而经编行业的设备具有强烈的行业属性，设备先进技术封闭性高，传统采集方案成本高、实现周期长，形成企业内部一个个信息孤岛，无法有效采集各类设备生产数据。

以经编行业称重工序为例，在整经车间的生产过程中，当盘头满了之后，需更换空的盘头，在更换过程中，需要人工对更换的盘头进行称重，以测算实际产量。这道工序对企业来说是必不可少的，但同时费时费力、影响生产效率。为此，经编行业云平台针对这个生产环节制定出解决方案，在卸下盘头处设置特制的地秤，并要求每家上云企业的员工根据新的操作规范，在平台上完成盘头的自动称重与产量计算工作，从而大大提高了生产线的工作效率和准确性。

与此同时，以员工产量统计为例，根据新的操作规范要求，所有一线操作员工必须通过扫码打卡正常上班，实现人与设备的有效绑定。这样，不仅规范了员工的上下班，方便工时统计，更可通过数据对员工的操作技能与真实产量等做出准确而客观的评价，有效地提升企业的人力资源管理水平。解决了原来因无法获取设备数据及行业差异性，企业需要花费大量人力、财力购买企业智能管理系统用于内部管理的问题。

经编行业云平台根据经编行业的实际生产情况，梳理出来一整套符合行业操作流程的标准作业规范。通过具有行业唯一性的设备编码，为每家上云企业的机械设备与对应的数据采集器一一绑定，并根据企业及行业特点设定了唯一的设备编码。这样不仅方便了企业实现对设备的全生命周期管理，精确检测到每台设备的运营、产量及品质情况；同时，也方便了从行业层面对各类设备型号做出准确有效的数据分析，从而促进行业设备生产商对品质的提升。通过物联网的技术、工业控制系统等手段，实现制造硬件的互联互通，以此为基础，构建一个"可测可控、可产可管"的纵向集成环境。通过一系列的设备改造以及信息化软件的部署，打通企业内各管理系统，达到挖掘企业发展瓶颈，帮助企业梳理内部管理流程的作业。解决行业内产业资源孤立严重，产业链的维持规则落后，市场竞争白热化，无法构建共享经济的问题。实现行业资源共享、行业管理共享、行业生产共享，降低企业实施智能制造的投入和风险。

2.2 总体设计情况

经编行业云平台是以中国电信天翼云为基础的，依托网络运营商云网融合优势，打造"一云，两网，三平台"为架构的新型数字化技术行业云，对经编行业的人，机，物，法进行管理，对企业的资产设备进行全连接，实现数据全融合，实现企业及行业的数据可视、业务可管、状态可控。

依据调研所得出的分析结果，经编行业云平台拟实现的功能包括如下。

（1）利用中国电信物联网技术，实现设备联网并将数据推送至云端。在云端企业用户在平台上可配置独立企业门户，定制企业个性化服务，显示企业需求信息，挖掘生产瓶颈，实现企业可视化、数据化、智能化管理。

（2）通过使用云端设备实时监控、定位故障信息，第一时间将故障信息上传至云端，提高设备维修的时效性。通过使用云端设备档案建立、记录设备使用全生命周期数据信息，对重要配件使用寿命预警、设备保养维护提醒；通过使用云管理包含企业所需管理系统及应用插件，应用结合经编行业生产特点，定制功能，为行业内企业提供最低成本服务。

（3）通过使用云 MES 协同系统解决行业内企业需购买管理系统的高成本问题，实现企业内部实时数据采集及控制，从而达到最优化排程，产品可追溯，提升企业产能，优化企业管理，让数据可视化，管理透明化，打破企业信息弧写；通过使用平台云商城设备展示销售平台，同时对经编设备的行业标准进行规范、引导。为行业内提供产品分销及贸易服务的企业或个人提供平台，搜集上下游资源，便于供应商及客户管理，用户可在平台上进行资源共享，订单外协等合作。

（4）平台还联合金融服务为行业内提供设备融资租赁服务及金融支付服务。联合各大银行开展行业金融服务，结合企业设备状况、交易信用等信息，提高企业受信能力、联合各产业基金开展行业金融服务，结合企业设备状况、交易信用等信息，降低企业融资门槛和融资成本。该项目构建行业互联网生态体系，挖掘深远的品牌价值和经济效益。

2.2.1　项目总体架构和主要内容

行业云平台架构图如图 1 所示，行业云平台动能图如图 2 所示。

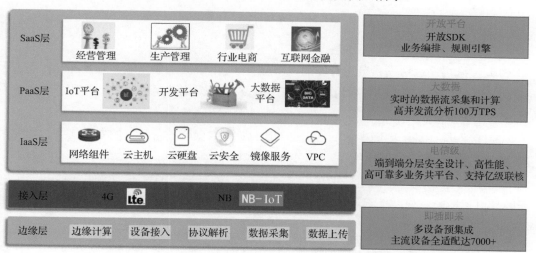

图 1　行业云平台架构图

我们深入分析经编行业特性，打破"纸质化办公及管理"的传统模式，通过即插即用的数据采集终端，及时获取设备各类数据同时降低采集费用。平台的门户定制显示企业所需要的信息，如生产进度信息、设备开机率、仓库库存量、订单状态、物流信息、异常变更等，摒弃厚厚的表格和异常汇报，无论身在何处，只需要轻松配置各类信息便可一键到手。无论是客户管理、人力资源管理，还是智能生产管理、供应链管理，只要涉及企业管理所需，平台 Saas 层均已涵盖。登录经编行业云平台可以随时随地查看行业相关上下游的供需情况，行业内产能实际利用情况等各类信息紧密整合，打造一个深度融合、协同发展的行业产业生态链。

图 2　行业云平台功能图

行业云平台架构包括如下 5 层：

（1）边缘层：运用飞戎自主开发的机器猫 M-CAT 数据采集终端，对接经编行业云平台，即插即采，经济便捷，费用约为传统工业设备数据采集费用的 10%，实现了即插即采的设备数据采集功能。

（2）接入层：基于中国电信的 4G 及 NB-IoT 网络保障设备数据的安全接入，实现了设备数据的实时接入功能。

（3）IaaS 层：基于中国电信天翼云 "2+31+X" 基础云资源建设，确保 IaaS 层资源的 "无限" 可扩展性，使整个系统拥有高效、稳定、安全的基础设备保障。保证了平台基础建设的安全性、可靠性。

（4）PaaS 层：基于中国电信全覆盖的网络资源，构建安全、稳定的经编行业 PaaS 层平台。基于经编行业平台 PaaS 层的强大管理服务能力，为企业提供精益化管理及服务，实现了企业数字化、可视化智能化管理。

（5）SaaS 层：通过工业 App Store 实现平台 SaaS 层服务，涵盖根据行业定制开发的贯穿企业生产、运营、管理全过程各类管理 App，如生产管理、供应链管理、客户管理等。平台上企业内、外跨平台畅通交流，将传统串行生产方式转化为产业链内并行协同制造。平台提供行业设备展示、行业分销、行业技术交易中心等一站式商城服务，同时可实现行业人才、行业资讯、行业知识等资源的共享，实现了企业管理软件的低成本使用及行业资源的共享。

2.2.2 平台互联架构

行业云平台互联架构如图 3 所示，平台涵盖 IaaS、PaaS、SaaS 三层架构，中国电信负责行业云平台 IaaS 层建设，通过中国电信全覆盖的网络资源结合飞戎 M-cat 的开放共享性，构建最经济的物联网实现，自主分析、自主呈现。SaaS 层涵盖各类以行业定制的管理 App 及其他云平台特殊服务，如商城、金融、企业门户、质量管理，等等。

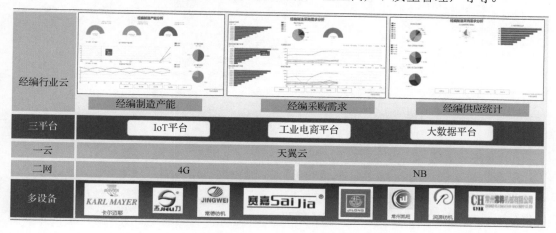

图 3　行业云平台互联架构图

经编行业云平台不仅使用天翼云作为基础云平台，还利用 NB-IoT 平台即物联网，实现企业及行业设备的万物互联，打通从生产到管理的全部数据。工业电商平台即经编产业上下游交易商城，满足企业从原材料、生产设备、半成品到成品的全部交易需求，并以大数据分析结果，对平台上的物品进行有效测评，促进整个供应链体系的自我优化。大数据平台是经编行业云平台发展运用的重要组成部分，它将利用云计算对庞大的工业级数据量进行分析处理，掘出各类有效的数据价值，为企业生产管理、经营决策提供可靠的数据支撑和专业建议。

2.2.3 平台数据架构及应用

1. 依托设备采集终端，设备物理数据信息采集，构建行业设备机联网

目前国内制造业企业存在大量哑设备或无法建立通信的设备，导致无法采集设备数据，每个设备都是一座信息孤岛。然而数据是一切的基础，飞戎自主开发的 M-CAT 数据采集终端解决传统采集数据费用高、成本大、难度大的难题，实现设备数据的即插即采，构建经编行业设备互联，实现最经济便捷的物联网。行业云平台数据架构图如图 4 所示。

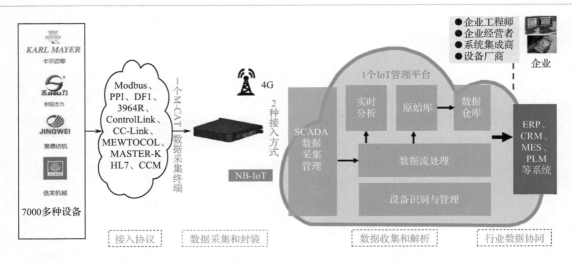

图 4　行业云平台数据架构图

2. 信息自主展现，构建数据化、可视化、智能化管理

平台将对采集过的各类设备进行数据建模，做到同一设备型号采集一次，就可以全行业通用，逐步建立起整个行业的设备数据模型库。采集上来企业内部各类数据通过平台的解析能力，可在企业门户中获得展示（见图 5），如实时生产数据、设备运行数据、部门管理数据、阶段性统计数据等。在设备管理上，可以做到对每个设备建立档案，实时监控设备状态，进行故障定位，维保信息提醒，重要配件使用预警等全生命周期管理。

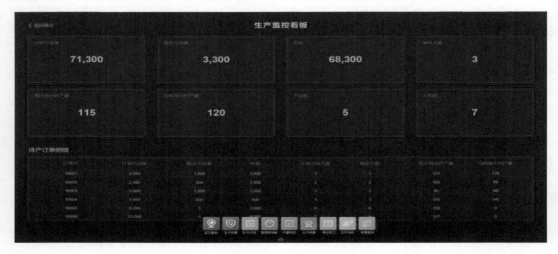

图 5　企业门户看板

3. 构建行业大数据平台，行业资源共享、行业数据协同

由行业设备模型数据库、行业设备运行数据、行业上下游产品交易数据、行业从业人员数据以及其他相关数据共同组成的行业大数据平台，将汇聚与整个行业相关的各类数据，利用云计算与大数据分析，能准确地刻画出整个行业的发展情况，为行业向智能制造

转型发展提供了强大的数据支持。产业链上下游企业可通过该平台共享资源及数据信息，从而实现将传统串行生产方式转化为产业链内并行协同制造，促进经编行业的有序发展。经编行业数据如图 6 所示。

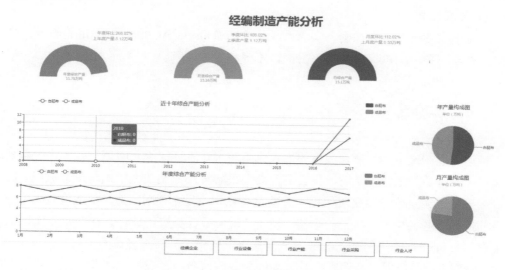

图 6　经编行业数据

2.2.4　安全及可靠性

中国电信自 2009 年发布天翼云以来，一直致力于打造安全放心的云服务。中国电信提出并构建了"5S"安全体系，为打造安全放心的天翼云迈出重要步伐，即在系统、保密、标准、持久、服务五方面保障用户数据安全。在系统上，中国电信拥有自主研发的云操作系统，包括通过安全审查的云管平台及骨干网 TB 级防护的云堤系统；在保密方面，天翼云可实现数据切片加密、传输通道隔离加密、4A 安全审计；在标准方面，天翼云通过了信息系统等保三级/四级认证，国家网信办安全审查，ISO27001、CSA-STAR 认证，可信云服务与金牌运维评估认证等；在数据传输及存储安全方面，天翼云提供了机房关键基础设施冗余保障，网络多路由保障，数据多副本冗余保障，容灾备份保障等保障措施；在服务方面，天翼云的全程安全运营体系可提供 7×24 电信级服务保障，星级 SLA 服务承诺。在实施层面，具体包括以下内容。

1）机房安全

运行在电信五星级机房，在物理层面、运维层面尊享五星级的保障和服务。

2）基础平台安全

所使用的天翼云基础平台获公安部 EAL3、国际 ISO27001、等保三级、工信部可信云等多项权威认证。

3）应用平台安全

采用数据库主备、应用系统设备冗余实现应用高可用；集成运维监控管理系统，系统故障早发现早预防。

4）数据安全

配备电信硬防、专署加密、实名授权、智能备份、MAC 和区域绑定等的全方位、细粒度的安全防护控制，保障数据不丢失，不泄密。

2.3 实施步骤

目前智能制造成本较高，实施周期长风险较大，而且行业之间差异较大，一套系统无法满足不同行业的需求。经编行业云平台数据采集解决方案依托中国电信物联网，通过采集终端采集经编企业设备底层数据。通过对经编企业设备联网改造，实现设备上云。开发出企业最为关心的生产、经营、仓储、物流、财务等各类应用软件，帮助企业实现大数据的采集、分析、处理，为企业提供生产经营决策依据，同时为经编企业提供设备、原料、人才、金融、产品研发、经编客户等方面的信息与服务，形成经编产业提升发展的智能生态系统。经编行业数据采集解决方案已包括行业定制开发的企业管理 App，降低企业智能改造风险及成本，只需注册为平台客户便可以最低的成本进行使用，真正实现经编企业智能制造。以提升企业管理、降低企业智能制造费用、提高企业产能，降低企业风险，行业资源共享，促进行业整体发展。实施步骤如下。

（1）设计：分析行业生产特性及各管理环节，挖掘经编行业企业上云难点及经编产业发展瓶颈。因数据是智能制造的基础，通过研究目前设备数据获取形式，分析出经编行业的采集方案及经编企业上云需解决的问题，制定经编行业云平台的开发设计路线，制定出行业的解决方案。

（2）开发：运用边缘计算、互联网技术，根据设计需求进行数据采集硬件开发及软件平台的搭建。构建开放的 PaaS 层平台及即插即采的数据采集终端。

（3）部署：云上各类 SaaS 层应用部署，完成经编行业云平台搭建。实施团队为每位用户进行上云协助，实现用户驾驶舱搭建，生产状态跟踪、报表数据展现等功能。

（4）维护：完善的维护体系，针对用户各类疑问及平台操作进行不断解决、优化。

（5）迭代：通过不断的技术创新对平台进行升级，平台框架的不断优化，各项管理应用的不断迭代，以满足企业乃至行业的使用需求。

经编行业云平台在边缘层对生产流程的再造，可以采集包括经编行业在内的所有机械设备数据，比如拉毛机、整经机、经编机等，并在平台上直观、精准地展现各种设备的数据。对行业操作规范的统一，使整个云平台深深地扎根到企业的生产一线，贯穿于整个生产管理流程，奠定了平台坚实的实用基础。

经编行业云平台作为细分行业在 PaaS 层云平台，具有统一授权管理、单点登录注册、企业架构等工业级的主平台管理和分级管理，充分满足企业对不同部门不同层级员工的内部权限管理需求，也确保了企业在平台上的使用安全。同时，深度融合行业思想，专项定制开发涵盖行业企业经营、管理、生产及沟通等方面的全方位 SaaS 层资源的行业管理类 App，为行业企业提供最专业的信息化管理和服务。实现行业云系统在电脑端和手机移动端的灵活操作，方便企业进行日常管理。让企业通过行业云的使用，利用大数据，提升决策科学性，强化品质管理，缩短异常处理周期，降低生产能耗及设备维保成本，从而提升企业竞争力。

第 3 章 实施效果

3.1 项目实施效果

3.1.1 对企业产生的影响

在未实施经编行业数据采集解决方案前，生产产能需由管理人员自行统计，耗时耗力，不便于员工绩效管理，不利于挖掘影响产能的因素。信息传达不畅通、传递不及时影响着企业的经营、生产及产品质量。通过经编行业云平台案例实施上线，优化了经编行业生产流程，省去了称重、产量统计、原材料匹配、绩效管理等人工操作环节，从而提升了生产效率，节约了人力成本。经编制造云平台企业可以在以下环节获得改善。

（1）在底层数据采集环节：企业可以实现底层设备数据采集的通用性，该数据采集系统不仅可以与经编行业所涉及的设备建立连接，还可以与其他工业领域的各种机械设备建立数据连接，实现全行业、全设备数据采集的通用性和有效性，可以为后端的研发提供各种设备运行数据，提升研发效率。

（2）在设备机联网环节：M-CAT 数据采集终端专门针对工业应用场景，以"简单、实用、稳定"为设计要求，以"即插即采"为设计目标，实现数据采集器与设备的直接连接，通过云平台或移动手机端对设备进行参数设置，从而大大降低企业的数据采集成本与采集难度，最大限度地降低了因数据采集对企业设备产生的影响。

（3）在经编行业设备解析环节：经编行业云平台会对所有采集过的设备进行数字建模，每个设备型号只要经过一次建模，就可以无限次重复使用，从而大幅节约了数据解析的周期和成本，提升了整个行业数据解析的效率。

（4）在经编企业购买及管理使用应用环节：在经编行业云平台上建立工业 App Store，为广大企业提供信息化管理所需的各类管理应用（如 CRM 系统、HR 系统、WMS 系统、MES 系统等），以租用方式降低企业信息化的投入，帮助广大中小企业实现转型升级。

（5）在经编企业资金运转环节：经编行业云平台是在设备联网的基础上，开发打造经编行业云平台智能制造共享平台，实现统一运营管理下的标准化云制造、云管理、云排产和云产销链。企业通过与各大银行或基金体的合作，为行业内企业建立基于大数据运算下的征信体系、预警体系和标准体系等行业生态，为企业在经营、管理、生产、金融等方面提供多维度的支持与帮助。结合企业设备实时使用情况，企业位置及信用状态，既可以增强企业授信能力，提供专业便捷的银行及基金服务，又可以降低投资方风险。

（6）在行业资讯及资源获取环节：智能推送行业资讯，跨企业信息交流、沟通，企业级通信管理，跨平台沟通。通过协同制造服务，将行业业务加工需求方与设备的加工生产方通过互联网与云平台连接起来，通过实时工厂的开工情况与运行情况，实现定单到工厂设备的无缝匹配，提升了厂内设备利用率，提高了企业的效益。让行业设备、原材料、产品、服务与企业管理深度融合。

（7）在经编企业信息化建设基础维护环节：降低软件服务成本：实现了软件云化，以共享模式降低中小工业企业的软硬件使用成本，并提供从网络、存储、软件到维护的整体解决方案，解决企业的后顾之忧。同时构建生态体系，组织定制开发工业 PaaS 开放平台，引入更多的软件提供商与新兴服务提供商，为工业企业提供综合信息化服务。

根据相关数据统计显示，为企业提升 30%的资源利用率，提升 20%的产品质量，降低了 70%的管理软件应用成本，降低 5%的行业金融成本，2017 年平台一经发布就已进驻30 余家经编企业，已初具规模，预计未来 3 年内平台企业用户量将超过 1000 家。

3.1.2　对行业、社会产生的影响

经编行业云平台作为以行业为细分领域的开放性共享平台。量化生产环节的相关数据指标，减少不必要的人工统计成本，共享行业发展资源，促进中小企业迅速发展，实现单个企业难以实现的目标。行业资源的共享真正实现经编行业企业智能制造，为行业标准化发展助力的同时建立经编行业品牌形象，践行国家对"企业上云"的各项指导，对行业乃至社会均有深远的影响。

3.1.3　下一步发展计划

1. 计划一：完成海宁经编行业设备数据建模全覆盖

2017 年中国电信股份有限公司嘉兴分公司成功帮助浙江众多知名经编企业实施上云、设备联网的经验后，下阶段将继续与浙江飞戎机器人科技一起完成海宁经编行业所有设备的数据建模，并逐步向全国经编行业进行推广。让更多传统企业加入到工业互联网的

行业中，推进经编行业云平台的发展，促进全国传统行业的转型升级。

2．计划二：**完成经编行业云平台 App Store 的 50 个微应用数量开发**

嘉兴电信将继续致力于推动行业云建设，助力传统企业向智能化转型升级，完成经编行业云平台 App Store 的 50 个微应用数量，满足企业实现信息化管理。积极为嘉兴不同传统企业之间提供沟通交流的机会，促进不同传统企业的合作，共同打造智慧工厂，实现智能制造，使生产过程中减员增效，提高企业生产效率。

3．计划三：**帮助通过数据采集进行信息化建设并进行行业大数据分析**

随着工业大数据概念的兴起，越来越多的企业开始涉足工业大数据分析，帮助企业完成数采是第一步，后续将细化数据，将数据转化为信息，将知识经验进行建模与数据集合，应用于行业，最终挖掘数据的最大价值是我们未来的计划。

3.1.4　实现目标

（1）完成海宁经编企业设备联网工作，解决经编行业数据采集难题，建立健全经编行业的设备数据模型，将企业的数据采集成本和机联网成本降低到原来的 20%以下。

（2）根据经编行业特点，不断丰富平台 App Store 的微应用数量，确保满足经编企业日常生产管理的使用需要，将企业信息化管理成本降低到原来的 20%以下。

（3）不断完善经编行业云平台，通过在海宁的试点运行，逐步完成向全国经编行业推广运用。

（4）利用经编企业的集聚效应，将经编行业上下游及周边服务产业企业吸引到经编行业云平台上，从而建立行业产业链生态系统。

（5）预计 3 年内入驻平台企业用户量将超过 1000 家，平台带动行业效益增长 100 亿元。

3.2　复制推广情况

中国电信已在黑龙江、安徽、四川、广州、陕西、湖南等 10 多个省/市投资建设区域工业云；在浙江省聚焦环保、经编等垂直行业打造行业工业云；利用工业云的建设和运营，聚集了上万家中小制造企业用户，打造了工业领域的生态圈，自主研发了"翼联工业互联网平台"。

经编产业智能制造共享平台依托中国电信高性能云服务及安全稳定的网络连接所形成的云网融合优势，通过物联网，大数据，边缘计算等先进技术手段实现制造硬件的互联互通。在边缘层与飞戎自主研发的 M-CAT 数采终端，实现即插即采的便捷数据服务，打造为工业物联网的万能钥匙，服务于各类纺织、制造及工程服务类企业。在平台层使用中国电信天翼云平台与飞戎机器人物联网 PaaS 层基础服务，具有较强的扩展性及可复制性，可实现快速构建行业的云平台，定制开发基于行业的工业 SaaS 层应用，构建基于行业互联网的生态体系。后续飞戎及中国电信将继续深度合作，共同发展各行业的云平台深度融合行业思想，专项定制开发涵盖行业 SaaS 服务，涵盖行业企业生产、管理、经营及沟通等方面的全方位 SaaS 服务，可推广到其他工业产业链，实现价值链延伸。

形成的可复制推广模式为：通过其他行业云平台的搭建快速进行复制推广，衍生出整合其他产业链信息的行业平台。

第 4 章 总 结

飞戎机器人科技与中国电信充分发挥双方优势，飞戎机器人在数据采集领域的专业性以及中国电信在网络基础建设，云及物联网等信息化服务的上的资源、技术优势，共同打造了经编行业云平台。云平台以公有云模式搭建开放平台，为中小型经编企业提供设计、供需、生产等全生命周期管理服务。平台由嘉兴及市经信局、海宁经编产业园区管委会和浙江省中纺经编科技研究院等多家政府机构、行业组织提供建议，由中国电信联合飞戎机器人建设和运营，该平台向海宁地区经编企业提供信息化服务。

经编行业云平台通过整合创新设计和智能制造等工业软件，为促进工业企业互联网化，推动产业转型升级，加快行业和区域服务型制造新生态的形成。一方面帮助企业降低成本和技术门槛建立信息技术应用环境，开展行业共性公共服务，提供企业供需对接，聚集区域行业共享资源。今后将持续开展定制营销、研发设计、智能生产等信息技术的示范应用和培训，提升经编企业整体业务管理水平。另一方面也为政府监测经济运行提供可靠数据来源。同时构建生态体系，组织定制开发工业 PaaS 开放平台，引入更多的软件提供商与新兴服务提供商，为工业企业提供综合信息化服务。通过打造经编行业云平台，降低了中小企业购买软件、应用服务、专业资源等费用，提高了企业之间的供需协作、资源共享。有效解决了装备制造业因信息不对称而造成的产能过剩、营销效率低、信息化建设成本高、供需协作困难、资源难以共享等问题，满足当地市政府加快行业和区域服务型制造，打造新生态的需求。"经编云"行业平台的正式上线，也标志着海宁在经编行业与互联网融合发展上有了实质性的推进。

针对行业大型企业可依据企业需求采取"混合云"上云形式，快速将企业需上云数据部署至云端；如行业中小企业未进行信息化建设，通过接入平台可实现生产数据实时状态跟踪，统计报表信息准确展现，企业管理应用便捷获取等；如行业中小型企业已具备信息化建设，通过平台对设备数据进行实时获取、监控，为现有使用管理系统接入数据，真正实现科学化管理；提升经编企业自主创新能力和信息化应用水平，用工业化和信息化融合的思路转变企业发展的思维和模式，优化企业业务流程，促进企业发展。

某汽车整车制造工厂智能制造系统解决方案

——东风设计研究院有限公司

东风设计研究院有限公司（以下简称东风设计研究院）创立于1973年9月，是国家高新技术企业，全国工程勘察设计百强单位，2005年改制成为混合所有制企业，2015年被认定为国家级工业设计中心，2018年9月被评定为国家服务型制造示范企业。作为中国汽车行业备受信赖的知名工程公司，东风设计研究院为客户提供工程技术服务全面解决方案和交付装备制造系统集成优质产品，现已成为中国汽车工业化领域提供全价值链、完整周期工程技术服务的领军企业。先后承接了国家发改委核准的15家纯电动乘用车企业中北京新能源汽车、杭州长江乘用车、前途汽车（苏州）、重庆金康新能源、国能新能源等8家企业的工程设计及装备制造总承包服务。

近几年，东风设计研究院在汽车制造业领域广泛开展了一系列智能制造整体解决方案和全过程咨询服务，并在产业关键共性技术方面，自主研发了DGP（Digital Graphic Platform）数字图形平台，其技术先进性和实用性获得了业内的高度关注及认可。目前在先进制造工艺技术、工艺数字化技术、智能（绿色）制造、智慧工厂与智慧建筑技术集成、BIM（Building Information Model）技术、云计算技术的开发与应用、协同设计等方面处于行业领先水平，诸多工程设计和装备制造项目具有良好的示范带头效应。

第1章 简 介

1.1 项目背景

本案例以汽车行业某知名合资企业乘用车整车建设项目为蓝本,进行系统解决方案经验总结,可进行经验复制及推广。项目的目标是按照绿色环保、高技术标准、高效率来整体设计和建设工厂,是东风设计研究院经过多年技术积累与沉淀后站在一个高起点上打造的精品工程。

本项目生产的车型是该车企集中优势资源,计划年销量 24 万台的明星车型,为满足不断拓展新产品和对现有产品不断改进的需求,本次工艺设计和工程建设的重点是生产线可通过多品种适应不断变化的产品。项目导入 NEWCAR1(A 级车)、NEWCAR2(MPV)、NEWCAR3(B 级车)、NEWCAR4(SUV)四个新产品,加上原有的三个整车产品,共七个富有竞争力的产品,大大提高了合资公司的市场竞争水平,增强企业的可持续发展能力。

项目占地总面积为 105 万平方米,建筑面积 36 万平方米,项目预算固定资产投资 55亿元,年设计产能 24 万辆,采用分阶段建设模式,一次规划,分期实施,一期设计年产能 12 万台,二期完成 24 万台设计产能。2012 年 7 月 10 日,项目一期工程正式投产,二期工程已于 2015 年 6 月 30 日全面达产。项目建成的工厂实景鸟瞰图如图 1 所示。

图 1 工厂实景鸟瞰图

1.2　案例特点

1.2.1　项目涉及的领域和特点

作为汽车工厂典型案例，该项目及相关装备技术获得过 2011 年机械工业优秀工程咨询成果一等奖，2013 年中国机械工业科学技术三等奖和中国汽车工业科学技术三等奖，2014 年东风汽车公司科学技术一等奖、机械优秀项目管理和总承包奖一等奖、机械优秀项目管理和总承包奖一等奖、中国汽车工业科学技术二等奖，2015 年中国机械工业科学技术三等奖，2016 年机械工业优秀工程设计二等奖，共 9 个国家级、省部级行业奖项。

项目具有以下特点。

（1）采用先进的生产工艺，工艺水平达到国际先进水平。本项目工艺设计以中方工艺设计人员为主导，在吸收了国外投资公司和国内外汽车厂成功经验的基础上进行创新。结合工厂和产品的实际情况，采用国际和国内的新工艺、新技术、新材料、新设备，在汽车整车制造 5 大生产工艺及关键共性技术方面，均有技术创新点与优化设计，采用了多项专有技术。总装、物流技术具有突破性创新。

（2）坚持建设绿色环保型企业的理念贯穿整个项目的设计、建设、生产运营过程，环境保护方面成绩突出。从生产工艺、设备选型、工程建设、总平面布置物流等各个环节考虑节能环保，车身涂装、保险杠树脂涂装均有创新性的节能环保技术。

（3）设计及建设阶段采用了 BIM 技术、工艺数字化技术等设计手段，通过虚拟建造验证、仿真优化等方式，以及先进设计管理、项目管理、施工管理等方法，在保证设计高质量前提下，实现了汽车整车工厂从图纸设计到项目建成竣工投产仅用 18 月时间的成果。

1.2.2　拟解决的关键问题

1．打造绿色、环保、先进、智能的汽车工厂

汽车工厂 5 大工艺均有不同的工艺特点和要求，冲压工艺相对简单，标准化程度高，焊接、涂装和总装生产线定制化程度极高。为了满足新工厂生产 5 种车型、后期产能快速爬坡和应对未来市场快速变化的要求，对生产线柔性化、模块化、智能化、信息化、极易扩能、高效率、高品质、低能耗、高效安全等方面均提出了创新性要求，需要在汽车制造装备技术上积极开拓创新，进行合理的生产流程组织规划，并借助数字化、信息化技术手段进行反复的工艺布局优化和技术装备调整。

2．实现数字化工厂全流程协同设计

基于东风设计院多年在数字化领域的经验积累和基础研发，已建立建筑 BIM 技术、工艺数字化技术体系。为了构建工艺设计与土建公用设计之间的数字化协同，需要建立基

于某一个中间平台的全数字化协同设计标准体系。图 2 为东风设计院建立的工厂全数字化设计标准体系架构。

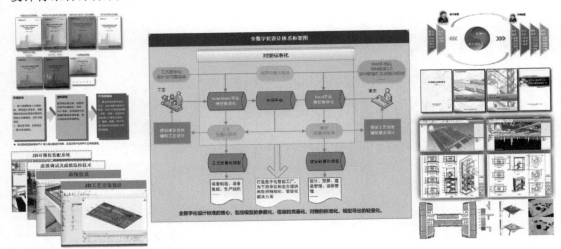

图 2　工厂全数字化设计标准体系架构

3．解决不同软件平台之间数据互用性问题

汽车工厂数字化解决方案一般包含产品及产线设计、仿真、优化，涉及不同阶段、不同工艺工序，应用软件较多，虽然有国际标准定义的面向对象的 IFC 格式体系，整体分为四个层次，分别是资源层、核心层、共享层、领域层，每个层次内包含若干模块，每个模块又包含不少信息，是建筑工程和设备制造工业之间数据模型交换的最好方法。但不同平台导出 IFC 格式均有数据丢失，难以做到真正的数据共享和信息的无损传递，无法实现设计、仿真、调试、生产管理全流程的数字化协同，需要解决不同国外主流软件平台之间的数据接口，并对有价值的数据进行清洗和还原，以保证其数据安全性和可扩展性。

4．解决虚拟数字化工厂与物理工厂之间的信息交互及数据驱动

目前大量工厂的自动化控制均仅基于上位机或工控机的建筑自动化和工业自动化技术，缺少面向全数字化虚拟工厂的数据分析及逻辑控制，基于模型的参数化信息及关键动作、节拍、质量、效能等信息不够完备，不能实现现实仿真的实时逻辑优化控制。要实现信息物理系统（CPS），其关键核心在于解决虚拟数字化工厂与物理工厂之间的信息交互及数据驱动。图 3 为东风设计院基于自主研发的 DGP 数字图形平台，解决虚拟数字化工厂与物理工厂之间信息交互及数据驱动原理图。

1.2.3　存在和突破的技术难点

汽车制造业相比较其他制造业自动化程度相对较高，但普遍存在数字化基础欠缺、信息化不足、智能装备专业维保投入不够、信息化孤岛太多，缺少工业大数据平台或实施数据融合平台，在跨部门、跨车间、跨系统的信息化协作过程中出现各种问题和瓶颈。图 4

是制造业智能制造现状情况，根据东风设计院对武汉经开区辖区内制造业企业智能制造的现状水平问卷调查及企业走访调研成果整理。

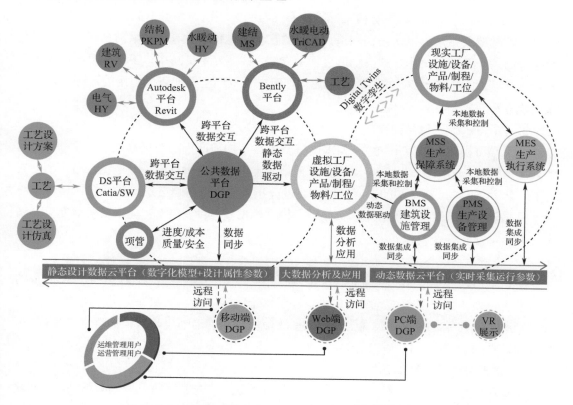

图 3　虚拟数字化工厂与物理工厂之间信息交互及数据驱动原理图

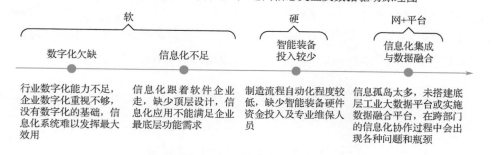

图 4　制造业智能制造现状情况

面对制造企业现状及上述需解决的问题，东风设计院认为，达成最终智能制造的智能工厂的体系架构应包含以下几项核心技术。

1. 汽车工厂全数字化设计体系（含设计、仿真、调试）

设计是龙头，要建立工厂全数字化基础，必须要有企业或者工厂全数字化体系，涵盖设计、仿真、调试、运行、运维全过程。全数字化工厂体系又分为工艺装备（不同专业）

数字化和厂房 BIM 数字化技术,以及能将两部分(或多专业数字化平台)进行有效数字化协同、数字化融合、数字化应用的技术体系。

2. 工厂全周期深度应用流程及标准体系(含装备制造、装备集成、生产运行组织)

智能制造最终落脚点还是在制造,其目的在于通过信息共享、横纵向系统集成、跨专业跨部门跨企业间的协作,解决制造过程中交期、成本、不良品率、工作效率、资源综合利用等问题。但究其本质,核心不在信息化,而在于工厂全周期集成应用的流程及标准体系的建立和完善。

3. 图形图像及数据库技术

即三维可视化图形渲染技术,要求支持基于自有知识产权的数据格式,在虚拟空间对物理工厂进行全要素重建、支持动态数据采集和虚拟监控;所有模型及数据云端部署,支持 PC 端、Web 端、移动端的实时访问;通过分布式图形服务器云端渲染成像,传输至终端实时显示,既降低了接入成本,又保护了模型数据安全;支持 VR 应用及扩展交互,满足装配多种交互场景要求。

4. 全过程编码体系

实现全周期深度应用的关键是建立能覆盖不同专业、不同应用领域、不用应用阶段的唯一索引识别体系,即全过程编码体系。基于这个编码体系,能快速分类、查找、定位、索引到所需的构件、参数,实现全过程数据流应用,即能清晰反映数据从哪来、到哪去、背后的逻辑控制策略,包括潜在的相互关系。

5. 数据驱动及数据通信协议

要实现虚拟工厂与物理工厂之间的信息物理系统,首先要解决数据双向驱动,包括软件(虚拟工厂)与硬件(设备或 PLC 数据采集)之间的信息交互,即数据通信协议标准,这也是物联网基础技术之一。对于汽车工厂,不同环节采集的数据类型、频率等多种多样,不同管理系统(软件)与物联网的传感器之间通信方式也不一样,需要像解决数模格式一样,解决虚拟工厂顶层系统与物理工厂之间的数据通信协议。

第 2 章 项目实施情况

2.1 需求分析

根据与项目投资建设方的前期沟通及交流,确定项目整体建设要求如下。

(1)以设计汽车行业精品工程、建设国内一流的乘用车生产基地为目标,以创新、技术进步为依托，总结国内多个汽车整车公司的设计经验，做好成功设计的继承和升华，缺陷改正和避免。经过多年经验和技术积累，在一个高起点上进行本工程设计和建设。

（2）以满足现代乘用车整车制造工厂对"柔性化——多平台、多车型、多品种同线混流生产；高效率、低成本——在制产品尽量减少；快捷——高效的场内外生产物流；节能环保、低噪声、低能耗"的要求，建设工厂。

（3）在设计与建设周期短的条件下，依靠技术进步、优化设计、采用新工艺、新设备、新材料和先进设计管理、项目管理、施工管理等方法，在保证设计高质量前提下，缩短项目设计、建设、安装、调试、竣工投产的总体时间。

（4）要求结合工厂和产品的实际情况与国内外汽车装备的优势资源，在本项目汽车整车制造 5 大生产工艺各专业中，发挥优势，进行技术创新和流程改进。

（5）从生产工艺、设备选型、总体规划、工程建设等各个环节考虑节能环保，把节能与环保的理念贯穿于整个项目的设计、施工、运营的全过程中。

2.2　总体设计情况

我国国情下的汽车工厂智能制造顶层规划核心在于，以全面数字化为基础，全面信息化为骨架，建立信息和物理融合系统（CPS），达成全周期的高度智能化。其中全面数字化基础包括工厂及设施、生产线相关的人机料法环的设计、仿真、调试，全面信息化骨架包括数据驱动的面向汽车制造全流程应用。图 5 是智慧工厂框架图。

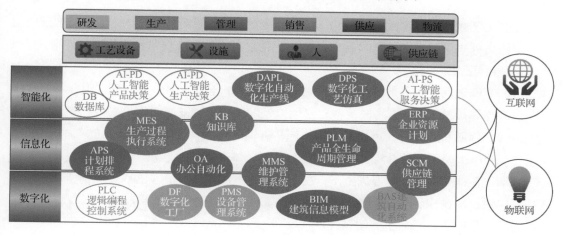

图 5　智慧工厂框架图

根据项目建设目标要求及产品特点，项目在规划阶段进行了生产工艺规划、系统集成规划、厂房建设规划三方面工作，智能制造顶层规划涵盖并贯穿上述三方面。图 6 是总体设计系统实施架构，智能制造顶层规划设计应有机地贯穿和服务于生产工艺规划、系统集成规划、厂房建设规划，并通过生产线集成、数字化车间集成，最终完成智能工厂集成。

图 6　总体设计系统实施架构

2.2.1　生产工艺规划内容及特点

生产工艺规划设计在吸收和转化国内外先进的制造、管理技术基础上，进一步发展创新，把国内外先进技术应用到项目中，提升了整个工厂的工艺技术水平。

1．冲压工艺

（1）车间选用 2 条目前最新技术的 AC 伺服压力机全自动线、1 条全自动开卷落料线和 1 台激光焊接机，从而提高成品率成形性以及缩短新机种安装时调试时间。冲压机械通过采用 A C 伺服马达机构，可以对再生电流进行循环利用，最大可以减少 30% 的电力。

（2）冲压车间采用独具特色的空中搬送线的立体存储输送形式，节约土建面积，提高转运效率。各种车型的侧围混流生产，在库区内存放的侧围既分左右，又分车型，通过电气控制完成自动排序、自动导序及自动按需出库的功能，进而实现自动搬送以取代人工搬送，提高了生产率，降低了劳动强度。

2．焊装工艺

（1）地板、左右侧围、顶盖、左右车门（前后）、发动机盖、后行李箱盖总成采用自动化输送悬链的方式送到相应的拼装工位，车身总成焊装线采用自动输送的形式来实现工位间的间歇传送，所有车型的调整共用一条调整线，调整线及焊接车间至涂装车间的 WBS 储运系统均采用摩擦链的方式。

（2）车身主焊接线上大量采用点焊机器人进行焊接，并且主拼焊夹具有定位、夹紧更换装置，新产品引进可降低投资和缩短投产周期。

（3）白车身焊接总成按一定频次定期在三坐标测量机上进行抽检，以保证白车身总成焊接尺寸精度。

3. 涂装工艺

（1）工艺流程一期为 4C2B 的工艺，二期切换为 3C2B 水性漆短流程工艺。4C2B 是前处理电泳、电泳烘干、电泳打磨、喷中涂、中涂闪干、喷色漆、色漆闪干、喷清漆、面漆烘干流程的简称，这样的工艺流程跟传统的 4C3B 工艺流程相比较省掉了中涂烘干、中涂打磨、中涂储存等工艺，降低了一次性投资成本，大幅度节省了能耗。

（2）采取高品质的前处理电泳工艺：导入低温磷化（设定 35℃磷化），增加脱脂高压喷淋，增加车身浸洗工艺，采用电泳新对流循环方式（车身与槽液逆方向）。低温磷化和电泳新对流循环方式能降低能耗，自动仿形高压喷淋系统和车身的浸洗工艺能有效去除平面颗粒，提高电泳涂装的品质。

（3）电泳循环泵、烘干炉循环风机的电机、输调漆泵及喷漆室的送排风机采取 IPM 变频电机，电机设置三种工作模式：正常生产、维修或暂时休息、停止生产，在短暂的休息时间或者设备维修时，电机进入低速运转模式，节省泵的运行能耗；并且 IPM 电动机，节能皮带，高效风机的联合使用能降进一步降低能耗。

4. 总装工艺

总装车间工艺设计体现了柔性化、模块化、智能化、信息化、极易扩能、高效率、高品质、低能耗、高效安全的现代化整车装配生产的发展方向，运用了许多业内领先技术。

（1）整条整车装配线采用能适应"整车电装、内饰装配、装车底盘装配含合装部分、总装配线"的全球首创可升降大滑板结构形式，装配线设备构造单一，综合成本低，混流效果好；输送采用 FDS 系统、滑板根据不同工位、不同车型、不同作业人员进行高度的调整，大大降低了工人的作业疲劳强度；由于取消了底盘装配的空中输送链，降低了厂房高度，大大降低了车间环境能耗。

（2）总装车间物流方面：设计中充分体现"以物流为核心"的设计理念，从规划初期就确定了一次物流、二次物流、上线物流、卸货雨棚一体化的布局，追求缩短搬运距离、减少物料存放周期，使物流距离、物料面积大幅缩减；二次物流无人化，通过采用 AGV 无人输送、开发自动上下料机构等，实现无人无差错供给；物料配送设置在装配线两端、在每条装配线两端设置自动上下料机构，最大限度缩短物流距离，减少物流 AGV 数量和运送距离；通过采取防错配膳指示系统指示配膳顺序、准时集配，集配台车循环共用达到精益化准时供给的目的；通过以上措施的实施，最终达到 100%KIT 供给，彻底实现手边化作业，提高生产效率，降低物流面积，实现二次物流无人化，有效降低车间作业区牵引车噪声污染和废气排放（见图 7）。

图 7 项目总装车间线边及物料情况

（3）自动化方面：创造性提出物流输送最短、无阻碍的三面直送高效物流方案，95%部品集配自动上线（台车+大物输送线）、轮胎自动化直接搬送线边，座椅自动化直接搬送线边，左前座椅自动横跨搬送、在玻璃涂胶装配、真空加注、压装等设备上采用了自动、半自动化机构及控制，有效地提高了设备效率，减少物流人员 70 人，降低了运营成本。

（4）智能化、信息化方面：在规划阶段就考虑了信息技术和智能技术的应用，把漆后车身调度系统、QRQC 工位管理系统、设备管理系统、品质监控系统、生产信息管理系统等有机结合起来，并运用集成化的系统软件对相关数据进行管理，建立 5 大模块，实现生产调度、生产监控、设备远程控制、情报分析查询于一体的总装车间数字化信息管理系统，使多品种生产能力和生产品质在智能化管理上有了质的提升。

（5）环境保护方面：全线采取地面摩擦输送，削减电机，节能环保；取消底盘悬挂输送线和单独门输送线，降低了厂房高度（厂房高度为 7.5m），减少了能源消耗；加注液体废液零排放。

5．树脂工艺

（1）导入自动化立体仓库，削减台车物流导致的外伤，减少制品在库，部品单台份线边配送。

（2）成型机采用电动成型机，设备控制精度及速度提高，节能 60%，制品毛刺减少50%。生产一件汽车保险杆的平均时间为 42s，模具更换时间为 57s，具有优秀的高效、节能、低噪音特性。

（3）在树脂涂装领域创新性地采用先进的废热循环再利用工艺系统，车身涂装主线烘干炉废气经 RTO 焚烧处理后的热风送至树脂涂装线烘干炉循环再利用，节省了大量的天然气耗量；有效减少了 VOC 气体排放总量的 77%，使整体设备 CO_2 削减了 17%，达到世界领先水平。

（4）树脂喷涂线的喷房废气处理采用浓缩转轮加 RTO 处理方式，即浓缩后的废气经净化处理后由空调回用，另一部分浓度高的废气采用先进的 RTO 燃烧系统，能将喷房浓缩的可燃气体和烘干炉的废气完全燃烧。通过这样的组合，该线完全消除了废水、废气的产生。

（5）采用封闭式的国产废件粉碎系统，既节约了投资又达到了有效降低作业现场噪声的效果。

6. 总图及物流

（1）从工厂的总体布置、建筑组合、立面造型、环境景观等方面，营造一座以人为本，内外环境交融厂区，既有大型汽车工厂的宏大气派，简洁明快的风格，又能体现乘用车工厂的特点，体现现代美感的总体布局，合理组织人流、物流，厂内外物流短捷顺畅，减少生产运营成本，便于生产管理。

（2）利用物流管理理论及网络管理系统，料筐式配送的供货方式。总装车间内不设置外协件库，物流周转用地用于外协件的转运及部分外协件的卸货及配送。整个物流供应链为封闭式的一线贯通，整车装配实现了模块化。

（3）国产标准材料改代国外构件材料转化设计：由于部分设备属于引进，其基础材料所涉及的许多材料尤其是钢结构构件等型号和规格与我国标准不相符，因此在设计施工几乎同步交叉进行的特殊情况下，进行了构件材料改代国产标准材料的转化设计，保证了既从经济上节约材料进口费用，又合理保证了施工周期的顺利进行。

（4）采用合理经济的厂房结构体系、柱网，满足使用要求，满足工艺变更及扩能的需要。总装及焊装车间屋架体系由原来的普通角钢屋架及托架改为管桁架结构形式，规划了大型管网架设空间，方便大型管道（如风管、冷冻水主管）的通过，相比传统屋架体系节省用钢量约 30%。

7. 生产保障及配套

（1）采用无油空压机：本次设计轿车涂装工艺对压缩空气的品质有较高要求，因此采用了目前国际上比较先进的无油空压机和二次干燥处理工艺，使其压力露点达到-20℃，保证轿车车身涂装工艺质量。

（2）对车间变配电间均采用当今世界上较先进的高分断能力的高低压断路器开关，新增变压器采用安全防火无污染的干式变压器，各车间配电系统设计均采用国际上较先进的插接式母线方式，可充分保证供电系统的可靠性，降低线路投资成本及运行成本，实现节能、安全、环保，便于安装和维护。

（3）采用变频节能技术，满足了工程项目的需求。例如，在对冲压车间的循环水系统设计中，根据冲压设备和冲压热成型钢的需求，采用变频技术，保证在冲压成型钢时加大循环水流量供给，在冲压其他钢材时，减少流量供给，减少了动力站房的能量消耗。

（4）水资源的循环利用：通过污水处理，实现了全厂污水零排放，处理后的中水用于道路、卫生间的冲洗、绿化灌溉以及生产冷却水，另外对空调冷凝水加以回收利用。

（5）配电、空调机组、空压机、水泵等公用设施大量采用节能控制技术，节约和合理地利用能源。

（6）厂房通风应用了车间排气余热回收利用和部分排气循环利用的节能技术。

（7）导入 600kW 太阳能光伏发电系统，并对全厂水、电、压缩空气、燃气等能源设计了集中计量监控系统，在监控室即可监控有关部门的能源耗量、压力、流量等参数，为加强能源管理、成本核算提供了有利条件；能自动生成日报、周报、月报；对能源供应异常情况进行自动报警。

2.2.2 系统集成规划及要点

结合工艺规划要求，围绕汽车制造工艺生产特点，从软硬件体系、工程实施等层面梳理汽车工厂重大关键装备及核心装备技术、系统集成方法、核心基础技术。

1. 生产线集成

结合制造工艺特点，以生产线工艺规划设计为基础，一方面通过设计过程，梳理装备标准化要求，另一方面通过仿真过程，优化装备工艺实现过程，以车间级信息化规划为上层次要求，提出关键工艺装备的数据接口及通信协议要求，作为生产线设备的重要技术参数指标。

基于生产线的数字化设计、仿真优化、装备制造、联合虚拟调试的闭环，达成高度集成的智能化先进生产线。

2. 数字化车间集成

基于东风设计院相关数字化车间企业标准和部分国家标准，进行规划设计，预留车间级扩展要求，包括数字化模型应用扩展标准、信息化数据接口标准等。其中，按标准类型划分数模标准、数模族库及参数化标准、编码标准、不同平台对接标准；按标准范围划分土建共用动力、制造工艺生产线等具体要求；按标准应用阶段划分为设计仿真阶段、建造调试阶段、生产及运维阶段。图 8 所示为汽车工厂采用的部分编码体系架构，为实现车间级数字化集成，编码体系应涵盖建筑信息模型、工艺装备模型等人机料法环，应覆盖设计仿真、建造调试、生产运维等全过程。

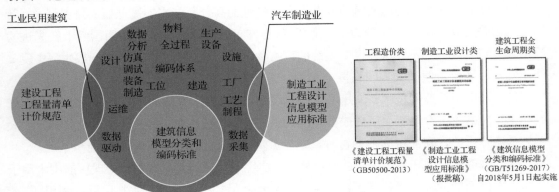

图 8　汽车工厂采用的部分编码体系架构

3. 系统集成所需典型核心技术

根据智慧工厂顶层规划设计及项目总体设计系统实施架构实现生产线集成、数字化车间集成和系统集成，所需核心技术包含表 1 中的核心基础技术及系统集成方法。

表 1 系统集成所需典型核心技术

序　号	总体设计技术内容	说　　明
1	重大关键装备及核心装备技术	冲、焊、涂、总重大关键装备和关键参数及核心装备技术
2	系统集成方法	信息系统集成技术
		硬件集成技术
		二次开发技术（工控系统及信息化二次开发）
		联合调试技术
3	核心基础技术	工艺数字化技术(设计、仿真、装备制造、调试)
		建筑 BIM 技术（设计、虚拟验证、建造管理、设备运维）
		汽车工厂编码体系
		数据融合及清洗技术
		信息系统接口
		数字化工厂建设及应用标准

2.2.3　厂房建设规划及特点

按生产工艺规划要求及总图及物流规划原则，结合企业工厂基础设施建设标准，进行厂房设计、建造工作。东风设计院现有的厂房规划设计过程的 BIM 及数字化应用标准体系详见表 2。

全程采用 BIM 顺行设计体系，进行参数化建模、数字化设计。通过统一的设计环境视图样板、BIM 设计标准到 BIM 设计质量评价标准，以及设计师 BIM 设计能力考核标准等编制形成，使得 BIM 设计闭环体系建立。

表 2　BIM 及数字化应用标准体系

序　号	BIM 及数字化相关标准、应用研究	备　注
1	BIM 设计标准 1.0 版、2.0 版	东风设计院企业标准
2	BIM 室内管道汇总流程及标准	东风设计院企业标准
3	BIM 设计操作要点	东风设计院企业标准
4	BIM 顺行设计质量评价标准	东风设计院企业标准
5	设计师 BIM 设计能力计分考核标准	东风设计院企业标准
6	BIM 技术在工程建设全过程的应用研究	东风设计院科研课题
7	BIM 协同设计云平台	东风设计院企业应用平台
8	工艺专业设备数模库	东风设计院企业标准
9	工艺数字化设计流程及制图规范	东风设计院企业标准

续表

序号	BIM 及数字化相关标准、应用研究	备注
10	工艺 3D 数据管理及资源共享平台	东风设计院企业应用平台
11	工艺、装备、物流仿真技术的研究及应用	东风设计院科研课题/应用研究
12	全数字化设计流程及标准	东风设计院科研课题/应用研究
13	武汉市工程设计行业 BIM 应用发展指引	东风设计院参与地方行业发展指引
14	制造工业工程设计信息模型应用标准	东风设计院参编国家标准

图 9 为工厂 BIM 顺行设计样例部分成果展示。

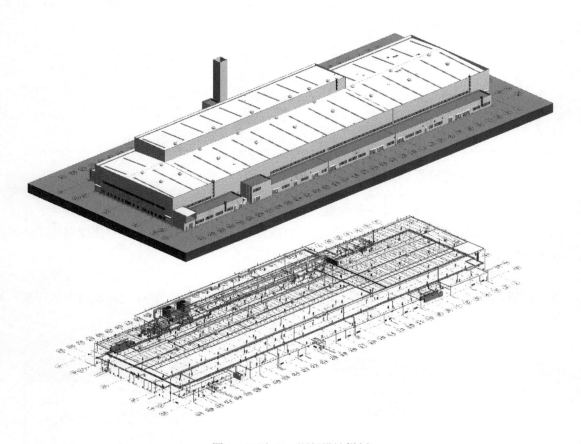

图 9　工厂 BIM 顺行设计样例

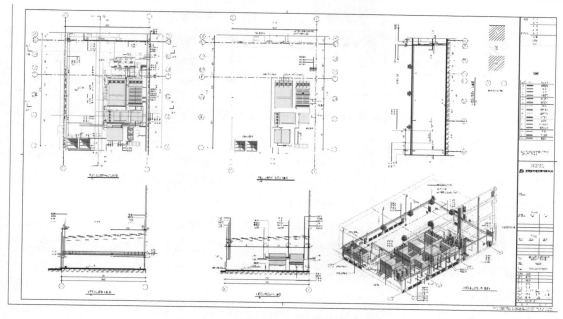

图 9　工厂 BIM 顺行设计样例（续）

2.2.4　主要技术创新点

1. 生产工艺及装备技术

（1）国内首次开发应用了喷漆室循环风空调系统，将人工喷漆区的风回用到机器人喷漆区，将减少生产运行时喷漆室总风量需求。据统计数据显示，喷漆室区域的总送新风量比不用循环风时减少了 40%，取得了显著的节能效果。

（2）国内首次应用了新型高效捕捉的文丘里水槽（见图 10），漆雾捕捉 8 次，漆雾捕捉率达到 99.9% 以上，大大节省了能耗，并为循环风空调的使用提供基础。VOC 排放量由 $17.6g/m^2$ 减少到 $13.6g/m^2$，CO_2 排放相对降低了 25%，达成国内环境体质第一的目标。

图 10　文丘里水槽示意图

（3）国内首次开发应用推头推杆啮合检测捕捉器，节省了人力成本。

（4）国内首次开发应用了新型的空调窗口控制方式及管理软件，实现喷房温湿度的柔性控制，降低了空调能耗。

表 3 为该项目东风设计院获得的软件著作权清单。

表3 该项目东风设计院获得的软件著作权清单

序 号	名 称	登 记 号	开发完成日
1	ALC 生产管理系统软件 V1.0	2012SR077944	2012 年 7 月 1 日
2	空调窗口控制程序软件 V1.0	2012SR077940	2012 年 7 月 1 日

（5）新型的烘干炉风口结构用于电泳烘干炉，使电泳烘干炉的送风气流大而均匀，从而达到更好的烘干效果。

（6）创新性地导入连续式内装喷涂机器人，最大化地减少喷房的布局长度，合理设置机器人的开关门方式，使机器人的配置台数最少化。同时采用内装静电喷涂方式，大大提高内装喷涂效率，减少材料消耗达到 20%，节省了成本。

（7）全球首创采用能适应"整车电装、内饰装配、装车底盘装配含合装部分、总装配线"生产的可自由升降大滑板混流整车装配生产线。该装配线使整车装配生产主要输送设备的结构形式大为减少，整条装配线使用的大滑板均相同，所以设备综合制造成本低、维修保全容易。

（8）创新地将车门分装线与整车装配线融为一体，同一车辆的车门拆卸后装入同一大滑板下面，车门台车随大滑板一起前进，达到车门拆卸工位后车门台车在机构的作用下自动翻上进入接车门状态，接到拆下的车门后再自动收到大滑板下面；达到车门分装工位后又自动翻上进入分装状态，分装上线后再自动收到大滑板下面；取消了传统的车门储运及分装线。减少了分装区域面积、减低设备投资，消除了车门与车身不一一对应的隐患，也不用考虑左右车门的拆装是否一致的问题等。

总装车间采用世界先进、国内首创的主搬送生产线，集约门分装、输送、库存为一体化，大大节约了成本，共节约投资 883.8 万元，能源削减 18%；另一方面完全做到了与车身一一对应；车门分装也随主线进行，做到分装上线同步进行（见图 11）。

图 11 总装车间整车装配线和搬送生产线

（9）底盘装配部分发动机变速箱及后悬架总成与车身合装在输送大滑板上，采用完全同步方式进行，与传统的底盘合装（含 AGV 输送发动机总成等，有上下输送线）相比完全消除了车身与底盘的相对运动，提高了装配质量、降低了作业难度。

（10）首次将太阳能光伏发电输送到总装生产线。

2. BIM 及工艺数字化技术

（1）在工艺规划方案阶段、设计验证、生产线集成安装等过程中，采用了 3D 数字化设计仿真技术，为工艺方案的合理决策、优化建议提供最有力的技术支持，并借助虚拟调试手段，减少现场调试修改时间（具体应用标准体系详表 2）。

（2）建筑工程设计在方案阶段采用 BIM 技术手段，进行项目风环境、热环境、光环境等分析应用；设计过程采用 BIM 顺行设计流程，解决了多专业数字化协同设计的问题；基于东风设计院《BIM 管道汇总流程及标准》，解决了设备及管道干涉、工艺净空、车间内部空间合理规划等综合性的协调问题（具体应用标准体系详表 2）。

（3）建立全数字化工厂体系，减少了重复性数据输入工作，而且数据唯一性高，在工艺与配套专业之间的协调效率高，便于后期进行运维及生产管理的延伸应用。

3. 自主研发 DGP 数字图形平台

DGP 是解决智能制造数字孪生的核心基础平台，通过解析软件厂商（Autodesk、SolidWorks、CATIA、FlexSim、RobCAD 等）的数据格式，对原始几何模型进行重构，并还原参数化数据信息，以非结构化数据进行存储。基于自有知识产权数据格式，在虚拟空间对物理工厂进行全要素重建，通过现实与虚拟相互映射，实现双向数据驱动，达到物理工厂与虚拟工厂之间交互联动，虚实映射。

通过对不同设计平台、仿真软件的数模解析，在自有图形引擎中重构多个主流平台数模的几何信息，识别和还原模型的参数化信息，并以非结构化数据库形式存放和扩展应用，也能导入任何标准化数据库表格参数、图纸信息，绑定实时运行状态参数、逻辑控制策略，支持软件平台与集成的 PLC 硬件控制器之间的实时数据驱动和虚实数据交互，支持"云渲染"功能和"多端一云"的部署架构，支持灵活扩展。

图 12 为 DGP 数字图形平台技术架构，兼具图形图像及数据库技术、全过程编码体系、数据驱动及数据通信协议，能适用于汽车工厂全数字化设计体系和全周期深度应用流程及标准。

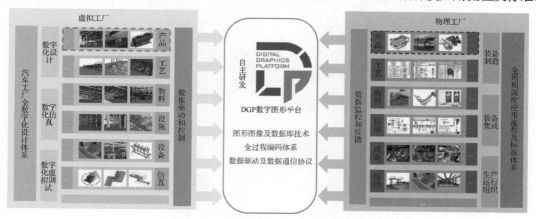

图 12　DGP 数字图形平台技术架构

DGP 数字图形平台打破了国外软件厂商和系统集成商的数据格式垄断地位及数模应用安全，可作为关键共性技术在汽车制造业及其他制造行业推广使用。

4. 数字化技术与物联网技术的融合创新

该项目基于项目全过程的 BIM 应用，与 BAS（Building Automation System）技术融合创新，通过自主研发 DGP 数字图形平台，不但实现了车间级设施设备管理，还能达成数字化模型与物理空间的双向数据驱动及反馈控制（信息与物理空间系统融合），未来可实现工厂智慧运维管理。

注：BAS（楼宇自动化系统或建筑设备自动化系统），是将建筑物或建筑群内的电力、照明、空调、给排水、消防、运输、保安、车库管理设备或系统，以集中监视、控制和管理为目的而构成的综合系统。系统通过对建筑（群）的各种设备实施综合自动化监控与管理，为业主和用户提供安全、舒适、便捷高效的工作与生活环境，并使整个系统和其中的各种设备处在最佳的工作状态，从而保证系统运行的经济性和管理的现代化、信息化和智能化。也可参考《建筑设备监控系统工程技术规范（JGJ/T 334—2014）》、《智能建筑设计标准（GB/T 50314—2015）》、《民用建筑电气设计规范（JGJ/T 16—2008）》。

2.3 实施步骤

1. 项目实施阶段

项目总体按一次规划，分期实施的原则。分为总体规划阶段、一期设计、建造、设备安装调试、试生产、二期能扩设计、生产工艺及制造组织优化等阶段，如图 13 所示。

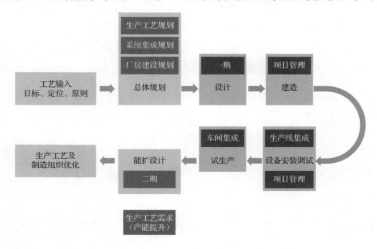

图 13　项目实施阶段及过程

（1）总体规划：根据工厂建设目标、定位及原则，完成生产工艺规划、系统集成规划、厂房建设规划。

（2）一期设计：完成总体工艺规划组织及建筑、共用动力配套设计，进行工艺装备非标设计。

（3）建造：工厂建设包括厂房建设及附属设施、设备安装。

（4）设备安装调试：生产装备进场安装并联合调试。

（5）试生产：工厂一期投入生产使用，技术陪产、一期达产阶段。

（6）能扩设计：根据工艺产能需求，进行能扩建设，包括工艺设计、装备安装、调试实施及陪产。

（7）生产工艺及制造组织优化：根据市场需求变化，在原设计产能基础上，优化关键工位、产线生产节拍瓶颈，工厂实行优化的生产组织模式，产能利用率持续提升至最高设计产能的 146%。

2．关键技术应用

通过对关键核心技术的研发、掌握和应用，最终实现了项目建设目标及定位要求。全过程通过项目管理总控和分步实施实现。

3．团队建设及项目规划经验

为确保项目顺利推进和实施，体现项目技术服务过程中的专业、高效、协作精神，公司专门组建成立项目平台，由公司领导直接牵头负责，行业专家及公司总工程师为技术顾问的专职团队，并下设项目经理、设计经理、现场经理。按设计专业内容又分为土建公用组、工艺规划组、BIM 及工艺数字化组、设备及非标装备组、信息化组、智能自动化组等，由各专业负责人担任小组学科带头人参与整体规划设计，共有工艺规划（冲、焊、涂、总、物流、非标）、工艺数字化、建筑、结构、给排水、暖通、动力、强电、弱电、信息化、智能化、软件开发、造价、项目管理等十多个专业，50 余人组成项目组团队，项目专业团队及服务模式和内容如图 14 所示。

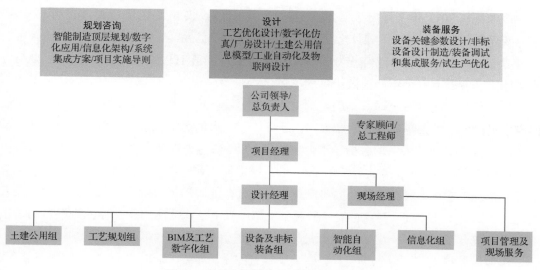

图 14　项目专业团队及服务模式和内容

实施智能制造要立足制造谈智能,围绕汽车行业制造过程的痛点、难点谈智能和解决方案,包括制造过程中的产品质量问题、生产节拍问题、装备自动化率问题、工作效率问题、资源利用问题、数据透明信息共享问题等,因此应以工艺规划和信息化为龙头,其他均围绕顶层目标和要求,辅助设计优化满足相应要求,而且在设计过程中,要充分借助数字化和信息化手段,将关键问题和处理流程前置,使得多专业协同问题能在设计和试生产之前用最小代价提前优化调整,最终匹配总体规划目标。

第 3 章 实施效果

3.1 项目实施效果

3.1.1 为企业、行业、社会等带来的提升效果及收获的经济效益

把国内外汽车工业最近的新工艺、新技术、新材料、新设备应用到该项目中,立足中方人员为主导制订工艺与设备方案,设备优先采用国产再进口的原则,在冲压、焊装、涂装、总装、整车检验、物流、土建、动力等各专业人员协作努力下,使国内外先进工艺技术及设备在不同项目的各个专业中得到了具体体现,节能减排效果明显。工厂的整体水平超越了外资公司在其本土工厂的水平,达到了国际先进水平,建成了技术领先、管理高效、环境优美的绿色环保工厂。

该项目从 2012 年 7 月投产至 2014 年 12 月,新增税收 41.2 亿元。从 2012 年至 2014年,该合资车企一、二工厂累计上交国家税收超过 256 亿元,成为地区利税大户。得益于全价值链的共同努力,2017 年全年合资车企累计实现产值 1092.2 亿元,同比增长 29.5%,成为地区工业史上首个年产值破千亿的单体企业。

该厂总装车间拥有全球首创的自动升降台板,噪音小、能耗低,实现了车型装配作业的高度灵活性,既大幅提高了生产效率,还降低了工人的劳动强度。涂装车间公司在"精益生产、绿色节能环保"理念指导下,建成低 VOC 节能型涂装生产线,生产线采用最简短的涂装工艺,将 VOC 排放降低了 7%,CO_2 排放降低到 187.5kg/台以内。得益于各项节能降耗措施的应用,使得本线在同等产量下,单台车能源消耗大幅度降低,在节能环保方面达到了国际领先水平。与此同时,车辆在生产过程中还广泛应用了全球先进汽车制造技术,大大提升了车辆在安全、环保、舒适等领域的价值。

作为世界领先的环保先进工厂,该工厂具有冲压、焊装、涂装、合成树脂、整车装配、发动机装配、整车检测等工艺,初期产能为 10 万辆/年,次年达到 12 万辆/年,最终完成

24 万辆/年的产能规划，主要生产五款主流轿车及 SUV 产品。2017 年，工厂实行"三班两倒"、"10 对 10"生产模式，产能利用率提升至 146%，充分满足市场需求。

实践验证了本项目工程设计和建设的质量。该合资车企成功探索出投资少、见效快、以市场为导向滚动发展的新模式。利用先进的生产管理技术，使湖北省汽车工业水平走上了一个新台阶，带动了与之配套的大批零部件企业，并使其生产、管理水平同步提高，对我国乘用车事业具有很强的示范作用，同时也使湖北省汽车工业和相关行业的整体水平得到了提高，取得了良好的经济效益和社会效益。

3.1.2　项目标志性的建设成果

（1）在汽车工业化生产、智能装配及输送环节，推广了"精益生产、清洁生产、两化融合"的理念，研发并实际应用了绿色高效多功能大滑板内饰线，用于高度车型的车身可旋转吊具底盘装配线，用于现代涂装的双摆杆输送线等关键机运设备，成效显著。

（2）以提供低能耗、低排放的绿色工厂系统解决方案为宗旨，以建设节能减排大型轿车涂装线为目标，引入水性色漆，采用 4C2B 的简短涂装工艺，并且预留 4C2B 到 3C2B（最简短涂装工艺）转化的工艺，采用 21 项专利，设计出一条节能减排的汽车涂装线。

（3）整条涂装线布局科学、设计先进、材料选用合理，大量采用优质的国产设备，提高了我国汽车装备的水平。该项目的投产提供了绿色、环保、节能汽车涂装线设计的成功经验，效率高、运行成本低，取得了显著的经济效益和社会效益。

（4）目前这条高低 VOC 节能型的生产线在轿车涂装线应用中具有极高的推广价值，这种高效节能模式已经被东风日产、东风柳汽、北汽福田、江铃汽车应用到涂装线的建设中，这条线所使用的节能环保模式代表了未来生产线新的发展方向。该线低 VOC 排放、节能环保的总结及投入使用对推动我国汽车制造业建设绿色环保工厂具有重大的示范作用。

（5）该项目上应用的技术装备、控制软件，已获得发明专利 2 项，实用新型专利 17 项，软件著作权 2 项授权。

3.1.3　改善的关键指标项

在运行成本方面，由于本项目采用了新工艺、新技术，因此让建设单位在材料成本和设备运行成本上有明显降低。

（1）采用 3C2B 的新工艺，总成本降低 15%左右。3C2B 工艺与传统水性漆工艺各涂层度比较，3C2B 工艺比传统工艺减少漆膜厚度 25～30mm。从工艺经济比较，3C2B 工艺比 4C2B 传统工艺材料成本增加约 7%，设备成本降低约 9%，人工成本降低约 5%，能源成本降低约 8%，总成本约降低 15%左右；在轿车涂装中采用 3C2B 工艺，环保和节能效果明显。该工艺除具有保证面漆漆膜的特性外，还具备完全替代中涂层的各种功能，是实现轿车涂装节能减排采取的重要措施之一。

（2）采用热泵技术：热泵节省运行费用约为 202～226 元/小时。为节省能源，喷漆室循环风空调采用热泵系统。冷水机组在工作过程中会排放出大量的热量，这部分热量如果不加以利用，直接排放到大气环境中，一是会造成较大的能源浪费，二是热量的散发会导致周围环境温度升高，造成环境热污染。热泵技术可以利用这部分热量来加热循环风，不但可以实现废热利用，而且可以减少冷凝热对环境造成的热污染，同时减少冷却塔的运行费用和噪声。机组回收冷凝器侧热量，可以取代锅炉提供热盘管所需热水。机组的热水出水温度不可控制，所以为保证热盘管进水温度恒定在 45℃，在蓄热水箱内设置燃气加热管，通过加热补充热量，使出水水温达到设计值。

（3）将废气处理装置（RTO）排放的废气进行热回收利用，每天可节省 15785kJ/台。

（4）采用循环空调技术可节省能源 5%左右。

同时在环保贡献领域方面，同样取得了较好的经济与社会效益。

（1）采用热泵技术，减少 CO_2 排放为 0.12～0.15t/h。

（2）由于转轮为无毒无味的绿色吸湿剂，所以除湿机在使用过程中安全、环保、洁净、无飘逸粉尘及无腐蚀作用。

（3）采用 3C2B 的新工艺，VOC 排放可以减少 30%以上。

3.1.4　数据应用的情况

在该项目的实施过程中，结合企业具有自主知识产权开发的数字图形平台，针对总装、涂装工艺装备的设计能否满足产品对生产节拍、工装配备的需求，开展了工艺数字化 3D 设计、系统仿真设计等工作，针对生产线瓶颈、吊具及滑橇数量、设备利用率及负荷率、产能验证、物流配送原则及体系、物流设备匹配、物流系统方案、工时分析、线平衡分析、装配工序、设备选型及数量优化、人力资源及设备匹配优化等问题开展仿真分析，并且将以上分析过程的数据包提交建设单位连接其生产制造系统，实现产能利用率持续提升。

3.2　复制推广情况

3.2.1　复制推广企业、行业和地区

东风设计院基于在该项目实施过程中积累的知识及总结的经验，结合 2015 年相继发布的《国家智能制造标准体系建设指南》、《智能制造能力成熟度模型白皮书（1.0 版）》指导文件，自主开展了一系列重大技术攻关及企业标准课题研发工作，包括"基于 PDM 的工艺资源共享平台建设"、"仿真技术的研究与应用"、"工艺仿真技术的研究与应用"、"基于 SolidWorks 的工艺数字化设计系统开发项目"、"标准工艺设备库建设（总装部分）"、"汽车工厂中间储存立体库（车体分配中心-DBC）的应用研究"、"柔性焊装线 3D 数字化总

拼线"、"Opengate 总拼系统设计及验证"、"基于 VB 的 Solidworks 二次开发-前处理水槽参数化"、"汽车涂装车间 MES 研发及应用"、"Solidworks、Microstation 与 Revit 软件数据接口"、"BIM 云平台升级及 Revit 二次开发"、"DGP 数字图形平台"等一系列关于车辆整车及部件系统、焊装、涂装、总装工装、机电、环保、绿色、BIM 等前沿技术领域课题，成为指导公司在机械行业特别是汽车制造业领域，针对客户在新建项目或者原有项目开展技改工作的纲领性指导院标。

其中涉及的客户，既有生产制造乘用车、商用车的传统汽车制造业企业，同时也有如雨后春笋般成长中的新能源汽车企业及智能网联汽车企业，特别是后者，投资方对于自身建设项目在智能制造层面的能力、水平、可展示度等方面相当关注，因此我们遵循智能制造系统架构，通过生命周期、系统层级和智能功能三个维度构建的原则，现阶段着力解决智能制造标准体系结构和框架的建模研究等课题，为更有效地解读和理解智能制造系统架构，我们尝试以智能装备为例，分别从点、线、面三个方面诠释智能制造重点领域在系统构架中所处的位置及其相关标准。

同时引导建设方树立智能制造体系是庞大和繁复的大系统，需要企业战略投资者具备顶层设计与分步实施相结合的全局意识。现阶段，公司这一理念已逐步被合作的若干企业接受，在公司承接的小鹏汽车肇庆基地、奇点新能源汽车铜陵项目、南京博郡新能源汽车等项目中得到了推广及使用。

3.2.2　对行业或地区产业智能转型的带动情况

随着新一代信息通信技术的快速发展及与先进制造技术不断深度融合，全球兴起了以智能制造为代表的新一轮产业变革，数字化、网络化、智能化日益成为未来制造业发展的主要趋势。世界主要工业发达国家加紧谋篇布局，纷纷推出新的重振制造业国家战略，支持和推动智能制造发展，以重塑制造业竞争新优势。为加速我国制造业转型升级、提质增效，国务院发布实施《中国制造 2025》，并将智能制造作为主攻方向，加速培育我国新的经济增长动力，抢占新一轮产业竞争制高点。

当前，我国制造业尚处于机械化、电气化、自动化、信息化并存，不同地区、不同行业、不同企业发展不平衡的阶段。发展智能制造面临关键技术装备受制于人、智能制造标准/软件/网络/信息安全基础薄弱、智能制造新模式推广尚未起步、智能化集成应用缓慢等突出问题。相对于工业发达国家，推动我国制造业智能转型环境更为复杂，形势更为严峻，任务更加艰巨。

《中国制造 2025》明确将智能制造工程作为政府引导推动的五个工程之一，目的是更好地整合全社会资源，统筹兼顾智能制造各个关键环节，突破发展瓶颈，系统推进技术与装备开发、标准制定、新模式培育和集成应用。加快组织实施智能制造工程，对于推动《中国制造 2025》十大重点领域率先突破，促进传统制造业转型升级，实现制造强国目标具有重大意义。

东风设计研究院和大唐广电科技（武汉）有限公司受武汉市经济技术开发区经济和信息化局委托，由政府业务主管部门组织领导，对辖区内制造业企业智能制造的现状水平进行了问卷调查及企业走访调研，两家共同完成此项工作。

（1）调研对象：基础调研企业数量 100 多家，其中重点调研企业 30 家。以离散装备制造业为主，覆盖汽车整车、汽车零部件、船舶、电子信息制造业、机械加工等主要规模以上企业，兼顾流程行业的石油开采、石化化工、钢铁、有色金属、稀土材料、建材、纺织、民爆、食品、医药、造纸等代表企业。

（2）调研目标：对调查企业开展智能车间／工厂的集成创新与应用，推进数字化设计、装备智能化升级、工艺流程优化、精益生产、可视化管理、质量控制与追溯、智能物流等应用等方面能力、阶段、水平的调查研究。

（3）调研评价参考体系：《智能制造能力成熟度模型白皮书1.0》（2016 年 9 月）。

（4）调查方式：问卷加走访访谈。

● 了解企业基本现状、生产能力、信息化水平、智能制造水平、有无条件升级。

● 了解企业存在的问题，阶段性差距分析，风险评估与预测。

● 了解企业现阶段需求：国家相关扶持政策、企业资金投入、企业现阶段技术与人员水平等。

通过调研，真实掌握辖区内制造业企业智能制造的水平和未来是否有改扩建的计划，并通过与辖区企业面对面交流，与潜在客户对象建立联系，涉及工艺、自动化、信息化、BIM 等，专业人员的研究视野得到拓展，综合水平得到真实的提升。

3.2.3 复制推广所遇到的问题及经验

（1）企业有主动顺应国家制造业转型升级的强烈意识，迫于资金、产品、技术、人才等诸多因素困扰，借鉴应用成功案例经验的工作流于表面，很难有效推进。

（2）地方政府主管部门主动服务意识强烈，具体指导原则、服务方式、配套措施方面缺乏有力支撑。

（3）建议在条件相对成熟的地区及行业，构建政府、系统解决方案供应商联盟、基金机构等几方组成的专业组织机构，精准定向指导一批条件成熟的制造业企业率先示范。

3.2.4 可复制推广的"模式"

1．技术标准复制推广

关于车辆整车及部件系统、焊装、涂装、总装工装、机电、环保、绿色、BIM 等前沿技术领域课题，标准体系及其衍生专利技术、相关软件产品可以直接应用和推广到新项目中，结合不同项目实际特点及要求，可以进行接口标准适配或定制企业标准化梳理工作，以得到更好的应用效果。部分关键共性技术也可以推广至其他制造业领域。

2．技术服务经验推广

结合实施步骤中的建设特点，东风设计院具备汽车工厂包括规划咨询、工程设计、项目管理、工程总承包、技术咨询、工程设计、装备制造、软件开发、设备安装调试等全过程和全产业链的工程建设技术服务能力，可以定制化精准服务，在汽车制造及其他制造领域推广智能制造。

第4章　总　　结

4.1　智能制造实施建议

《中国制造 2025》是以两化融合为主线，以推进智能制造为主攻方向，说到底是要解决新一代信息化技术变革带来的制造业产业升级的问题。应主要围绕"产品升级、服务升级、制造升级"来展开。图 15 为我们理解的智能制造的终极目标，即不断适应消费升级的高品质需求、服务升级的个性化需求和人类活动、制造组织流程的数字化、信息化过程的需求。

产品升级　　　　　　　　　服务升级　　　　　　　　　制造升级

消费升级的高品质　　　　　服务升级的个性化　　　　　人类活动和制造组织流程的数字化、信息化

● 用户对产品性能、质量等的需求
● 制造厂商对产品性能、产品质量的可靠性保证

● 用户对产品功能及服务的多样性、个性化的需求
● 提供包括个性化定制、车辆售后服务等在内的服务体验，满足用户的不同需求

● 基于产品生产制造过程中活动和组织流程的数字化和信息化，通过互联网、物联网，对制造业赋能，改造传统制造的组织流程和生产方式

图 15　我们理解的智能制造的终极目标

智能制造推广本身就应该结合企业实际情况进行，关键是梳理清楚企业哪些地方落后，哪些地方亟待改善，哪些是困扰企业发展的重点问题，这些都需要结合内部优劣势、外部机遇和风险进行，但对于大型企业和中小型企业而言，又有不同的解决思路。

1．对于大型企业

大型企业一般自动化已达到一定程度，而且具备一定的信息化管理能力，不同工厂、车间均有信息化管理工具或平台进行日常的生产组织和管理维护工作,但可能受制于历史原因,存在信息化孤岛和瓶颈的问题,这是普遍存在的现象,也是少数企业不愿意客观正视的问题。企业不但没有梳理自身的生产组织流程标准体系,反而寄希望于自动化、智能化改造和大量信息化投入,结果大量投入和实施后,发现收效甚微,或者并不能解决实际问题,反而还带来更大、更复杂的管理问题。

因此对于大型企业而言,要有自身企业标准,而且应该是建立全过程、所有部门的组织体系,打通底层的数据流,这些都依赖于一些企业信息化编码标准、数据资产的信息化管理的健全。每个行业,每个企业都不一样,一定不能拿别人的产品直接照搬或简单进行产品化引入,可以在关键环节技术性引入、消化、吸收,并结合企业自身发展需求进行重构,推荐企业循序渐进地做好长远规划。

2. 对于中小型企业

中小型企业往往受制于技术革新、上下游市场行情变动、零部件及成品积压、企业流动资金紧缺带来抗波动能力相对较差,本身在智能化装备、信息化方面投入不足,生产工艺和技术规划研发投入也不足等现状,这样的企业更要结合自身的痛点问题,在满足中长期规划的情况下,不断调整中短期规划,以应对外部变化。

对中小型企业而言,产品灵活性应更强,其核心关键是要能快速适应市场需求,包括产品柔性、产能柔性等个性化、定制化需求,还需要建立"服务型制造"组织意识,多方面提升企业的竞争力,而不是盲目追求"高大上"的"智能制造"。

图 16 为我们推荐的智能制造实施步骤建议,基于智能制造顶层规划设计,从基础建设到实现全面数字化和信息化,以及基于数据流驱动的高度协同实现,最终实现基于大数据分析的高度智能化。

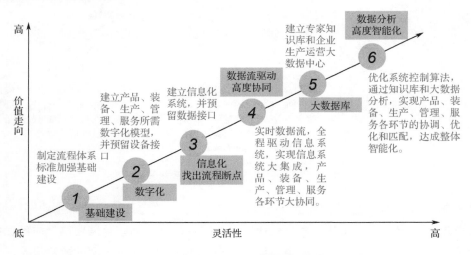

图 16 智能制造实施步骤建议

我们也建议政府可以根据不同行业、不同企业水平现状,实行不同扶持推广政策,最终能够完成产业转型升级和供给侧改革，实现制造业强国的战略目标。

4.2　下一步计划

目前东风设计院正在与几家同行业国家级工业设计中心积极筹备"国家节能与新能源汽车工业设计研究院"，同时也与知名高校、科研院所开展关键共性技术的研究开发工作，一方面加速推进智能制造标准体系的研究及产业关键共性技术落地应用，另一方面也希望从汽车制造、汽车装备方面，提高自主品牌的核心技术和核心竞争力。

设备远程运维在钢铁行业
智能制造中的实践

——上海宝钢工业技术服务有限公司

上海宝钢工业技术服务有限公司（以下简称宝钢技术）是宝武集团旗下的工业领域专业化技术服务公司，注册资金 5 亿元，从业人员近 3200 人，是一家集科研开发、设计制造、管理实施、运行维护于一体的综合型工业技术服务企业，服务领域从冶金业延伸至环保、交通、能源、化工、市政等多种行业。

为响应"中国制造 2025"制造强国战略，宝钢技术根据"面向大型工业的设备全生命周期智慧服务商"的发展定位，设计了基于工业互联网的设备远程运维整体框架规划蓝图：

第一，打造基于工业互联的远程运维平台，形成智能服务基础构架，并以之为基础，为用户提供全生命周期、专业化的系统解决方案，贯穿于设备全生命周期服务链，构建设备智慧服务生态圈。

第二，以"专业服务+互联网"推动服务模式转型，以智能化服务新模式为钢铁主业多基地智能制造提供智慧服务支撑，并逐步走向泛工业化服务，成为工业领域设备智慧服务的领军企业。

第1章 简　介

随着以智能制造为核心的制造强国战略的快速推进,包括流程工业在内的各类制造业企业走向智能化已成为必然趋势,以万物互联、可感知、可诊断、可预测、可精准恢复、可自适应调整等为特征的设备远程运维应运而生,并成为企业实现智能制造转型升级的重要基础。

设备运维水平不仅直接影响企业的生产成本,包括维修维护、人力资源、物料消耗等费用,也直接影响生产效率和产品的质量。因此,提高智能化远程运维水平对我国从制造大国转型为制造强强具有非常重要的意义。

目前流程工业设备远程运维的探索刚刚起步,以流程工业设备系统为对象,建立以"基于设备状态的智能决策"为核心的服务模式,不仅对于流程工业具有重要理论价值和重大现实意义,对于其他工业也将产生强烈的示范效应。

1.1　项目涉及的领域及特点

钢铁行业属于典型的流程性行业,与其他类型的工业行业相比,钢铁行业工艺流程固定、设备投资大、自动化程度高,流程中任何单体设备的故障均可能影响整条产线的运行,因此对设备运维能力的要求远高于其他类型工业。目前,运维检修通常依赖点检人员在各个状态受控点人工采集数据,以获取设备状态信息。这不仅导致工作强度非常大,而且时刻威胁着点检人员的人身安全,急需利用先进的技术手段,探索新型设备运维模式,以满足钢铁行业智能运维的需求。

1.2　本项目拟解决的关键问题

(1)改变传统的设备状态人工点检模式。通过部署大量采集系统对关键状态量信息进行采集,在恶劣环境中丰富数据的来源,并提升数据的实时性和频度,为大数据分析打下良好的基础。

(2)降低点检人员的劳动强度。设备远程运维的数据采集任务由在线信号采集系统承担，点检人员仅需进行应急处置，降低了劳动强度，保证了人身安全。

（3）提高设备状态的把控能力。通过提高设备检测的时效性、准确性，实现自动报警保护，记录故障发生前后的技术数据，进行故障诊断、确定故障点，推断故障发生的原因。

（4）改变传统运维的计划维修模式。通过建立分析模型、预警模型，对收集的大量数据进行分析，实现设备状态的预测和预知维修，大幅降低设备突发故障及备件库存。

（5）提高人员效率和设备效率。利用数据分析实现对关键设备在设计、制造、物流、销售、服务所有业务流程的精确运行管理。

（6）提高设备系统与生产系统的适配性和融合度，实现设备大数据与生产大数据的互联互通，支撑制造过程智能化。

1.3　存在和突破的技术难点

充分应用云平台技术、自动数据传输、智能分析算法、大数据分析及应用、典型工业场景下的人工智能方法等先进技术，实现钢铁产线的全自动设备状态监测，主要内容有：

（1）开发全新的在线监测装置，应用先进数据采集技术，解决工业现场恶劣环境下难以采集设备状态实时数据等问题，替代人工采集方式。

（2）应用工业互联网技术，通过自动数据传输技术，解决钢铁产线工控场景中数据传输问题，实现设备物联、系统互联、多专业数据融合、人机交互等信息互联。

（3）采用自适应预警模型、智能诊断模型、劣化趋势预测模型、大数据分析模型、备件存贮模型、检修模型等技术，解决钢铁产线关键机电设备运行状态监测、故障识别、寿命预测、预测性维修等难题，实现设备状态远程智能决策。

（4）开发基于云平台的数据存储、分析、知识库、App、专家远程连线等功能，结合智能眼镜、智能头盔等智能装备，提供远程运维支持服务，解决多基地、多用户专业化设备预测性维修需求。

（5）应用工业网络信息安全技术，基于工控网络信息安全的纵深防御体系，构建系统信息安全架构，采取信息安全措施与手段，保障远程运维平台与生产执行系统的信息安全。

本项目通过提升远程运维技术水平，打破传统设备运维中存在的技术瓶颈，基于已形成的先进钢铁企业远程运维方法，推广远程运维模式，推动我国工业整体设备运维水平的提升。

第 2 章　项目实施情况

2.1　需求分析

2.1.1　项目团队

为了实现设备远程运维在钢铁行业智能制造中的应用,宝钢技术集中设计制造、分析诊断、检修运维、信息智能等专业人员组成技术团队,重点开展设备远程运维平台建设与推广应用。同时,聘请相关知名高校、研究院所及工业互联网优势企业的专家担任平台的特聘专家顾问,组成专家组,对平台功能的优化、App 的开发与应用提供专业的指导与建议。

设备远程智能运维平台能够支持智能制造框架体系下运维服务的所有流程环节,具有跨设备运行全生命周期的健康诊断、状态维护及解决方案推送等功能。通过远程运维平台及工业 App 的应用开发与推广,打造以设备云为基础,以系统解决方案为核心的设备智慧服务生态圈,为钢铁主业多基地智能制造提供智慧服务支撑,并逐步走向泛工业化服务,成为工业领域设备智慧服务的领军企业。

2.1.2　平台内外部需求

1. 设备状态维护服务需求

根据设备运维业务流程,要完成基于平台的设备全生命周期维护服务,需采集设备原始数据、状态数据、维护数据、使用数据、维修数据、生产过程数据、检修计划数据、人事数据、检修过程数据,并提供维修标准的维护、生产负荷预警模型判断、生产组织模型判断、生产组织模型报告形成、检修过程数据统计及保存等服务。

2. 健康诊断需求

设备健康状态是保障设备正常运行的基础。判断设备健康状态和劣化趋势需要通过生产工况的分类,精细化地对设备状态进行故障预警和模型诊断;需要在对设备进行在线预警和诊断的基础上,结合生产工艺过程信息、备件更换情况、故障履历和设备参数等外部条件信息,利用分析模型和诊断工具对设备的状态进行综合诊断分析,才能得到最终的状态诊断结论和趋势分析结果,从而指导设备检修计划的安排、帮助维修标准的改进、提供健康状态的预测和指导备品备件的采购。

3．解决方案推送需求

钢铁行业设备种类多，运维环节复杂，为保障设备长时间稳定运行，需建立基于大数据分析的解决方案推送业务流程，包括远程运维、状态总览、设备状态和备件需求预测、备件全生命周期管理、工艺数据信息的共享、库存管理、修复制造计划生成、过程质量控制。

2.2　总体设计情况

本项目以钢铁行业关键机电设备为对象，通过开展平台架构设计、关键技术应用、重点产线部署，实现基于远程运维平台的关键设备信息互联、智能决策、远程服务、智能管理等功能，构建设备远程运维新模式及全生命周期智慧服务体系。

2.2.1　平台主要功能

本项目通过建成功能完整的、符合工业网络信息安全架构、跨设备运行全生命周期的设备远程运维平台，贯通远程运维的业务环节，全面获取设备运行全生命周期过程数据，实现信息互联、智能决策、远程服务及智能管理四大功能，支撑运维模式的转型发展。

1．信息互联功能

信息互联功能使得设备管理不再受地域差异、设备类型、系统种类、数据、专业等多种限制，将所有数据、信息汇集于设备远程运维平台，实现设备物联、系统互联、人机交互和多专业数据融合。

1）设备物联

根据设备运行特点及结构特征，确定状态数据采集策略，配置不同类型的传感器和采集装置，获取设备状态运行特征数据，通过有线或无线网络进行传送。

通过各类采集设备直接操作底层采集设备的采集接口，不仅采集关键机电设备状态数据，同时对状态采集设备本身进行自检，保证采集设备的稳定工作。针对采集到的设备状态数据，进行过滤和清洗等预处理，部分状态数据采集后进行阈值式的简单预警，之后将实时状态和简单预警信号交由机理预警模型进行综合预警，对设备的状态进行预警模型判定，针对预警的设备采用机理诊断模型进行故障诊断。实时状态、预警信息、诊断结果和采集设备自检信息将被分别进行结构化缓存，以保证在与上层系统出现网络故障时可以延后发送数据，不至于丢失实时数据。同时，这些数据打包上送给监控分析层边缘服务器，由边缘服务器将信息转送至远程运维平台大数据中心进行持久化存储，并由远程运维平台向管控层提供数据服务和预警展示。

2）系统互联

通过接口开发，与控制系统和管理业务系统实现数据共享，获取工艺过程数据和管理过程数据。打通与 PLC 控制系统通信通道等手段，多方位获取监测对象的运行过程数据，同时开发与设备资产管理系统、L2 过程控制系统、质量控制系统等周边系统的接口，进行相关数据的采集和匹配，传送到运维平台进行综合判断后，向各级操作、管理人员发出故障隐患预警，提示故障类型与故障程度，以利于状态维护人员及时做出应对措施。

3）人机交互

报警信息、任务处理信息直接自动推送给相关责任人员。对业务实施过程中产生的各类计划、检测数据、分析数据、诊断报告及各类统计报表等进行查询及主动更新发布，提供各类智能诊断规则、模型的维护环境。技术人员能够进行模型与规则的配置、验证、编辑和统计等。相关人员通过手机端、电脑端实时查看状态判断结果、劣化趋势，并进行相应的业务处理。

4）多专业数据融合

应用设备状态数据分析处理技术，完成复杂信号特征提取、异构数据处理、海量数据存储、快速数据计算等处理功能，以设备对象为核心，实现多种类别数据的汇聚，为智能诊断提供高质量数据。

制定数据分类规则，有序收集处理在不同地域内、不同专业的检测数据，通过工业互联网传输，按照所制定的数据分类存储规则，以设备对象为核心，进行高效关联，便于各类诊断实施及数据查询。

2. 智能决策功能

智能决策功能如图 1 所示，该功能应用大数据分析技术，运用设备状态的自适应预警策略，在极大程度上减少故障的漏报与误报，提高预警的有效性；同时，通过智能诊断模型，采用人工智能手段，实现故障特征的智能化处理，自动给出故障的部位和故障的程度，触发相关的检修项目或计划；再结合大数据的学习，提取跨专业数据之间的隐性特征，提升诊断准确率，并为设备的寿命预测与评估打下基础。

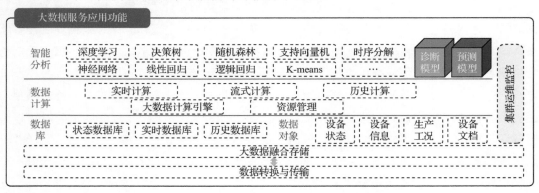

图 1　智能决策功能

智能决策除了对故障诊断进行决策外,还能对检修计划及备件库存提供决策支持。通过把历史时间段(定、年修计划)实施实绩与设备的运行状态相结合,采用大数据分析工具,自动给出产线定、年修模型优化设置方案;通过智能自动匹配检索历史相近运维项目实绩,依据检修计划清单智能匹配人力模型,依据检修项目标准智能匹配检修方案,包括推送工器具配置信息,实现项目计划管理与人事管理互联互融,实现区域资源管理实时联动,提升服务效率;通过对剩余寿命预测技术的应用,实现对典型部件剩余寿命的准确预测。以此为依据,制定基于数据分析的备件更换决策机制,自动推送备件存储模型的优化方案,降低库存资金的占用。

3.远程服务功能

远程服务功能分为远程诊断和远程维修支撑两个方面。通过采集装置将实时监测数据传送至平台,专家无论身处何处,都可以通过 PC 端提供远程指导;远程维修支撑使现场人员能够通过视频或智能装备(如 AR 眼镜、智能头盔)查看相应设备采集的实时数据、设备图纸、指导视频与文档,录制实际检修过程并上传至运维平台存档。专家远程连线查看现场人员检修过程,实时沟通进行指导。

通过基于平台的在线专家系统或现场的诊断平台进行诊断,诊断结果可以由现场终端进行显示或通过移动端推送至用户,并为用户提供运维建议,支持用户进行远程运维指导,指导现场人员进行异常处理。

通过智能头盔等智能装备进行远程运维支持和现场数据可视化。智能头盔除了作为运维现场安全帽和防护镜作用以外,还可以围绕特定指令、安全信息和 3D 地图等,通过增强现实技术,使现场运维人员在运维现场获取运维设备的状态数据、运维步骤、运维要领等相关资料,直接连线远程专家快速消除设备故障。

4.智能管理功能

基于大数据、标准和知识库形成的智能管理功能,实现工作任务的自动提示、重要指标发展趋势的推送、异常现象判断依据的推送、同类设备异常处理履历的推送、设备检修方案、安全管理文档的推送、备件存储异常状况提示、报表的自动生成与推送,提高运维方案的完整性和准确性。

2.2.2　平台架构

钢铁行业设备远程智能运维平台面向大型泛工业化企业数字化、网络化、智能化需求,构建基于海量数据采集、汇聚、分析的服务体系,以物联网、大数据、人工智能等先进技术应用为手段,以智能诊断、寿命预测模型为关键,以"区域化+专业化"系统解决方案为核心和落地载体,实现对设备的"感知—认知—唤醒",为用户提供集"信息互联、智能管理、智能决策、远程服务"为一体的设备远程运维服务。平台聚焦钢铁行业远程运维服务,构建设备物联服务载体,实现"设备与设备、设备与人"的连接,精确掌握用户设备服务需求;以设备云服务为驱动,串联生命周期的各环节,形成系列具有生命力的定制化系统解决方案，实现"产品与用户"的精准对接；借力"互联网+"，构建设备共享服务载体，实现"企业与企业"的连接，推动线上与线下服务的有机融合，实现设备专业化服务力量与属地化服务力量的高效互动，形成多基地设备服务智慧共享最佳实践，奠定泛工业领域设备服务智慧共享基础。

实现设备全生命周期远程运维服务，必须集中汇聚各类设备运行数据、管理过程数据，集成应用工业大数据分析、智能化软件、工业互联网等技术，优化一系列过程决策机制，建设面向设备全生命周期的远程运维平台，才能提供智能装备（产品）远程操控、健康状况监测、设备维护方案制定与执行、最优使用方案推送、创新应用开放等服务，实现运维模式的转型。设备全生命周期的远程运维平台通过确定主要设备类别的状态数据采集策略，集成多专业融合的在线数据采集系统，汇集离线精密诊断结果，改进设备运维模式，利用基于模型预警、大数据分析及智能诊断机制的综合诊断系统，为用户推送状态判断结论和处理方案，确立基于各类数据智能判断的运维业务决策机制，建立设备运维新流程，实现状态诊断结果的应用、评价及知识积累，提高设备故障控制能力、提升劳动生产效率、降低设备综合维修成本，推动向状态预知维修策略的转变。

平台主要包含四大要素：数据采集层、数据分析处理层（IaaS）、平台服务层（PaaS）和应用 App 层（SaaS），如图 2 所示。

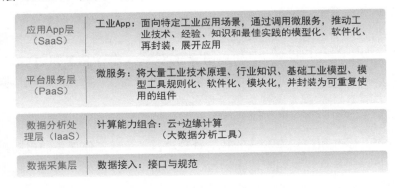

图 2　远程运维平台的总体应用框架

1．数据采集层

针对钢铁行业产线设备状态、工艺过程等领域内信息的特点，根据综合智能诊断的需求，宝钢技术自主研制了具有高性能指标的动态数据采集装置，以满足获取振动、温度及运行精度等设备状态信息及电压、电流等过程控制参数的需要，为搭建底层数据采集系统、实现人与设备及设备与设备的互联提供产品保障。

2．数据分析处理层（IaaS）

数据分析处理层构建设备远程运维的数据中心，实现多态异构数据的融合、存储、计算、传输等管理功能。

数据中心包括分发服务器、网络、服务器集群、大数据融合存储设备以及基于这些硬件设备的软件系统。软件系统包括数据采集模块、大数据融合存储模块、数据分发模块、数据库模块、数据计算模块、集群运维监控模块。其主要技术特点是：

（1）利用超融合存储技术，实现海量设备运维数据的收集和持久化存储。数据存储规模 2PB，据初步测算，可以存储 20 条产线以上规模的所有设备 3 年以上的设备运维的各类过程数据。

（2）利用高速并行计算，实现海量数据的运算，高速运算诊断模型，快速分析决策设备异常。

（3）利用大数据的持久存储及高速计算处理能力，为设备运维智能管控提供数据清洗、机器学习、深度学习、人工智能等手段。

（4）高效、可靠数据传输：重传多备份避免数据丢失，针对设备运维数据特点优化数据传输过程。

（5）多种数据库并行，提供对结构化、非结构化数据以及传感器数据的实时及历史数据管理。对不同类型的数据根据其使用特点采用不同的数据库技术。

3. 平台服务层（PaaS）

对于智能运维来说，设备远程智能运维平台是核心，而对于设备远程智能运维平台而言，工业 PaaS（平台层）是核心。

其中核心的要素组件包括三个方面：智能数字化模型、微服务（功能模块）、管控流程及配置工具。

1）智能数字化模型

智能数字化模型可以分为两种：一种是机理模型，根据设备对象、生产过程的内部机制或物质流的传递机理而建立起来的精确数学模型。

宝钢技术自主研发了包括“设备振动温度自适应预警模型”、“风机滚动轴承诊断模型”、“除磷泵滑动轴承诊断模型”、“转子失衡、对中、松动诊断模型”、“齿轮箱（含轴承）诊断模型”、“扭矩预警模型核心算法”等在内的八大模型，已成功应用于宝钢 1580、2050 等多条产线与单体设备中。

随着大数据技术发展，大数据分析模型也被广泛使用。运用基本的数据分析工具（数据回归、聚类、分类、降维等基本处理的算法）、机器学习（利用神经网络等模型对数据进行进一步辨识、预测等），宝钢技术同步研发了风机类设备振动信号异常预警模型、层流辊道电机系统异常智能预警模型、精轧 2050 减速箱异常智能预警模型等，与机理模型相辅相成，增强了设备状态、设备信息、生产工艺、设备文档之间的相关关系。

2）微服务（功能模块）

以实现设备远程智能运维为目标，充分挖掘各业务环节的需求，通过设备与设备互联、技术与管理相融合等途径，实施设备运行全生命周期数据的采集与管理，开发基于可共享、可灵活配置的微服务功能组件，如图 3 所示。

图 3　微服务（功能模块）总览

微服务的主要功能及模块介绍如下。

（1）状态预警

根据设置的各类预警模型、规则，监测诊断系统自动给出预警信息，设备管理人员根据预警提示，做出相应的处理措施，避免劣化加速或突发故障的发生。

（2）综合诊断

面向各级技术人员，根据预警模型或趋势分析的结果提示，结合各专业诊断的结果及历史故障、检修等信息，利用专业分析工具及知识库信息，分析判断异常原因、确定治理措施等。本模块中设置业务实施控制流程，确保诊断过程的规范进行。

（3）状态维护

根据监测诊断的结果，确定检修维护的时机和内容，并执行检修计划，反馈检修实绩，验证检修效果。

（4）管理优化

分析各类管理业务过程中产生积累的数据，对涉及产线运维的各类规则、模型（如备件存储模型、检修模型、状态预警、诊断模型等）进行优化，改善产线运行绩效。

（5）状态结果展示模块

本模块通过在网页端显示以图表的方式展示数据分析的过程和结果，包括资源状态展示、数据训练操作、机器学习算法应用配置、数据分析结果推送。

资源状态展示是将数据分析可用资源的状态在网页端展示。数据训练操作是将数据分析的基本过程以可视化的方式展示给用户。机器学习算法应用配置是选择将某种算法应用到某个设备上。数据分析结果推送是将数据分析的报警结果推送给业务系统，便于业务人员确认和处理。

（6）移动应用模块

移动应用模块主要结合远程运维的管控要求，形成预警推送、远程诊断、远程运维管控等云服务功能，方便用户能随时、随地获得云服务功能。

（7）知识库模块

知识库模块主要是结合验证过程，积累设备状态诊断、运维实施的成功案例，提炼形成远程运维的知识条目，在后续的诊断、运维过程中提供提示、指导，还能够结合现场运维中的关键要素，进行知识条目的查询，帮助做出正确决策。

（8）信息安全模块

信息安全模块负责设备状态智能诊断系统的信息安全，通过对用户进行管理授权来使用本软件系统。这个模块包含以下功能：用户管理功能、访问控制功能、数据安全以及日志安全功能。

3）管控流程及配置工具

平台实施统一的管控流程：数据按需多地存储、模型远程调用、结果实时推送。在规范了面向多基地应用的同时，保证了数据、信息的安全性。

所有用户统一访问部署在总部的远程运维平台。根据各基地的业务需求及与总部的网络连接方式，可灵活确定基地状态数据库的部署位置。报警数据实时上报到平台，确保第一时间在平台中进行处理。诊断模型统一部署在平台，供所有业务系统调用，并可进行统一的维护和优化。诊断结果实时反馈各基地状态库，接入管控流程。

4. 应用 App 层（SaaS）

以强化应用为出发点，以用户需求为导向，以提升用户价值为目标，结合平台数据分析层（IaaS）和平台服务层（PaaS），全面对接传统检测诊断业务管控升级、智能产品拓展及"专业化+区域化"系统解决方案，形成多个基于云平台的数字化、网络化、智能化的工业应用，为推动智能运维新业态提供强有力支撑。

2.3 实施步骤

通过基于远程运维新技术的工业技术服务新模式，与用户共享"状态稳定、费用可控、效率提升"的双赢成果。

为建成跨设备运行全生命周期的远程运维平台，助推流程工业企业智能制造战略的快速实施。

2.3.1　项目实施步骤

1．设备远程运维平台及相关基础设施建设

（1）构建设备远程运维数据中心，实现多态异构数据的融合、存贮、计算、传输等管理功能。

（2）开发远程运维平台服务中心，具备贯通健康诊断、状态维护、解决方案推送等主要业务环节的跨全生命周期运维业务管控的应用功能。

（3）完成示范区域的在线监测诊断系统开发，并实施过程控制系统、业务管理系统等接口开发，实现跨设备运行全生命周期的过程数据的采集。

（4）完成高性能数据采集装置及其应用软件等产品开发，以保障状态数据获取的精度。

2．基于工业互联网、大数据分析及诊断模型的智能管控能力建设

1）完成大数据分析应用软件及相关环境的开发

采用先进的大数据引擎为设备远程运维提供大数据计算支持。按照业务的智能分析需求通过不同的计算模块对数据进行计算和梳理。智能计算提供的计算能力包括实时计算、流式计算、离线计算三个部分。

智能分析采用各类人工智能、机器学习的算法为远程运维平台健康诊断、状态维护等业务提供智能分析支持。本软件支持的智能算法有支持向量、神经网络、深度学习、增强学习、数据降维、信号分析等。

2）针对典型机电设备研究开发智能诊断模型及 App

针对风机、齿轮箱、轴承等设备振动量、温度量开发自适应监测预警模型，连续估计监测参量在特征空间中的分布区域，对监测参数与特征空间的相对距离设置报警阈值，判断是否出现异常，透过众多特征值历史趋势，观察振动信号的多元变化，基于统计算法或专家经验，以设备行为相关的诊断法则，建立多维的诊断基准（Baseline）与警报设定。

利用故障特征频率、包络特征、无量纲指标等特征参数，开发风机、齿轮箱等设备的典型故障识别、分类和规则匹配诊断算法，实现自动故障诊断。

3）开发自适应检修模型

根据运维过程中各类信息的分析，生成动态自适应的检修模型。能够自动匹配检索历史相近的运维项目，根据工单智能匹配人力模型，根据工单智能匹配相近工具配置信息，实现工单管理与人事管理互联互融，根据人事管理信息智能推荐在岗人员，实现区域资源管理的实时联动，提升服务效率。根据一定时间段内，智能编排定（年）修生产模型报表，并智能匹配人事管理系统对人力资源缺口预报警，同时向检修生产管理部门推送最优化检修生产组织模式。

4）形成基于数据分析的备件更换决策机制

建立描述多元监测数据对设备故障影响关系的混合比例风险模型，通过混合多参数族的联合求解，获得多部件多故障模式非线性竞争作用的模型化表述，推演当前状态表现下的故障发展，实现对典型部件剩余寿命的准确预测。以此为依据，提出基于数据分析的备件更换决策机制。

3. 通过流程工业典型产线示范应用，构建设备远程运维服务的新模式

（1）选择流程工业企业典型区域，进行设备远程运维模式的示范运行，检验各项功能性能指标的实现，达到业务过程优化、运行质量可控的目标。

（2）开展基于运维信息推送的远程运维支持。在设备运维方面，通过智能头盔设备进行远程运维支持和现场数据可视化。

（3）完成远程运维的体系建设，制定新型运行服务模式，建立远程运维服务的机制。

2.3.2　建设内容和关键技术应用

本项目充分应用了最新数据采集技术、智能诊断技术、工业互联网技术、大数据分析，以支撑设备智能监测与运维，主要表现在以下几方面：

（1）应用了 RFID 射频识别、无线自动数据传输、工业无线传感器等先进数据采集传输技术，解决了工业现场恶劣环境布线、信息传输困难等问题。

（2）开发了全全新在线监测装置和技术，解决主要机电设备类别状态、精度及工艺过程数据的采集问题，能够为后续的业务处理方案提高决策依据。

（3）应用机理模型、诊断模型等技术，开展数据智能分析、大数据分析，使设备状态数据自动形成状态判定结果，设备状态能够有效预测，以促进预测状态维修模式发展。

（4）应用了全生命周期分析技术，保障了工业产线关键设备的全生命周期分析和管理。

（5）应用了云平台数据存储和分析，将原来分别属于几个业务系统的业务内容通过云平台进行了业务整合，打通了各系统之间的信息壁垒，实现了业务流程的闭环，提高了业务运行效率。

（6）结合流程行业最先进的数字化软件，在统一的平台之上对关键设备进行数字化展示、数字化运维、数字化管理。

第3章 实施效果

3.1 项目实施效果

3.1.1 项目的经济效益

项目建成后，设备运维中所涉及的健康诊断、检修过程、备件修造和服役的数据在所有的业务环节中都能共享，有力地推动了智能化服务模式的形成。通过与服务对象的协同，产生的效益体现在以下方面。

1）设备维护成本的下降

以流程工业企业为例，目前由于采用预防维修模式，产线设备的维护成本相对还有下降空间。如果采用更先进的预知维修模式，设备运维成本可降低 5%以上。

2）效率的提升

在人员效率方面，采用了在线自动获取区域状态数据的系统，其状态参数的获取大量减少了人员的参与；同时采用了智能化的诊断与判别，减少了很多简单的分析和判断人员；由于可通过远程方式进行访问和指导运维，因此无论产线运维专家身处何地，均可通过网络指导运维；通过检修模型优化及智能调度，提高检修作业效率 10%以上。

在设备效率方面，通过在生产过程中及时发现设备故障和异常至关重要，本项目采用的状态监测诊断技术可以使设备突发故障基本消除，从而提高示范产线设备的整体效率 5% 以上。

在备件的消耗效率等方面，由于采用了预知维修模式，进行针对性的维修，因此极大地提高了维修效率和设备部件的使用效率，采用预测技术，可预测设备的发展趋势，可在最佳时间准备备件，提高备件使用效率 10%。

3）促进服务模式的发展转型

打通检测、检修及备件制造等环节的专业界限，探索形成以状态总包等为特征的技术服务新模式，有力推动向基于远程运维平台服务的发展转型。

3.1.2 项目的社会效益

本项目建立的设备远程运维平台，通过在钢铁示范产线的应用验证，对整个钢铁行业都具有良好的适用性,能够在线管控设备运行状态,使设备维护更具针对性和有效性,提高产线装备的功能精度,降低故障时间,降低资材消耗,对其他流程工业如电力、能源、石化等行业的设备状态管理也具有良好的指导作用。

本项目开发的面向远程运维的智能管控软件及相关数据采集产品,有效解决了设备运维数据采集和建立互联关系的问题,实现设备运维数据的自动采集、状态判断、决策的智能化,为智能工厂建设和智能服务都提供了坚实保障,推动了自主核心流程工业软件由"低中端应用市场"进入"中高端综合应用市场",提升制造业自主创新能力和产业安全保障能力,促进流程工业由量到质的转变。

本项目形成的一系列流程工业机电设备状态智能判断模型及方法,能够有效提取机电设备的故障特征,提高状态决策的准确性,保障机电设备的安全稳定运行。可以将模型库推广应用到石化、电力等行业领域,提高设备健康状态监测诊断的实施效果。

3.2 复制推广情况

3.2.1 典型案例

1. 热轧产线在线监测诊断系统

围绕热轧产线在线诊断系统的应用,建立从模型预判、专业诊断、综合诊断等多层次状态决策的工作方式,构建设备诊断综合管理平台,完成设备状态管控相关业务的展示、监控、管理。为现场用户提供直接的状态判断结论和处理方案,并跟踪执行及优化反馈。

该系统中新建旋转机械振动监测、转轴扭矩监测、高压开关柜无线测温、液压系统状态监测、电气传动系统状态监测五个模块,归并辊道电机电流监测模块。各专业分析软件中,基本包含预警模型、诊断模型、分析工具、配置工具等内容,实现设备状态、工艺、生产、质量、备件等大数据综合分析,形成从单台设备到产线群的设备状态综合监测诊断能力。该系统已在宝武集团宝山基地 1580 产线、东山基地 2250 产线成功应用。

2. 热轧产线区域设备状态智能运维

由"产线工程师"取代原来的专业点检,通过平台将在线、离线等技术手段和点检、设备运行等参数相结合,实现了智能决策与智能管理,形成了基于平台的智能运维模式,如图 4 所示。

基于远程运维平台,借力大数据分析,充分挖掘现有在线、离线数据价值,构建宝武集团宝山基地"2050 卷运区域设备健康状态诊断系统",实现设备状态在线监控及智能诊断,逐步向预测性维修转变。

3. 环保除尘在线监控系统

通过在线监测系统采集环保设备设施运行状态、主要工艺参数和环保排放数据,并汇聚集成到统一的数据库,研发完成集生产工艺参数、排放数据、设备状态和能耗等为一体的自适应模型，提高环保设备运行效率，降低运维成本，延长设备使用寿命，为环保除尘系统的无忧运行和最优运行提供技术支撑。

图4　热轧产线区域设备状态智能运维系统流程

除了状态智能判断外，烟气排放的在线监测数据实时反馈除尘系统并参与其控制，动态调节除尘系统运行参数，确保节能降耗及排放受控，形成完整的智能管控运行模式。该系统已应用于宝武集团宝山基地炼铁厂4DL环保除尘，其架构图如图5所示。

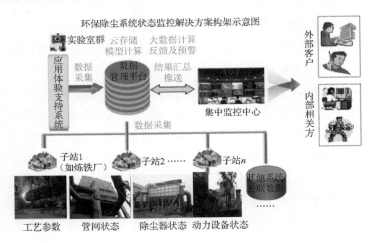

图5　环保除尘系统架构图

3.2.2　行业带动

1. 有效提升钢铁行业整体运维水平

钢铁企业的各类产线运行工况复杂、环境恶劣，而高性能钢种的生产对设备又有着极高的要求。设备工作在极端条件下又必须保证精度和稳定度，这就对设备运维水平提出了极高要求。目前我国钢铁行业基本处于传统运维模式，维护水平与发达国家差距明显。提升钢铁行业运维水平是提高我国钢铁行业产品质量和技术水平的重要途径。传统运维模式已经满足不了企业的要求，只有通过发展智能远程运维才能解决目前运维业务存在的问题。宝钢设备远程智能运维平台建立有效解决了钢铁行业运维业务中存在的问题，主要表现在以下几方面。

（1）通过设备远程运维在钢铁行业智能制造中的实践，改变了传统的设备状态人工点检模式。目前钢铁行业的设备状态信息的获取大都依靠点检技术人员人工在设备现场通过手动的方式测试获得。而智能远程运维是通过部署大量的在线信号采集系统对关键状态量信息进行采集，在线系统可以 24 小时不间断地高质量采集数据，同时系统可以部署在恶劣环境中，大大丰富数据的来源、提升数据的实时性和频度，为大数据分析打下了良好的基础。

（2）通过设备远程运维在钢铁行业智能制造中的实践，降低了点检人员劳动强度。钢铁行业设备现场大都环境恶劣，分布分散，许多地方人员无法进入，造成了人员工作强度大，提取的设备状态数据量少、时效性低，已经成为关键设备状态信息获取的瓶颈。设备远程运维平台建立后，数据采集任务由在线信号采集系统承担，点检人员仅需进行应急处置，降低了劳动强度，保证了人身安全。

（3）通过设备远程运维在钢铁行业智能制造中的实践，提高了设备状态的把控能力。在线系统采集的实时数据可以随时反映出设备的当前状态。当设备发生故障时，采集的数据超过报警值后系统就会自动报警，并可以根据程序设定实现自动停机，减少故障损失的范围。同时系统记录的故障发生前后的技术数据可以用于故障诊断，确定故障点，推断故障发生的原因。

（4）通过设备远程运维在钢铁行业智能制造中的实践，改变了传统运维的计划维修模式。设备状态预测和提前预知是建立在大数据分析的基础上的。传统运维无法积累分析大量的数据，因此根本不可能实现这些高级别的功能。而远程智能运维平台可以通过建立分析模型、预警模型，对收集的大量数据进行分析，实现设备状态的预测和预知维修。

（5）通过设备远程运维在钢铁行业智能制造中的实践，提高了人员效率和设备效率。运维管理的要素有人员、操作规范、作业规程、安全管理、工器具、维修配件等。在传统运维中没有技术手段实现对以上要素的全面有效管理。远程运维就提供了实现这种全面管理的能力，利用数据分析实现了对关键设备从设计、生产、物流、销售、服务、再制造改进整个业务流程所有环节的精确运行管理，并可以不断改进提高。

2．提升我国流程行业设备整体运维水平

冶金、电力、石化、制药等流程行业，在国民经济中处于基础性地位，设备造价高、体积大，发生故障时往往造成非常严重的经济损失，制造流程中各类设备的故障均有可能影响到整个流程的正常运转，因此流程工业对各类设备的检修运维水平提出了很高的要求。通过设备远程运维在钢铁行业智能制造中的实践，可快速推广应用于其他流程性工业企业，对提升我国流程行业整体运维水平，具有极高的示范意义和推广价值。

3. 平台推动我国工业整体能力的提升

目前我国正加快推进智能制造，这是落实工业化和信息化深度融合、打造制造强国的战略举措，更是我国制造业紧跟世界发展趋势、实现转型升级的关键所在。远程运维服务是智能制造重要的组成部分，通过设备远程运维在钢铁行业智能制造中的实践，率先应用的云平台、大数据预警、网络安全防护等新型技术更是能在传统制造业的产业升级改造中发挥示范作用，有助于我国工业整体能力的快速提升。

3.2.3 服务模式

基于设备远程运维平台，智能分析提供区域整体系统解决方案，根据设备状态、备件、物料等信息，智能配置整体设备管理人力及检修人力资源，通过与用户方效益分享应用机制，打造由"项目负责"转向"状态负责"的专业化服务，共享"状态受控、费用稳定、效率提升"的双赢成果，实现运维业务向设备管理上游衍生。通过工业互联网延伸服务，运维模式可从钢铁行业延展到其他流程工业。

第4章 总　　结

在以钢铁行业为代表的流程型工业中开展设备远程运维平台，将极大提高资源利用率和效率、减少设备损耗、降低运营成本，实现可持续发展。

（1）提升设备管控水平。开展设备远程运维可以提高设备状态实时把控效果，及时发现设备问题、质量异常和严重故障，采取预测性维修措施，实现关键设备无忧运行。

（2）降低设备维护成本。通过大量历史数据的分析，预测在役设备的剩余寿命，可以大大降低设备的维护、检修和更换量，提高设备使用寿命，从而降低检修成本。

（3）改善产品质量并提升产能。通过历史数据的深度挖掘，结合领域专家经验和质量分析模型，可以防止设备问题对产品质量造成的影响，极大地减少连续性缺陷的发生，提升设备产能。

（4）提升设备运行可靠性。通过关键设备裂化趋势的自动跟踪和历史状态数据的匹配拟合，可以计算出关键设备可能发生的故障概率和发生时间，从而避免关键设备故障对产线生产的影响。

通过设备远程运维在钢铁行业智能制造中的实践，无论是大型企业还是中小型企业，在项目实施、应用、复制推广过程中都要遵循"成本低、数据准、信息全、效果佳"的原则。因此，企业需充分调研设备运维状况，从设备管理要求出发，梳理完整的设备相关数据（包括设备原始数据、状态数据、维护数据、使用数据、维修数据等）、管理业务流程以及设备运维经验；从智能监测与运维相关性出发，需了解并掌握与设备相关的自动化、信息化等能力基础，充分考虑设备与生产、工艺之间的相互关系和作用；从提升效率、降低成本、改善质量出发，明确项目实施的必要性和重要性，制定符合自身特点、可持续发展的目标方向、实施路径及商业模式。采用"整体策划、分布实施"的策略，以"点"（单体设备）、"线"（一条产线）、"面"（多产线或工厂）推进方式逐步实现设备远程运维在工业企业的全面应用。

面向砂型铸造的智能制造系统
解决方案

——共享装备股份有限公司

共享装备股份有限公司（以下简称共享装备公司，英文缩写 KOCEL）始建于 1966 年。公司经过 52 年的发展，通过体制、技术、管理等不断创新，已经成为跨行业、跨地区、多元化发展的企业集团，是中国铸造协会监事长单位，中国铸造业排头兵企业。公司主导产业为铸造（铸铁、铸钢等）、机械制造（智能装备、模具、精密加工、机床辅机等）、化工（糠醛、糠醇、树脂、固化剂、涂料等）、智能制造（铸造）综合集成服务等，提供相关产品及全套解决方案。

由共享装备公司牵头，联合中国铸造协会、新兴铸管、汉得信息、顺亿资产、银川经济技术开发区、烟台冰轮、中机六院、日月股份、力劲集团、宝信铸造、立鑫晟研究院 12 家股东，以"跨界融合、共建共享、联通各方、服务产业"为共识共同组建国家智能铸造产业创新中心。产业创新中心以"推动产业转型升级，引领行业进步"为使命，围绕行业智能转型的关键共性问题，培育智能制造（铸造）软硬件研发孵化器，提供智能制造（铸造）系统解决方案，建设面向行业服务的工业云平台，秉承专业、协同、共享、共赢的发展理念，集众智、汇众力，搭建开放、共享、线上线下相结合的行业平台，构筑"互联网+双创+绿色智能铸造"的产业生态。

第1章 简 介

1.1 项目背景

铸造是装备制造业的基础产业，已有约 6000 年的发展历史，在国民经济中具有重要地位。中国铸造产量连续 18 年稳居世界第一，全球每年仅铸件市场规模约为 1 万亿元，中国约占 45%，从业人数 200 万，企业 2.6 万家，是名副其实的"铸造大国"。

铸造作为"工业强基"的重要组成部分，是提升高端装备水平的重要影响因素。从汽车、能源、机床、轨道交通、冶金矿山设备到航空航天、国防工业、海洋工业等行业每年都需要大量的铸件。在机械设备中，铸件占整个装备重量的 40%～90%，如在金属切削机床、工业机器人中占 70%～80%，在发电设备、重型机械、矿山机械中占 70%～80%。但是，当前铸造产业中，总量的 60% 左右是多品种、小批量、以手工劳动为主的传统模式生产，存在生产环境差、劳动强度大、效率低、铸件质量不高、环境污染等问题，亟待转型，实现绿色智能发展。

1.2 案例特点

项目聚焦铸造行业，针对当前铸造业生产环境差、劳动强度大、效率低、铸件质量不高、环境污染等问题，业务覆盖咨询、规划、智能制造（铸造）关键装备、工业软件、数字化车间/智能工厂综合集成、工业云平台等，提供智能制造（铸造）系统解决方案，推动铸造行业向绿色化智能化转型。

共享装备公司 2008 年提出"迎接一个全新的世界"，推行全面数字化管理，开始转型升级的探索，2012 年提出"数字化（智能化）引领、创新驱动、绿色制造、效率倍增"的转型升级方针，明确向"技术创新型企业+数字化企业"转变的目标，同年开始实施"专利倍增计划"。公司 2012 年站在铸造行业角度，提出"3D 打印、机器人等创新技术+绿色智能工厂"的行业转型升级之路，以"点线面体"四个层次推进，如图 1 所示。通过 3D 打印、机器人等"点"上的关键共性技术创新、实现铸造智能生产单元"线"上集成，形成铸造数字化车间/智能工厂"面"上示范，进而探索确定"铸造 3D 打印、机器人等创新技术+绿色智能工厂"的转型升级路径，推动铸造行业在"体"上的转型升级，引领行业进步。

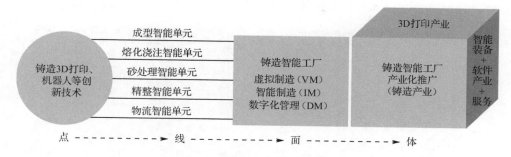

图 1　企业智能制造推进方案图

（1）"点"上突破，攻克铸造 3D 打印产业化应用等关键软硬件技术。共享装备公司于 2012 年开始陆续组建 100 余人的铸造 3D 打印创新团队，成立了 3D 打印产业应用中心，累计投入近 5 亿元，采用"互联网+研发"模式，主攻铸造 3D 打印产业化应用技术，攻克了材料、工艺、软件、设备及集成等技术难题，实现铸造 3D 打印产业化应用的国内首创，改变了以手工劳动为主的传统砂型铸造生产模式。

（2）"线"上集成，实践智能生产单元应用。共享装备根据铸造工艺流程，创新性地提出了铸造智能单元的模块化、工序化智能制造解决方案，即：成形、熔化浇注、精整等智能单元，已经建设和改造了 10 条以上智能生产单元。

（3）"面"上示范，建设多家数字化（智能化）示范工厂。共享装备公司组织 200 余人的研发团队，先后投入 10 多亿元资金，攻克了铸造 3D 打印产业化应用、虚拟制造、智能生产单元、综合集成等一批关键软硬件技术，2018 年拟设计、建设累计达 10 座数字化示范工厂（已建成三座），其中位于宁夏银川的铸造成形智能工厂为世界首个万吨级铸造 3D 打印成形工厂，其综合集成技术达到行业领跑水平，以手工为主的多品种小批量砂型铸造生产方式将被彻底改变。

（4）"体"上带动，构筑"互联网+双创+绿色智能铸造"的产业生态（如图 2 所示）。2016 年 12 月 1 日，国家发改委发布了《关于同意设立国家智能铸造产业创新中心的复函》，同意共享装备牵头组建首个国家产业创新中心，与中国铸造协会、新兴铸管、汉得信息、顺亿资产、银川经济技术开发区、烟台冰轮、中机六院、力劲集团、日月股份、立鑫晟研究院、宝信铸造 12 家股东，政产研用金协同，以"跨界融合、共建共享、联通各方、服务产业"为共识，共同组建国家智能铸造产业创新中心，并于 2017 年 9 月牵头成立了中国智能铸造产业联盟，现已有会员 120 余家，扛起了引领行业绿色智能转型的旗帜。

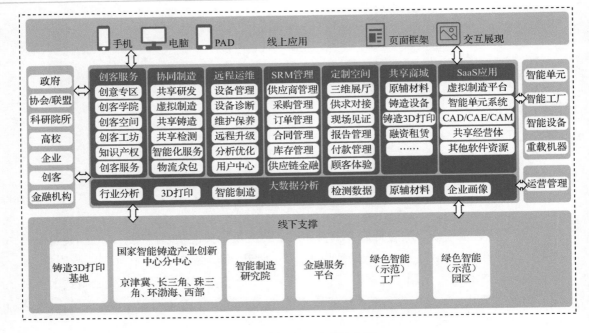

图 2　智能铸造产业生态结构图

第 2 章　项目实施情况

2.1　需求分析

1. 项目团队简介

从 2012 年开始，共享集团董事长彭凡作为团队带头人，为铸造业探索实践了"铸造3D 打印、机器人等创新技术+绿色智能工厂"的转型升级之路，致力于搭建"互联网+双创+绿色智能铸造"的产业生态，推动实现中国由"铸造大国"迈向"铸造强国"。

公司陆续组建了 200 余人的专业团队，先后投入 10 亿元，研发铸造智能工厂综合集成技术，分四个项目持续打造数字化、智能化铸造工厂示范工程项目，分别是：综合集成的数字化铸造企业建设项目、共享装备数字化铸造工厂、四川共享铸造数字化铸造工厂、共享装备铸造 3D 打印成形智能工厂示范工程。团队已具备智能制造解决方案供应商能力。同时，团队主要承担过以下国家项目，如表 1 所示。

表 1 团队承担项目列表

序号	项目名称	级别	责任单位	获批时间	项目类型	承担任务
1	智能铸造车间试点示范项目	工业和信息化部	共享集团股份有限公司	2015 年 6 月	试点示范	智能制造系统解决方案提供
2	铸造行业智能制造工厂/数字化车间综合标准化研究项目	工业和信息化部	共享集团股份有限公司	2015 年 6 月	智能制造综合标准化	智能制造系统解决方案提供
3	智能制造评价指标体系及成熟度模型标准化与试验验证系统	工业和信息化部	中国电子技术标准化研究院	2015 年 6 月	智能制造综合标准化	标准试验验证
4	轨道交通关键部件数字化铸造车间	工业和信息化部	四川南车共享铸造有限公司	2016 年 6 月	智能制造新模式	智能制造系统解决方案提供
5	传统铸造车间智能化改造项目	工业和信息化部	共享装备股份有限公司	2017 年 6 月	智能制造新模式	智能制造系统解决方案提供
6	轨道交通关键部件数字化车间新模式应用	工业和信息化部	中铁山桥集团有限公司	2017 年 6 月	智能制造新模式	成形智能装备供应商

2. 需求分析

铸造是"工业强基"的重要组成部分，是提升高端装备水平的重要影响因素。从汽车、能源、机床、轨道交通、冶金矿山设备到航空航天、国防工业、海洋工业等行业每年都需要大量的铸件。但是，在当前铸造产业中，总量的 60%左右是多品种、小批量、以手工劳动为主的传统模式生产，劳动强度大、工作环境差、质量难以控制、面临无工可用等问题，亟待转型升级。

共享装备公司提出的绿色智能铸造转型升级方案将推动铸造业向智能化、绿色化转型升级，并带动铸造行业上下游产业链的发展，其实施将产生巨大的经济、社会效益。

中国铸造目前年产量 4702 万吨，适合 3D 打印的多品种、小批量的铸件占比约 60%，即年产量为 2821 万吨，按照单台铸造 3D 打印设备年产铸件 1000 吨，3D 打印设备市场需求量为 27 000 台/套，3D 打印设备（包括远程运维等服务）的市场需求总金额约为 1800 亿元。

中国目前有铸造企业 2.6 万家，预计未来将会缩减到 1 万家，其中 6000 家将会实施智能化改造，按照单个铸造智能工厂年产 5000 吨产能设计，每个铸造智能工厂固定资产投资 6000 万元，铸造智能工厂（包括远程运维等服务）市场需求总金额约为 4700 亿元。项目的推广前景十分广阔。

2.2 总体设计情况

利用物联网、云计算、互联网等技术，构筑了"云+网+厂"的新一代铸造智能工厂架构，如图 3 所示。

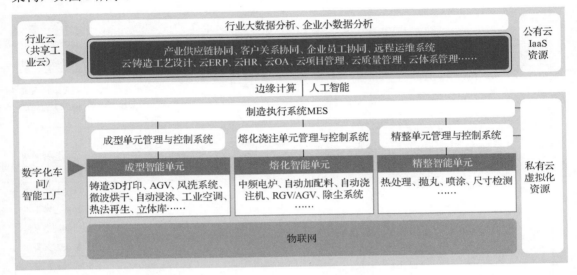

图 3　新一代铸造智能工厂架构图

"厂"是指铸造数字化车间/智能工厂，由智能单元和 MES 组成，智能单元包括生产设备、物流设备、物联网设备及智能单元控制与管理系统。

"网"是指物联网和互联网，利用物联网采集生产现场的各种数据，通过边缘计算技术，将数据进行加工处理后利用互联网上传至工业云平台。

"云"是指铸造行业云平台，可接收"厂"端上传的数据，提供虚拟铸造、ERP、供应链管理、人力资源管理、实验室管理等 SaaS 化管理解决方案。

1. 厂：数字化车间/智能工厂

数字化车间/智能工厂按照产品全生命周期纬度，包括三个"M"：以虚拟制造为核心的工艺设计优化（VM）、以智能生产为核心的制造过程提升（IM）和以数字化管理为核心的运营管控（DM），如图 4 所示。

1）以虚拟制造为核心的工艺设计优化（VM）

全流程虚拟制造围绕铸造工艺专业化、智能化、协同设计的要求，实现工艺设计全流程、全参数管控，通过知识库的深入应用持续提高工艺设计质量和效率，并借助三维仿真模拟技术在计算机中搭建与现实制造一致的虚拟制造环境，从而实现对工艺设计的全面验证。通过搭建与现实制造环节相对应的虚拟制造环境，在计算机环境下利用"电脑+人脑"获得最优的工艺解决方案，其主要内容包括：

形成铸造工艺设计相关的标准规范、基础资源、工艺设计规范等资源库，建立标准库、典型工艺库、典型问题库等 9 大核心知识库，通过自动匹配、自动判断、自动计算等方式有效地应用到铸造工艺设计的各个环节，实现了"人脑经验向电脑知识"的转换。

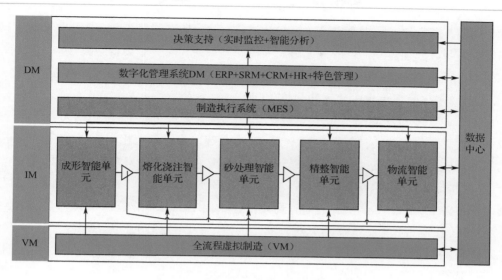

图 4　智能制造建设框架图

基于虚拟制造过程产生 1400 多项关键过程控制参数，通过与智能生产单元、可穿戴设备等有效集成，形成标准参数下达、执行结果采集反馈、数据分析优化的闭环控制，实现了铸造全过程参数化控制，将虚拟制造与现实制造集成融合。

通过引进三维设计与仿真软件、产品全生命周期管理系统以及自主开发的工艺设计集成控制系统，重新构建了以难点识别、方法策划、方案策划、工艺设计、工艺模拟、虚拟制造、生产仿真、闭环反馈为主线的全流程虚拟制造技术框架图（如图 5 所示），在计算机环境下实现了工艺设计的快速迭代优化。

图 5　全流程虚拟制造技术框架图

2）以智能生产为核心的制造过程提升（IM）

项目将铸造生产过程分为砂型成形、熔炼浇注、砂处理、精整和物流五大控制环节，围绕不同环节的关键控制要求，分别建立了基于知识库的智能生产单元，对生产、质量、成本、效率、绿色和人员六个维度关键参数进行采集、监控和管理。同时，基于物联网技术和智能装备，分别建立通信管理系统、人机交互系统，对关键设备达到数字化控制，覆盖90%以上工厂设备。

3）以数字化管理为核心的运营管控（DM）

根据企业管理的复杂程度可分为两种方案：一种是管理全面上云，包括人力资源管理、客户关系管理、供应商协同管理、ERP、行政办公等，通过租用相应的公有云上 SaaS 软件实现管理软件化、云化；另一种是部分上云，将较为复杂的管理放在企业的私有云当中（如产品全生命周期管理、ERP、MES、实验室管理等），与企业外部联系较为紧密的业务及管理简单的业务放在公有云上（如顾客关系管理、供应商协同管理、行政办公等）运行，通过 VPN 等技术将公有云和私有云进行安全连接，实现数据的互联互通。

2．网：物联网

铸造智能工厂物联网以嵌入式、电气、PLC、运动控制、通信设备等基础，重点解决铸造智能工厂部分数据无自动采集或代价过大、软硬件系统信息孤岛或与工控安全不能兼顾、数据无价值等通病，实现所有数据在底层设备与传感、信息管理系统、远程运维云平台之间透明解析与互联互通，以及物质流与数据流的同步；提升数据质量与信息密度，实现在数据、信息、知识、价值（智能）之间转换的良性生态循环。

物联网架构按照感知、网络、应用、公共技术等层次搭建，融入设备接入、协议解析、边缘数据处理等要素（如图 6 所示）。

感知层：是物联网部署实施的核心，主要为设备及传感，提供铸造工厂过程监控与生产管理所需的数据来源。

网络层：是物联网互联互通的基础，通过有线或无线方式，将工控网络、点对点通信等进行转换，纳入至局域网中进行统一的管理与分配；互通方面，通过搭建数据采集统一管理平台，建立软硬件连接的纽带与分水岭，将工厂各类设备数据进行协议解析，采集至 OPC Server 或数据库中，同时通过建立持久化层，屏蔽底层数据库访问命令的差异性。

应用层：为物联网应用提供支撑，包括边缘数据处理与数据应用。

公共技术：是物联网部署的关键，包括但不限于人工智能、标识解析、安全技术、Qos 管理、网络管理等。

3．云：共享工业云

共享装备公司联合软通动力、华为云、汉得信息、树根互联等行业知名企业为铸造行业搭建了开放、共享、线上线下相结合的面向行业绿色智能发展提供系统解决方案的工业互联网平台——共享工业云（如图 7 所示），利用"互联网+研发"，开展创新创业；开放共享优势资源，提供企业云信息化系统解决方案；为智能设备、智能生产单元、数字化智能化工厂提供远程运维。

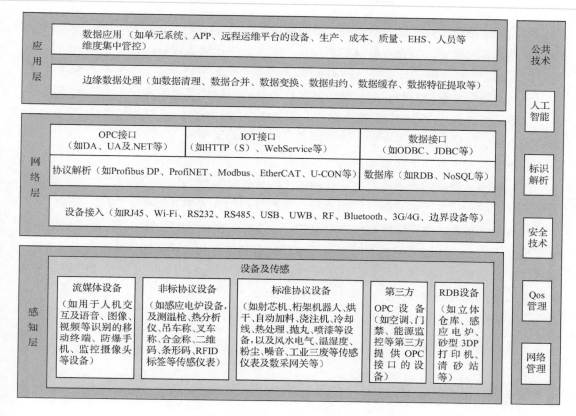

图 6　铸造行业物联网系统底层架构图

图 7　共享工业云平台

共享工业云主要包括协同制造、供应链管理、远程运维、共享商城、共享学院、铸软超市等模块，具备个性化定制、众创、众包、众筹、众扶、远程运维、在线培训、企业网校、电子商务等功能。

协同制造聚合了行业优质的资源,围绕铸造产品研发、设计、生产、检测、物流等环节,通过众包的模式,为企业提供需求发布、服务、招投标等服务。

共享商城,打造铸造行业专业的 O2O 电商平台,聚集了产业链上下游优质的供应商,为平台用户提供从原辅材料、智能装备到整机设备等一站式供需服务。

供应链管理,从库存管理到账务管理,从供应商档案管理到供应商考评管理,形成物流、信息流、单证流、商流和资金流五流合一的全面解决方案。

共享学院,主要功能包括企业内训、课程专区、专家咨询。

铸软超市,提供数十款适合行业应用的工业软件(2018 年 50 余款),提供了涵盖人力资源、行政管理、采购管理、营销管理、生产管理等九大类云信息化产品。

远程运维平台,主要功能有全方位监控、专业知识库、远程服务支持、故障预警等智能模型四大方面,通过采集的实时设备工况和状态数据,利用设备知识库以及设备专家,通过 AR 眼镜等方式提供远程诊断、远程指导调试维修、远程调试以及远程故障处理等多种远程服务来实现智能单元、智能工厂的远程运维。

2.3 实施步骤

绿色智能铸造实施方案分为五个阶段,分别是诊断咨询阶段、方案规划阶段、专项实施阶段、集成调试阶段、验收交付阶段。

1. 诊断咨询阶段

该阶段主要对铸造企业现有工艺流程及生产环境进行现场调研诊断,针对智能设计、智能生产、智能管理、智能检测等环节,梳理智能制造改造/实施的内容,提供咨询服务,明确目标及方向。

2. 方案规划阶段

该阶段主要针对智能工厂建设,从设备层、控制层、车间层、企业层、协同层提出整体智能制造系统规划方案,帮助企业提升数字化网络化能力,提质降本增效,环境安全达标等。

3. 专项实施阶段

该阶段主要包括智能工厂软硬件实施、企业上云两个部分。

1)智能工厂软硬件实施

智能工厂的设计实施,按照设备层、控制层、车间层、企业层和协同层的五层架构方案进行,以工艺集成设计为核心,与 PLM、ERP、MES、数据库等系统进行集成,实现了从材料采购、工艺设计到生产过程的全面集成的数字化管理。系统架构层级如图 8 所示。

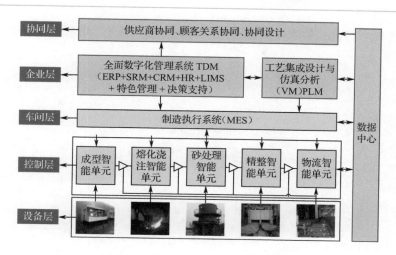

图 8　智能工厂系统实施架构图

设备层：基于优化后的铸造工艺流程，按照智能生产单元搭建底层的设备平台，将 3D 打印机、机器人、热法再生设备、AGV、立体仓库、RFID 等，利用 OPC 技术和以太网接口联网，为智能生产单元系统的数据采集提供了数据支撑。设备层安装的智能传感器可以实时感知产品生产状态、质量、设备动作、设备安全和生产成本等关键信息，如温度、压力传感器和热分析仪等，此信息可通过设备层 PLC 或控制器模块进行实时采集并进行逻辑分析与计算。

控制层：将铸造生产流程分为成形、熔化浇注、砂处理、精整和物流智能生产单元，通过各智能单元的控制实现局部智能制造。各智能单元利用 OPC 接口，通过现场总线、以太网通信与 PLC 或控制器进行通信，向上与 ERP、MES、PLM、LIMS 等系统集成，引入生产计划、维保计划、质量标准、专家知识库等信息，并向 MES 系统反馈设备、生产、成本、质量、绿色、人员六维数据，向下与底层设备及功能部件集成，依据标准工艺与参数执行现场作业，同时采集六维数据，与专家知识库设定值实时比对，优化决策后闭环调整控制。

车间层：车间层是以 MES 系统为主，对本车间所有资源的集成管理。MES 系统主要由基础数据管理、计划排程管理、生产调度管理、库存管理、项目看板管理等模块，向上通过以太网与 ERP、PLM、LIMS 等系统集成，向下通过接口与各智能单元集成，形成一个可靠、全面、可行的制造协同管理平台。

2）企业上云

共享工业云为铸造及相关行业企业快速上云提供完整解决方案。企业上云主要包含设备上云和业务上云两个部分。

设备上云以远程运维平台作支撑。共享工业云构建了远程运维系统（如图 9 所示），聚焦铸造行业智能设备、智能生产单元、智能工厂的物联以及运行状态、维修保养等生命周期数据管理，通过智能预警模型、智能诊断模型、智能自学习知识库等应用，构建行业智能设备大数据平台，提供远程设备维护方案、远程智能工厂运营方案。

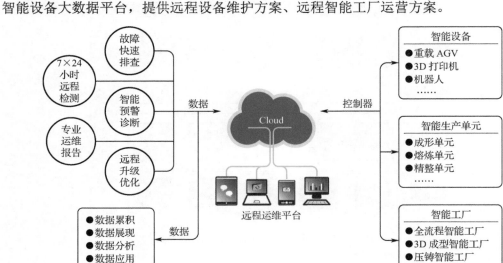

图 9　远程运维系统

业务上云包含供应链管理、全流程虚拟制造、共享学院、办公自动化、费用报销等模块。

（1）供应链管理。供应链管理模块融合了行业企业领先的供应链管理理念与先进的信息技术，聚集了行业优势供应链资源，建立了覆盖采购协同、财务协同、合同管理、供应链生命周期管理等采购全生命周期协同管理体系（如图 10 所示），为行业提供高效率、低成本、云端化的供应链服务，助力企业降本增效。

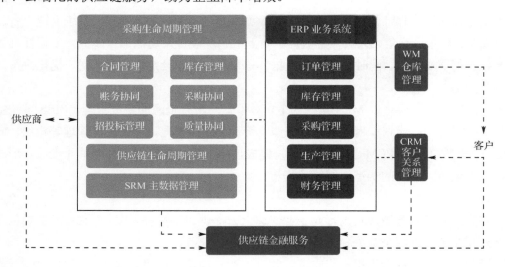

图 10　供应链管理体系

（2）全流程虚拟制造。围绕全流程虚拟制造的核心理念，结合共享集团近 60 年的铸造工艺设计和生产实践，同时融入虚拟制造、知识库应用、设计制造一体化等先进技术，公司打造了具有铸造行业特色的工艺设计数字化平台——全流程虚拟铸造系统（Virtual casting system for whole process，VCS），作为共享工业云平台的 SaaS 应用，致力于为铸造企业提供工艺数字化（智能化）设计的云解决方案。全流程虚拟制造模块建立了高度专业化、协同的工艺设计流程，是基于知识库应用实现核心技术、经验和知识的传承，从多个维度提升工艺设计质量和效率，实现设计与制造充分融合、闭环优化。

（3）共享学院。共享学院是面向铸造行业绿色智能发展的在线课程体系和企业内训线上平台（如图 11 所示），旨在提高教育教学效率和水平，通过"互联网+教育"等多种方式实现多媒体教育资源的有序共享和高效便捷传播，解决铸造行业教学资源不集中和企业内部员工培训的问题，为行业企业员工培训、人才培养、专家咨询服务提供线上线下相结合的一站式服务。

图 11　共享学院

4．集成调试阶段

该阶段主要对已实施的软硬件系统进行集成应用调试，包括智能设备与单元控制系统的集成调试，单元控制系统与工艺设计系统、MES、ERP、LIMS 等系统集成调试，物联网与云系统的集成调试等，保证智能工厂的稳定运行。

5．验收交付阶段

该阶段已实施的软硬件系统已稳定运行，达到试生产状态，能够按设计的产品大纲要求进行产品生产，并对标客户需求，完成整个软硬件系统的各项技术指标，交付顾客。

第 3 章　实施效果

3.1　项目实施效果

共享装备公司通过近十年的探索与实践，提出并实践了"3D 打印、机器人等创新技术+绿色智能工厂"的行业转型升级之路，形成了"云+网+厂"智能铸造的推广复制模式，取得了良好的成效。

1. 铸造 3D 打印产业化应用取得关键突破，实现国内首创

历经六年的探索与研究，实现了铸造 3D 打印等智能装备的成功研发，在铸造 3D 打印技术产业化应用上取得重大突破，攻克了铸造 3D 打印材料、工艺、软件、设备等技术难题，实现了铸造 3D 打印产业化应用的国内首创，已申请专利 200 件，获授权专利 49 件。3D 打印等新兴技术在铸造行业的产业化应用，改变了铸造的传统生产方式，传统"翻砂"车间变为空调工厂，使铸件生产由复杂变简单，生产周期可缩短 50%，铸造生产实现"零排放"等。比如发动机气缸盖铸件，原先用金属模具做需要近 20 个零件（砂型），需要一个高技能工精密组装出来，是一个高级技工培训半年才能干的工作。而采用新技术（3D 打印）一次就能打印完成，误差也从原来的 1 毫米降到了 0.3 毫米。生产效率提高约 3~5 倍，成品率提高 20%~30%。

2. 数字化智能化转型实践成果改变了铸造行业传统生产模式

1）工艺设计从主要依靠"个人经验知识"转变为依靠"虚拟制造"

利用"人脑+电脑"，依靠专家库、知识库、计算机建模、仿真、参数优化等方法和手段实现全流程虚拟制造，在虚拟世界解决现实世界遇到的 80%以上问题。在质量、成本、效率、安全方面做到最优后将参数传递到现场，通过软件或硬件系统等构成的智能单元控制现实制造，让产品工艺设计、制造过程尽可能降低人为因素，增强实时、数字化管控能力。三维工艺设计率 100%，新产品一次投产成功率能够达到 90%以上（如图 12 所示）。

2）员工操作从"翻砂匠"到"数控/智能设备操作工"

将原来铸造操作工人从繁重的造型、制芯、合箱等中等体力劳动和重体力劳动环境中解放出来，传统翻砂匠变为只需要操作 3D 打印机等数字化智能化机器设备等轻体力劳动。操作者操作难度显著下降，原来需要培养半年以上的现场技能型人才现在只需要培训一周就可以上岗（如图 13 所示）。

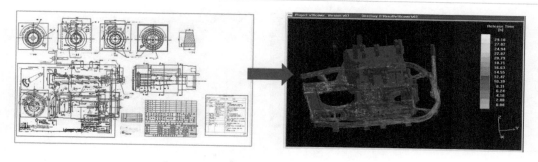

图 12　全流程虚拟制造减少人为因素

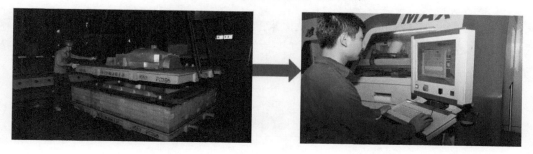

图 13　智能化设备应用减少铸造工人体力劳动

3）熔炼浇注从"人工控制"到"数字化控制"

将熔化浇注过程从开炉前的检查、上料、配比、炉前检验、熔化到最后浇注全过程同数据、计算机手段结合智能、自动化设备实施管控，相关标准库、知识库直接与公司虚拟制造专家库对接，对熔化、浇注全过程实施数字化管控，能够实现每炉成分 100%合格，能够准确计算每炉的成本单耗，实现了精确控制（如图 14 所示）。

图 14　熔炼过程数字化控制

4）从"傻大黑粗"到"绿色制造"

在绿色制造、以人为本方面，员工劳动环境大幅改善，多数员工工作在空调环境，无重体力劳动，无吊车更安全，一改传统铸造"傻大黑粗"的形象，让铸造工人更加体面地工作（如图 15 所示）。

图 15 实现绿色铸造

5）改变了铸造行业生产流程

流程"四合一"，铸铁件生产周期从原来的三个月缩短到 1～1.5 个月，铸件工艺直接从三维图形数据制造出复杂的砂型，变革了传统使用模具、制芯、造型、合箱的铸造方法（如图 16 所示）。

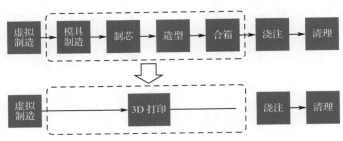

图 16 铸造生产流程"四合一"

6）开发多项高技术高质量高附加值铸件产品

公司以项目形式平均每年研发新产品 200 个以上，新产品占产品销售收入 40%。

大型燃气轮机铸铁、铸钢件：占世界市场供货量的 40%左右，2010 年，高端燃气轮机铸件研发及产业化项目获国家科技进步二等奖。

大型水轮机铸件：全球少数几个掌握该项产品制造技术的企业之一，2012 年荣获国家科技进步二等奖。

大型内燃机铸铁件：面向全球市场，制造技术世界一流，主要竞争对手为德国、日本等先进企业。

60 万千瓦、100 万千瓦及超临界、超超临界蒸汽发电机铸铁/铸钢件：制造技术世界一流。

核电铸件：制造技术世界一流。

应用铸造 3D 打印技术，实现了船用发动机、铁路机车发动机缸盖铸件批量制造，实现了机器人铸件的批量制造等，颠覆了该类铸件的传统制造工艺。产业化生产 5 年，实现五大类、几百种、6000 多吨铸件生产应用。

7）共享工业云平台正式上线提供服务

共享工业云平台目前已经基本建设完毕，拥有用户 10 395 家、交易量 27 亿元，推进铸造行业技术、经验、知识的数据化、模型化和软件化（已经协同开发铸造行业工业软件53 项），提供远程运维服务。帮助企业解决数字化网络化智能化发展关键问题，提质降本增效，环境安全达标，推进企业上云，实现绿色智能转型。

3. 形成了铸造数字化车间标准草案 4 项

公司依据《国家智能制造标准体系建设指南》（2015 年版），围绕铸造行业的生产特点，深度融合共享装备在铸造智能工厂建设方面的理论研究和实践经验，拟建成智能铸造工厂/数字化车间标准体系，形成了《铸造数字化工厂通用技术要求》《铸造工艺数字化设计通用要求》《铸造 3D 打印砂型成形单元通用技术要求》《铸铁感应电炉熔炼浇注单元通用技术要求》4 项标准，填补了国内标准在铸造行业智能制造标准领域的空白，并在中国铸造协会立项为团体标准，能够为铸造行业转型升级起到积极的指导作用，为行业内企业进行数字化、网络化、智能化建设带来系统化的指导意义。

3.2 复制推广情况

共享装备的智能铸造工厂解决方案已经推广至四川共享（四川）、共享装备（宁夏）、中钢邢机（河北）、新兴铸管（河北）、烟台冰轮（山东）等铸造行业龙头企业进行应用，为 20 余家企业提供规划诊断和绿色智能铸造解决方案。同时，在行业集中区建设分中心（潍坊、天津、大亚湾、沈阳、资阳、太仓）、示范工厂（已签约 6 家，在建 2 家），积极推进绿色智能示范园区建设，为区域企业提供绿色智能服务。近 2 年，智能制造集成服务项目合同总金额已达到近 2 亿元。典型项目如下。

1. 世界首个万吨级铸造 3D 打印成形智能示范工厂集成建设

项目总投资 1.5 亿元，位于宁夏银川，是世界首个万吨级铸造 3D 打印成形智能示范工厂。工厂设计砂芯产能 20 000 吨/年，主要设备有 3DP 打印机、桁架机器人系统、移动机器人、智能立体库等，是国内外首座无吊车、无模具、无重体力劳动、粉尘及废砂排放大幅减少、全空调环境的铸造工厂（如图 17 所示）。该工厂利用 3DP 成形技术，代替了模具的制造、制芯、造型、合箱工序，拓展了产品设计的限制，实现了工艺流程再造，提高了铸件质量、生产周期缩短 50%以上。砂芯生产效率为同类产品传统生产模式的 5 倍以上。通过建设物联网实现设备数据采集、存储、上传至云信息系统；在行业云（共享工业云）上实现业务集成，打通人、设备、系统之间的数据通道，实现高效协同，并通过远程运维平台实现智能工厂的远程监控及运营管理。

2. 基于消失模工艺的数字化铸造工厂集成建设

项目总投资 1.5 亿元，位于宁夏银川，建筑面积为 13 895 平方米，采用消失模工艺技术，产能力 1 万吨/年。项目由虚拟制造、模型智能单元、成形智能单元、熔炼智能单元等组成。工厂达到绿色三星级水平、50%以上员工在空调环境下工作，关键设备数控化比例 85%以上，生产效率提升 3 倍以上（如图 18 所示）。

图 17　铸造 3D 打印成形智能工厂

图 18　消失模工艺的数字化铸造工厂

3. 基于 3D 打印、大型射芯技术的数字化铸造工厂集成建设

项目总投资 6.25 亿元，位于四川资阳，规划目标将实现年产铸件 4.4 万吨。项目以轨道交通、船舶动力、燃气发动机等关键零部件为主导产品，包括机体、涡轮壳、端盖、汽缸盖、主轴承盖等，可以实现多品种、小批量、柔性等特点，引领行业进步。工厂无吊车，70%以上员工在空调环境下工作，吨铸件能耗达到行业先进水平，关键设备数控化比例 90%以上，生产效率提升 5 倍以上（如图 19 所示）。

图 19　3D 打印、大型射芯技术数字化铸造工厂

4. 分行业排头兵企业智能制造咨询服务

智能制造团队已经为多个企业提供智能制造服务。典型实例如下。

某行业排头兵企业项目总投资 5 亿元以上，规划产能为 40 万吨/年。项目应用 AGV、立体仓库、机器人自动上下料系统等智能装备，集成制造执行系统（MES、ERP、LIMS、看板）、四大智能生产单元及物联网技术，搭建覆盖智能装备、在制产品、物料、人员、控制系统、信息系统的车间无线网络，建立全面数字化管理系统，实现整个生产过程中的优化控制、智能调度、状态监控、质量管控、成本分析，提升产品质量、提高生产效率、降低生产成本，打造"智能、绿色、高效"的全新模式铸管车间。规划项目建成后，将实现关键设备数控化率 85%以上，数据采集自动化率 90%以上，生产效率提升 30%以上，单位产品能耗降低 10%以上，特殊岗位使用机器人代替人工，实现 80%的岗位以上人员属于轻体力劳动岗位。

某大型轧辊制造企业搬迁项目总投资 80 亿元以上，规划产能为 35.5 万吨/年，预计营收 120 亿元以上。项目应用自动上下料系统、铁水自动浇注环链系统、自动物流仓储系统等智能装备，集成制造执行系统（MES、ERP、LIMS）、四大智能生产单元及物联网技术，打造以"数据驱动"为主线的新型业务处理模式，纵向打通"设备层、单元层、车间层、企业层、协同层"，横向实现数据、应用服务、业务流程三大集成，建立"云-端"安全、高效、便捷的业务处理平台，把新厂区建设成为清洁、低碳、绿色、环保的智能化制造基地。规划项目建成后，将实现关键设备数控化率 75%以上，关键数据自动化采集率 90%以上，劳动环境较以前有大幅改善。

第4章　总　　结

公司以"引领行业进步，推动产业转型升级"为宗旨，以数据技术（互联网、移动互联网、物联网、云计算、大数据等）为支撑，通过整合相关领域优势资源，打造专业、协同、共享、共赢的工业互联网平台，帮助行业企业业务数字化、管理软件化、生产智能化、应用云端化，探索建立新型商业模式，构筑"互联网+双创+绿色智能工厂"产业生态，支撑公司由"经营企业"向"运营平台"转变。公司服务转型的示范经验如下。

1. 立足产业高度，改变传统铸造方式，引领行业转型

公司提出并实践"铸造转型升级之路=铸造 3D 打印、机器人等创新技术+绿色智能工厂"，率先突破 3D 打印、机器人等"点"上的关键共性技术创新，实现铸造智能单元"线"

上集成，形成铸造智能工厂新型模式"面"上构建，进而推动铸造行业"体"上引领带动作用，支撑相关行业转型升级。

利用 3D 打印、机器人等新兴技术在铸造行业的产业化应用，改变了铸造的传统生产方式，传统"翻砂"车间变为空调工厂，使铸件生产由复杂变简单，生产周期可缩短 50%，误差也从原来的 1 毫米降到了 0.3 毫米。生产效率提高 3～5 倍，成品率提高 20%～30%，颠覆传统砂型铸造生产方式，实现"五无"：无吊车、无模型、无重体力、无废砂及粉尘排放、无温差（空调）。

2. 行业龙头企业牵头，联合政府、骨干企业、行业协会、研究院、金融机构、ICT企业等开放合作，跨界融合，运用市场化的机制，搭建产业创新中心等线上、线下相结合的平台

共享装备牵头，与中国铸造协会、新兴铸管、汉得信息、顺亿资产、银川经济技术开发区、烟台冰轮、中机六院、力劲集团、日月股份、立鑫晟研究院、宝信铸造 12 家股东，政产研用金协同，以"跨界融合、共建共享、联通各方、服务产业"为共识，共同组建国家智能铸造产业创新中心，并于 2017 年 9 月份牵头成立了中国智能铸造产业联盟，已经有会员 120 余家。扛起引领行业绿色智能转型的旗帜。

3. 搭建专业的工业互联网平台，推进企业上云，为行业提供服务，加速数字化网络化智能化转型

公司与华为、软通动力、树根互联、上海汉得等协作，提供创客服务、个性化定制、协同制造、协同研发、远程运维、共享学院、供应链管理、行业 SaaS 等服务。帮助企业解决数字化网络化智能化发展关键问题，提质降本增效，环境安全达标，推进企业上云，实现绿色智能转型。

4. 开展"标准+示范"推广智能制造新模式，建设多家数字化（智能化）示范工厂，带动行业整体转型

共享装备公司通过研究多品种、小批量铸造生产的智能制造参考模型，形成完整的铸造数字化车间/智能工厂解决方案。结合国家智能制造标准体系框架，充分参考已有的智能制造标准，制定了《智能铸造工厂/数字化车间综合标准要求》《三维铸铁工艺设计》《铸铁工艺设计全流程集成控制》《3D 打印铸造用砂芯（型）过程集成控制》《铸铁熔炼浇注过程集成控制》五项标准。

公司组织 200 余人的研发团队，先后投入 10 多亿元资金，攻克铸造 3D 打印产业化应用、虚拟制造、智能生产单元、综合集成等一批关键软硬件技术，截至 2018 年已建成三座数字化示范工厂，其中位于宁夏银川的铸造成形智能工厂为世界首个万吨级铸造 3D打印成型工厂，其综合集成技术达到行业领跑水平。

5. 开展"互联网+协同研发"，助推铸造行业绿色智能转型

公司组建的国家智能铸造产业创新中心召开了"中国绿色智能铸造发展路线图暨绿色智能铸造关键共性技术研发项目"专家评审会，对路线图框架内容进行了深入的讨论，并对征集到的项目逐一进行了评审，确立了 23 个研发项目，发布了《中国绿色智能发展路线图暨关键共性技术研发项目指南》。路线图包含绿色、智能两个方面的具体内涵，从材料、设计、工艺、运行四个方面提出了铸造行业转型升级的技术发展路径和方向，将为中国铸造业迈向绿色和智能发展提供支持和参考。目前正在与行业骨干企业、高校、科研院所等沟通、洽谈，推动项目对接并利用共享工业云开展协同研发。

电机行业智能制造系统解决方案

——上海电器科学研究所（集团）有限公司

上海电器科学研究所（集团）有限公司（以下简称上电科）为国家认定企业技术中心，两化融合管理体系评定证书单位，荣获国家认定企业技术中心成就奖，是国家级创新企业以及上海市高新技术企业。主要专业有电子信息技术、数字化智能化系统集成、自动控制系统技术、新材料技术等方面的新工艺、新技术，主导产品的技术水平均处于国内领先、国际先进水平。已拥有对外开展业务的十多个国家、省部（行业）级研发、检测公共服务平台，其中包括行业及省部级的重点实验室三个、国家级产品检测中心五个（含电机和工业机器人），并代表国家出任国际电工委员会 ACOS 及 IEC 的技术专家成员。

上海电机系统节能工程技术研究中心有限公司（以下简称电机工程中心）为上海电器科学研究所（集团）有限公司下属子公司，是国家重点高新技术企业。主要从事电机及系统技术研发、工艺设计、数字化车间建设规划与工程实施、智能检测与工程实施等。拥有国家中小型电机及系统工程技术研究中心、国家中小企业公共服务示范平台、国家技术转移示范机构、上海市企业技术中心、中国电器工业协会中小型电机分会、全国旋转电机标准化技术委员会，是我国在该领域进行国际 IEC 投票的唯一代表。

近年来，公司立足互联网+、智能制造，以精益生产为理念，引领电机制造及检测行业产业升级，是国内电机行业最早专业从事"工业 4.0"研发及项目实施的企业，目前已成为国内知名的智能制造产品供应商和系统集成商，在业内享有较高声誉。

第1章 简 介

1.1 项目背景

电机不仅是应用最广泛的工业设备（电机拖动系统的能耗占全国总发电量的60%以上，占工业用电的80%以上），也是中国制造业的重要组成部分，是智能制造装备（机器人、高档数控机床及专用加工装备）、新能源汽车、航空航天装备、高技术船舶及海洋工程装备、高端能源装备、高端医疗装备、先进轨道交通装备、节能环保装备等高端装备制造业的核心装备。电机下游行业（包括冶金、电力、石化、矿山、建材、市政、水利等多个领域）的生产专业化和高端智能化的发展需求促使电机向高效节能、高可靠性、高性能、轻量化、小型化、智能自动化、集成一体化、专业定制化等更高目标发展。

随着中国经济的快速发展和全球化的推进，电机行业的发展也进入了高速增长的阶段。据国家统计局的相关资料，2017年电机行业实现总产能27 918.2万千瓦，同比增产1924.6万千瓦，增长7.4%，全行业实现销售近2000亿元。

电机作为机械能与电能的转换装置，本身是制造业自动化的基础，在智能制造产业链中处于重要的上游位置。目前，我国电机生产工业与世界同类工业发达国家相比差距很大，其中关键问题之一就是技术装备落后，电机制造的大部分企业仍处于劳动密集型流水线生产方式，工序环节多，效率低，人工成本高，质量一致性难以控制，无法满足电机市场的高速需求。面对产品价格持续走低、人工成本不断上升、利润降低、企业生存压力加大的情况，加之下游行业对于电机技术性能和质量要求不断提高。作为制造业自动化的核心上游重点行业，电机行业正在全面推进"智能制造"。

下面以江苏××电机股份有限公司的"超高效电机数字化车间建设"为例，介绍集智能制造关键技术与装备研发、关键工艺模型研究和信息管理与控制系统研究为一体的智能化运营综合平台，通过本案例引导电机行业开展智能制造工程建设，加快向自动化、数字化、智能化方向转型发展，提升我国电机制造业整体水平及国际竞争力。

1.2 案例特点

1.2.1 项目概述

江苏××电机股份有限公司的"超高效电机数字化车间建设"项目，目标建成拥有自主知识产权、包括冲压、嵌线、金加工、总装多个关键工艺流程的电机制造数字化生产线，并投入实际运营。结合智能制造标准体系，开展虚拟仿真等关键技术的研究，研发生产管理软件等关键技术装备，实现融合了产品生命周期管理（PLM）、制造执行系统（MES）、企业资源计划（ERP）等为一体的智能制造新模式。

1.2.2 项目解决的关键问题

本项目的实施，将打破电机传统生产中孤岛型的制造、离散化的物流、碎片式的管理等典型模式，实现产品设计数字化率 100%、整体数控化率大于 80%，降低产品研发成本、劳动力成本和设备运行成本，节能降耗，引领以手工方式、劳动密集型模式的传统电机制造企业向全面自动化、数字化、智能化转型。

1.2.3 项目技术难点和创新点

本项目突破了数字化车间多总线无缝集成技术、信息安全技术、有绕组铁芯数字化制造的信息同步技术、电机总装加工制造的数字化信息同步技术等技术难点；同时在嵌线车间创新引入适用于自动绕线设备必需的双层同心式线圈技术，节省线圈材料，减少线圈端部尺寸，便于生产制造；创新引入适用于电机绕组自动下线设备的"按相下线工艺"技术，解决绕组相与相、单双层线圈之间存在交叉的问题，提高生产效率。

1.3 项目实施情况

1.3.1 团队建设情况及具备的项目规划经验

电机工程中心从事电机产品设计、工艺研究、工厂规划、标准制修订、电机测试系统工程实施等工作近 70 年，曾开发新产品近百个系列几千个规格，技术行业的市场占有率超过 60%，为我国电机产业的从小到大、电机技术体系的从无到有，对推进行业技术进步和产业发展壮大起到了不可替代的作用。近年来公司围绕电机数字化车间建设工作，先后攻克了高效电机设计、电机生产关键工艺、电机智能测试系统等核心技术，已拥有发明专利 56 项，软件著作权登记 30 件，获得国家重点新产品、上海市专利新产品等国家级与省部级奖项。具有坚实的行业服务基础和市场地位，已成为行业技术创新的领军机构。

电机工程中心在智能制造领域已经培养并形成了一支高素质的科技骨干队伍，专业技术领域涵盖电子信息技术、机电一体化技术、电器与电机智能化技术、新材料技术、总线控制技术、软件工程等，具有丰富的组织重大项目的经验和能力，具有深厚的专业技术功底和较高的理论水平。技术团队中拥有政府特殊津贴补助专家、教授级高工、高级技术人才等共 42 人，能全方位承担智能制造产品开发、系统集成工作。

电机工程中心拥有多年智能化装备研发设计制造项目实施能力，丰富的智能产线、数字化车间、智能工厂项目实施经验，涵盖产品全周期的数字化、智能化制造，拥有工厂级设备监控、分析、可视化远程推送等多种前沿技术。可按照客户需求和生产需要，打造完全自主可控和定制化的智能工厂。本公司多年来致力于为行业企业提供服务，具备全方位的服务保障能力。公司扎实推进升级现有电机行业技术，积极扩展新行业、研发新技术，服务离散制造业。以客户需求为导向，稳步发展，着眼未来，引领智能制造的新方向，致力于成为集智能制造工程设计、方案咨询、技术服务和设备维护、运营服务为一体的"一流智能制造技术服务商和方案解决商"，为电机及离散制造企业提供"交钥匙"工程和总集成、总承包服务。

1.3.2 需求分析

1. 江苏××电机基本情况

江苏××电机股份有限公司（以下简称"江苏××电机"）成立于 1968 年，是一家集电动机研发、设计、制造、销售于一体的国家级高新技术企业。江苏××电机建有江苏省紧凑型高效节能电动机工程技术研究中心、江苏省企业技术中心、江苏省博士后创新基地，是"国家微特电机及控制产业基地重点骨干企业""江苏省两化融合示范企业"。

江苏××电机年生产能力为 40 万台，600 万千瓦。主要产品有大、中型高压电机、直流电机、同步电机、防爆电机、船用电机以及各种交流电动机等（见图 1）。广泛用于电站、冶金、煤矿、机械、石油、造船、环保等厂矿企业。主要产品畅销全国各地，并远销美国、加拿大、欧盟等世界 30 多个国家和地区，近年在行业内年产量排名前五。

NEPX系列　　　　YE2G系列　　　　HJ08系列　　　　YKS系列

图 1　江苏××电机主要产品种类

2. 电机制造的特殊性

电机制造典型工艺（见图2）包括零部件金加工、定转子制造、绕组制造、总装等，由于目前电机铁芯、绕组等结构的特殊复杂性，导致这些特殊工艺的机械化、自动化水平目前很低，手工劳动的比重还很大。因此，为了提高电机制造中的劳动生产率，实现铁芯制造和绕组制造等的机械化和自动化已成为电机行业的重心问题。

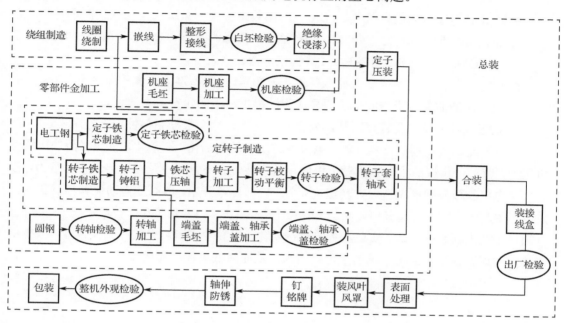

图2 电机制造典型工艺流程

复杂的电机制造工艺及多样化的生产类型也对制造设备提出了不同的要求。除金属切削机床以外，还要具备大量的非标准设备（专用设备）；不同的生产类型，需要定制不同的生产装备，如对于大量生产电机，可采用自动或半自动流水线；对于小批量生产，可使用专用工艺装备。电机制造所使用的材料种类也多样化，不但要用到黑色金属材料，还要用到有色金属及其合金以及各种绝缘材料。

电机产品形态多、物料种类多、加工过程"离散"，导致设计图纸与实际生产、采购数据有差别，产品品种多、结构繁杂等问题使数据准备效率与质量很难保证，项目计划与工作落实难，整体信息化水平低，信息化工具接触少，缺乏既熟悉业务又熟悉信息化系统操作的员工。

3. 江苏××电机生产制造现状

通过对江苏××电机整体调研，发现其生产制造现状如下：

- 产品品种多、批量小，但客户要求交期短。
- 生产计划多变，及时交付率低，多方协同难，库存压力大。
- 质量管理存在死角，产生缺陷产品，现场环境及防护措施不到位，导致安全事故。

- 生产装备落后，手工劳动量较大，机械化、自动化水平较低。
- 劳动力年龄结构不合理、偏老龄化，劳动力整体素质低下，劳动力成本居高不下。

4. 江苏××电机信息化管理现状

通过对江苏××电机整体调研发现，其信息化管理现状如下：

- 缺乏信息化战略规划，信息化建设滞后，企业的信息化没有能够匹配战略化的发展。
- 设计到制造存在信息壁垒，PDM（产品数据管理）系统仅作为数据图纸管理的存储设备，不能自动生成BOM（物料清单）信息，流通的BOM仅限制造BOM，工程BOM/成本BOM/销售BOM等也仅停留在概念阶段。
- ERP系统尚未完整体现企业业务流程，BOM信息不准确，流程衔接不流畅。
- 生产制造业务流程透明性不明显，无法提供科学的决策依据数据。
- 缺乏专业的信息化管理团队，为企业网络稳定性和数据完整性埋下隐患。

随着智能制造热潮的持续升温，电机下游产业的高端化、智能化，以及激烈的市场竞争压力，劳动密集型的生产方式对电机质量的一致性、市场反应及时性要求备感乏力，江苏××电机积极向智能制造方向转型，从企业内部变革开始，以高度自动化和信息化为出发点，生产线自动化改造升级，实施PLM、ERP、MES、WMS（仓库管理系统）等系统，并通过企业内部系统集成，实现业务流程透明化，提高生产和需求的协调一致性，减少供应链上的库存积压，满足市场的个性化需求，从而降低单件产品成本而获利。

第2章 总体设计情况

2.1 项目目标

江苏××电机"超高效电机数字化车间建设"项目的总体目标（见图3）为集中攻克高效节能电机数字化车间建设的关键及瓶颈技术；形成一批拥有自主知识产权的智能制造核心装备；涵盖冲压、嵌线、金加工、总装多个工艺的电机制造数字化生产线；研究虚拟仿真、工业互联网、多总线无缝集成、信息安全等关键技术；研发生产管理软件、工业通信网关、可编程逻辑控制单元、在线检测装备等核心软硬件；集成应用数控机床、机器人、3D打印、传感与控制装置、智能物流、立体仓库等关键技术装备；实现融合了PLM、MES、在线检测、WMS、ERP、能效管理、远程维护为一体的智能制造体系。

本项目的实施可在电机行业实现高效、安全、可控、节能的离散型制造数字化车间模型，提高总体生产效率、降低生产运营成本、降低产品不良品率、提高能源综合利用率、缩短产品研制周期，达到机器代替人工、增加产能、提高单位能效的目的，从而形成信息化、网络化、精益化、柔性化的电机生产制造新模式（见图4）。

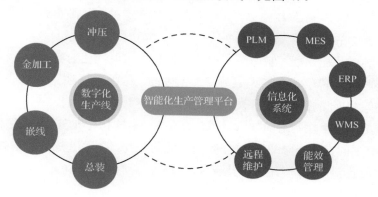

图3 "超高效电机数字化车间建设"项目总体目标

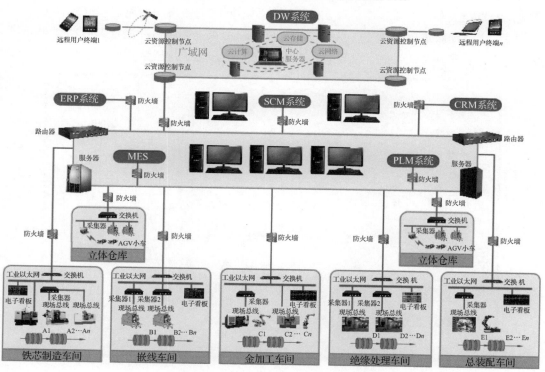

图4 电机生产制造新模式

2.1.1 项目实施步骤

1. 项目任务

本项目主要针对江苏××电机数字化车间建设开展以下工作：

（1）开展高效电机数字化车间总体设计，建立数字化车间整体工艺流程模型，实现数字化建模，建设信息化运营平台。

（2）数字化车间互连互通网络架构与信息模型的建立。

（3）超高效电机 PLM 系统建立，并建立基于功率谱的产品数据管理系统以及开展 3D 打印在设计仿真中的验证。

（4）开展制造流程规划、制造过程现场数据采集与可视化的实现。

（5）开展电机定转子、金加工等数控加工中心、数字化嵌线、AGV、RGV、高速分拣、质量检测等智能核心装备的开发和应用。

（6）依据电机数字化制造的技术要求，开展 PLM 与 ERP 的交互、PLM 与 MES 的交互、ERP 与 MES 的交互、MES 与过程控制系统的交互，互联互通互操作设计。

（7）建立能效管理系统和产品远程维护系统。

2．冲压车间建设方案

江苏××电机原采用传统的单台式、开式压力机制造定转子，这也是行业的典型制造模式，经过攻关和工艺路线的梳理，改进为按照不同产品规格和产能需求分成以下三类：

（1）全自动级进模高速冲压系统（见图 5）：采用级进模高速冲进行 H132-H280 部分规格电机定转子冲片的冲制，从硅钢卷料开卷，到定、转子片压装实现全自动。

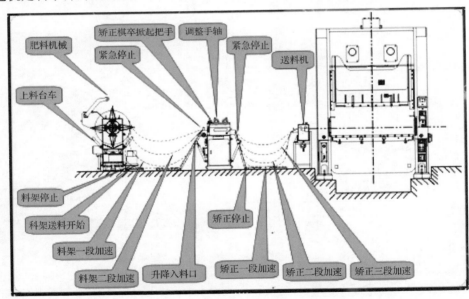

图 5　全自动级进模高速冲压系统

（2）伺服偏摆一落二下料：对 H132-280 规格采用伺服偏摆进料一落二下料工艺，剪裁和进料采用自动模式，定、转子圆片冲槽采用伺服送料、出料机械手，定、转子片自动收集整理，定子由自动扣片机自动扣片压装。

（3）伺服偏摆一落三下料：对 H280 以上规格采用伺服偏摆进料一落三下料工艺，剪裁和进料采用自动模式，定、转子环片冲槽采用伺服送料、出料机械手，结合一部分单槽冲进行定、转子片冲制。

采用伺服送收理一体化机械手和定子全自动扣片机（见图 6）全面替代手工作业。伺服送收理一体化机械手采用全伺服驱动，触摸屏式人机对话系统，人机界面方便操作与程序管理，利于系统节点控制。实现送坯片、收回成品片一次性完成；收料末端自动理片，具有自动计数功能（PLC 计数和成品收回计数）。可以实现坯片工位同步递增；过渡工位有双张检测功能；机械手前端有成品未脱模检测。机械手送坯片和收成品片的整个过程不对冲片的表面产生任何划伤与划痕、不对冲片的外圆边界构成碰伤与撞痕。机械手整机与冲床、冲模无机械连接，可同步升降以适应不同高度的下模；不同规格的冲片可更换定位治具来实现；坯片双工位上料、成品片双工位卸料，自动理片、计数大大节省了人工。定子自动扣片机采用芯轴膨胀的方式对定子铁芯进行固定，叠装精度较高；通过激光对定子叠片高度自动校准，并可在人机界面中设置叠片高度误差范围；叠片压紧力可调；夹具快速更换设计；全液压驱动系统；具有自动复位功能，可循环工作；双手按钮及互锁功能，保护操作者安全。

图 6　伺服送收理一体化机械手和定子全自动扣片机

3．金加工车间建设方案

金加工数字化生产线建设主要以电机机座、端盖、轴自动化加工单元为代表开展，简述如下。

1）机座自动化加工单元

本自动化加工单元由智能机床、机器人、上料仓、下料仓、角向定位机构、工件翻面机构、抽检模块、总控单元组成，单元布局模型如图7所示。

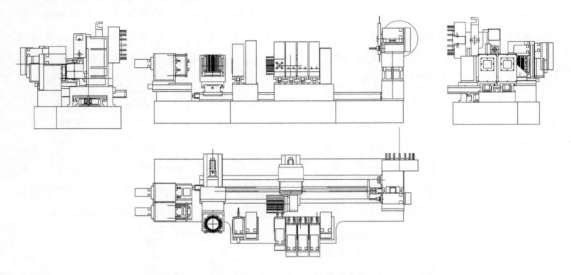

图7　机座自动化加工单元布局模型

2）端盖自动化加工单元

本自动化加工单元由智能机床、机器人、托盘升降式回转料仓、工件翻面模块、抽检模块、总控单元组成，单元布局模型如图8所示。

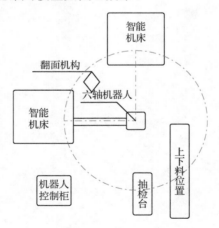

图8　端盖自动化加工单元布局模型

3）轴自动化加工单元

本自动化加工单元由智能机床、机器人、上料仓、中转料道、下料仓、抽检模块、总控单元组成，单元布局模型及实物如图9所示。

图 9　轴自动化加工单元布局模型及实物图

4．嵌线车间建设方案

嵌线车间建设中根据不同产品规格的制造要求（因不同中心高电机的线圈设计方案存在较大差别），并兼顾产能不同的需要，联合装备供应商开发了并排式、环形和 U 形等不同的自动化生产线。

1）并排式自动化生产线

并排式生产线（见图 10 中的左图）配备有插纸机、绕线机、嵌整一体机、中间整形机、绑线机和最终整形机，配合一台 6 轴机器人，完成两条链式生产线铁芯的上料和铁芯在插纸、绕线、嵌整工序间的流转，可有效节省场地空间，合理利用人力资源。

2）环形自动化生产线

环形自动化生产线（见图 10 中的右图），配备有插纸机、绕嵌一体机、整形机和绑线机，同时配合 2 台 6 轴机器人，实现工件在各个工序之间的流转，大大提高了产品的生产效率，节约了场地空间。

图 10　并排式和环形自动化生产线

3）U 形自动化生产线

中心高 180 和 200 的电机产品批量较大，但大多数都是双层绕制，采用分相下线工艺；而中心高 H180 和 H200 的铁芯较重，不适宜用输送线。针对这类电机的特点，我们将环形输送线改为 U 形平顶链（见图 11），同时配备辅助机械手，完成工件在绕线、嵌线间的转接，可有效提高产品的配合精度，大幅降低员工的作业强度。平顶链输送线在工件加工期间一直运转，在上料、插纸、预整、人工隔相、中间整形、接引接线、绑线、精整、测试等工位分别有阻挡工装，能有效控制托盘停止。

图 11　U 形自动化生产线

5. 总装车间建设方案

在改造前，江苏××电机总装线现况是基本采用无动力辊道线、人工操作为主，劳动强度大，物料周转慢，生产工艺方式比较传统。

在原装配线（2 条）的基础上（见图 12），增加 6 条装配线（共计 8 条）：其中智能制造示范装配线规划落地一条线。示范装配线包括自动滚筒式流水线、数字定子压装机、数字转子轴承压装机，自动电机端盖压装机、转运机器人、自动在线检测单元等。

图 12　原电机装配线

根据江苏××电机工艺要求和产品种类，优化工艺流程，分为自动装配区域和人工装配区域。自动装配区域采用工作站式组合结构；各工作站及装配工位均按照人机工程学原理设计各种供料料架及辅助工装等，不仅物流顺畅，现场整洁干净，观赏性好，而且减轻了工人劳动强度，工作效率也高。示范装配线布局如图 13 所示。

6. 信息化系统建设方案

项目建设期间内，通过引入 MES、ERP、PLM 等先进信息化管理系统并实施系统互联互通建设，实现统一业务流程、规范化管理、提高效率、改善组织架构的信息化目标。

1）MES 系统

完成企业制造信息一体化解决方案的总体目标，实现装配车间和机加车间的生产排产、设备、物料、质量和人员的全面管理与控制，为企业上层 ERP 和底层工业控制系统架起了一座桥梁，使得生产过程透明化、高效化、柔性化、可追溯化、事中控制、高客户满意度、低成本运行，从而充分提高企业的核心竞争力。

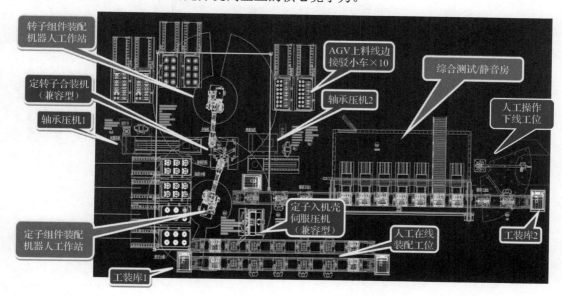

图 13　示范装配线布局

2）ERP 系统

将 ERP 与 PLM、MES 等系统集成，实现产购销平衡计划、供应链管理、精细化成本核算等管理功能，达到全方位管理物流、人流、资金流、信息流等各类资源，实现供应链的快速业务协作与商务协同，从而提高整个供应链的市场响应能力、成本控制能力、资源整合能力和服务能力。

3）PLM 系统

以 PLM 系统为基础，构建企业级的协同产品开发环境，改善设计团队、部门之间的协作水平，有效缩短产品设计周期；以产品结构为中心，集中有效管理产品全生命周期过程中产生的各种研发数据，从而实现产品数据在大中公司内部的合理配置和有效共享，实现对于产品的不同配置管理；实现产品数据的技术状态定义和有效性控制，保证数据和数据更改的准确性、完整性和一致性。建立严格的数据访问控制机制，保护企业知识资产的安全；建立企业不同层次的知识复用机制，减少低水平重复设计，降低产品开发成本；集成多种应用系统，实现产品数据在设计、工艺准备等重要环节的有效流转，降低数据的冗余和数据维护的复杂性。

7. 仓库管理系统（WMS）建设情况

江苏××电机通过仓库管理系统的建设（见图14），将实现仓储数据采集及时、过程精准管理、全自动化智能导向，提高工作效率；库位精确定位管理、状态全面监控，充分利用有限仓库空间；货品上架和下架全智能按先进先出自动分配库位，避免人为错误；实时掌控库存情况,合理保持和控制企业库存。

图14 仓库管理系统仿真设计与实物图

8. 能效管理系统建设情况

江苏××电机能效管理系统配备能源计量仪表,实现公司、厂区、生产线、耗能设备的四级计量,且满足计量精度要求,较高的现场数据采集点覆盖率。通过"能效管理系统"的实施,使江苏××电机相比之前可以做到:按照综合监控平台提供的数据对主要高能耗设备建立节能优化模型,实现节能降耗,结合分时电价及厂区各区域用能特点,利用能效管理平台实时数据和预测数据,削峰填谷,降低能源费用支出。能效管理系统总体架构如图15所示。

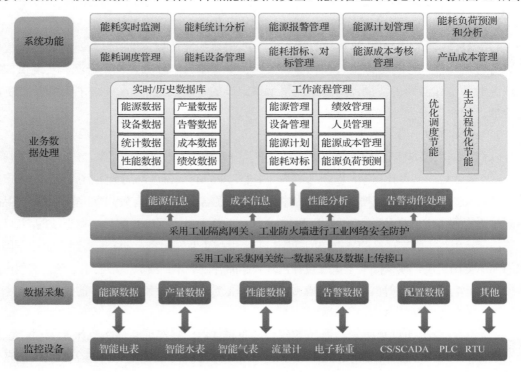

图15 能效管理系统总体架构

第3章 实施效果

3.1 项目实施效果

3.1.1 经济效益

数字车间通过对关键工艺、设备的研发，极大提升了各个车间的自动化水平，而物流、布局的精益规划和信息化的应用，提升了车间的管理水平，降低了车间的生产成本。经济效益统计如下所述。

1. 冲压车间

冲压车间通过引入送收理一体化机械手、自动码垛机、自动扣片系统、级进模高速冲压系统等一系列自动化冲压设备，使得原本需要两人负责一台冲床变为一人可以负责多台冲床同时作业，在人力成本减少的情况下，生产效率与产量都有不同程度的提升，具体提升情况见表 1。

表 1 冲压车间效率统计表

产品规格（中心高）	原有车间生产统计		数字化车间生产统计		效率提升（%）	产量提升（%）
	产量（台/天）	工时（分钟/台）	产量（台/天）	工时（分钟/台）		
H80～132	110	5.1	231	4.5	11.8	110.0
H133～160	313	7.2	535	6.1	15.3	70.9
H180～200	165	8	310	7.4	7.5	87.9
H225～355	75	10.5	110	8.9	15.2	46.7
H355 以上	20	30.7	30	27.2	11.4	50.0

2. 金加工车间

金加工车间通过采用自动加工单元、组合加工中心等先进加工设备、工艺，大大缩短原有工序之前的转运流程，并且减少了工件装夹次数，通过机器人上下料可提升效率和减少现场安全事故发生，改造前轴加工车间 1 个人看 2 台设备，10 台设备需要 5 个操作工人看守。采用智能制造单元后 10 台设备只需 1 名操作工看守，节省人力成本 80%。在保证产品质量的前提下提高了生产效率。具体效率提升情况见表 2。

表2 金加工车间效率统计表

产品规格（中心高）	原有车间生产统计		数字化车间生产统计		效率提升（%）
	产量（台/天）	工时（分钟/台）	产量（台/天）	工时（分钟/台）	
H80～132	408	2	544	1.5	33.3
H133～160	370	2.2	480	1.7	29.7
H180～200	340	2.4	429	1.9	26.2
H225～355	313	2.6	388	2.1	24.0
H355 以上	291	2.8	354	2.3	21.7

3. 嵌线车间

数字化嵌线按每人每天 250 元，产量不变的情况，采用自动化嵌线可减少用人约 16 个，每天可节省人员工资 4000 元，按每月 20d 计算，每年节省约 96 万元。数字化嵌线车间与传统嵌线车间相比，可提升 50% 的产能，产品质量一致性得到了大幅提升，有效提高了电机的生产效率，保证了产品质量的稳定。具体的效率提升见表 3。

表3 嵌线车间效率统计表

产品规格（中心高）	原有车间生产统计			数字化车间生产统计			备注
	产品数量（台/天）	人工（工时/天）	生产效率（台/工时）	产品数量（台/天）	人工（工时/天）	生产效率（台/工时）	
H80～90	160	800	0.20	224	96	2.33	全自动
H100～112	107	800	0.13	288	144	2.00	全自动
H132～160	80	800	0.10	76	48	1.58	全自动
H180～200	53	800	0.07	50	48	1.04	全自动
H225～280	40	1600	0.025	40	800	0.05	半自动

4. 总装车间

数字化总装车间引入智能化装配线体，通过结合 AGV、六轴机器人、自动化电机装配工作站等设备，使得线体直接的衔接更为紧密，工序之间的流转更加顺畅，并且同时降低了生产成本，提高了综合生产效率，如表 4 所示。

表4 总装车间效率统计表

指 标	普通线	示范装配线	备 注
生产效率	节拍 120s/件，225 件/8h	节拍 60s/件，450 件/8h	以 YE2 的 H80～132 为基准统计的装配线线体来计量
人	12～15 人/条	8～10 人/条	
成本	综合成本可降低平均一台 5%～8%		
质量	97%	98%	

3.1.2 关键环节改进

本项目中，我们对其中关键工艺环节：铁芯制造工艺、定子线嵌线工艺、总装喷涂工艺进行了改进。

1. 铁芯自动收集、理片、扣压系统

对于规格较少并且批量较大的电机冲片，常采用级进模高速冲负责定转子冲片的冲制，但是由于级进模高速冲床并没有与电机生产相配套的理料装备，所以将对其进行自动化升级，在出料口添加自动扣片系统，如图16所示。

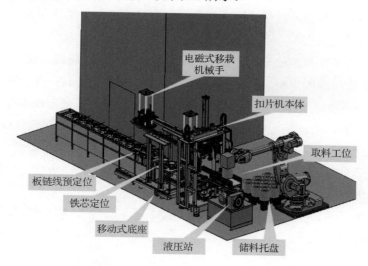

图 16　自动扣片系统模型示意图

系统内包含电磁式移载机械手、自动扣片机、六转轴机械人、自动转运流水线等自动化设备，通过对从高速冲下来的定子铁芯进行限位运输，由各个转运装置将所需定子扣片层层有序叠放，最后通过伺服扣片压机完成对定子铁芯的扣片压装工作。

对于自铆冲片，因为不同规格定子设计叠高不一致，不能通过设定高速冲床叠高参数来生产相应定子。为了解决这一问题，并且提高高速冲流水线的自动化程度，在级进模高速冲后设置一台自动扣片机，将从高速冲下来的定子片进行收集、整理、叠压、扣片。扣压好的定子铁芯由机械手抓取至储料托盘，完成从原材料到定子铁芯成品的全过程，并加入手动送料功能，以备在高速冲不运行时接收其他冲床来定子片的扣片作业，提高了产线的柔性生产能力与作业效率。

2. 数字化全自动分相嵌线单元工艺

在传统的电机定子线嵌线工艺中，定子线圈一般按照固定顺序按组嵌入铁芯内，其主要工艺流程为绕线、插纸、嵌入、初整形、绑扎、精整形、焊接等。近年来随着电机能效的不断提升，迫切需要既能降低成本、又能提高性能的各种绕组设计，按相下线的混合式绕组就是其中之一。它不仅保留了双层绕组短距后能够削弱谐波磁动势、改善启动性能的优点，又具有部分线圈无须层间绝缘、槽满率较高、线圈数量少等优点，而且可以节省用料，提高效率。

在以往的混合线圈下线工艺中存在很多对生产不利的因素：由于双层线圈需要将所占

槽全部填满，在相绕组间存在交叉，下线时须将单双层线圈中的部分双层线圈吊起，既影响质量，又影响产量，所以使用范围受到很大限制，很少能在全系列范围内大规模推广应用混合线圈下线工艺。

本项目的创新性在于提供一种电机绕组下线新工艺，即采用"相"与"相"分别下线的新工艺，解决了相与相单双层线圈之间存在的交叉问题，事实证明既提高了生产效率，又保证了电机的性能。

在××电机定子线数字化车间建设中，采用了全自动分相嵌线系统，该系统主要针对产能需求较大的双层线圈电机，工艺流程和生产线布局详见图17，其创新主要体现在：

- 采用分相下线，一相绕组全部下完再下其他相绕组，工艺方法本身就是突破。
- 采用绕、嵌、括、整一体的集成型全自动机器，该机器是联合体成员为项目承担单位度身定制，工作效率极高。
- 采用环形布局，可以与半自动的定子1/2线合并人工需求，更进一步提升工作效率，扩大单班生产能力。
- 集成采用了关节型机器人、自动插纸机、绕、嵌、扩、整一体机、生产流水线等关键核心设备。

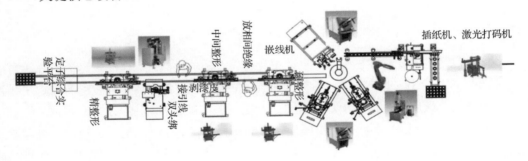

图17　全自动分相嵌线加工单元

3. 数字化电机总装自动喷涂工艺

电机制造的传统喷涂工艺多采用人工喷涂加水淋式废气回收系统，不仅环境评估很难通过，对工人的身体健康也有较大的影响。本系统在喷涂工序引入机器人自动喷涂系统，喷涂线采用自动喷涂机器人代替传统的人工喷漆，大大提高了喷涂的灵活性和更高的效率。

其创新主要体现在根据喷涂机器人的特点改装电机的吊具，吊装后进入喷房时电机轴与流水线运动方向一致（±2°），并可在水平面内自由转动。电机在前一喷房完成作业后，按垂直轴转180°后进入后一喷房（±2°），电机与传送链保持相对静止，相对地面仅做速度相同的链传送运动，以保持喷涂的效率及喷涂质量，如图18所示。

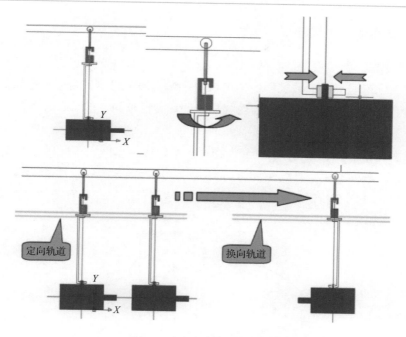

图 18　自动喷涂系统示意图

　　喷涂机器人核心部件为自动混气喷枪，喷枪带在线过滤器、喷枪支架和空气辅助喷嘴及高黏度易清洗雾化空气帽等组成喷涂核心系统。电机因为规格型号较多，并且表面具有不规则的散热筋，对机器人喷涂的覆盖效率会造成影响。通过与供应商讨论交流，确定了一种适用于电机喷涂的工作轨迹，能够将一次喷漆的有效覆盖率达到 98%，大大提高了生产效率。并且喷涂系统可以通过喷涂机器人控制器对油漆的配方、油漆吐出量、雾化控制气压以及喷幅控制气压等喷涂参数进行修改校正，极大地提高了控制喷涂工艺的效率及喷涂质量。喷涂系统内部拥有独立的空气净化控制模块，使喷涂对人与环境的损害降到最低，如图 19 所示。

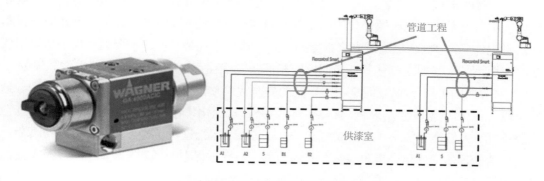

图 19　自动混气喷枪示意图

3.1.3　数字化能力提升

1. 数字化车间虚拟模型

电机数字化车间有基于数字孪生的电机数字孪生服务平台,通过电机物理车间与虚拟车间的双向真实映射与实时交互,实现物理车间、虚拟车间、车间服务系统的全要素、全流程和全业务的集成与融合。

电机数字化车间如图 20 所示,分为物理车间、虚拟车间、车间服务系统、车间孪生数据四部分,在车间孪生数据的驱动下,实现车间生产要素、生产活动计划、生产活动控制的迭代优化,从而在特定目标和约束前提下,达到车间生产和管控的最优化。

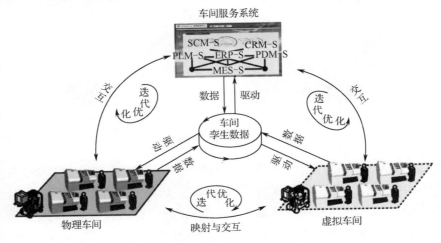

图 20　电机数字化车间

平台采用面向服务的架构(SOA),主要包括物理车间、虚拟车间、应用系统和孪生数据四大部分。

(1)物理车间。电机数字化车间的物理车间包括现场电机数字化车间和验证平台混合现实加工单元。现场电机数字化车间主要负责接收 ERP 下发的生产订单,并按照虚拟车间仿真优化后, MES 生成的生产指令执行并完成生产任务;验证平台混合加工单元主要接收应用系统下发的生产任务,按照虚拟车间仿真优化后,MES 执行并完成生产任务。

(2)虚拟车间。虚拟车间是物理车间的完全数字化镜像,涉及物理车间设计阶段、运行阶段、优化/更新阶段全过程的仿真、评估分析与优化,包括设备功能仿真、产品工艺流程仿真、人机交互仿真,机器人仿真、物流仿真、运行过程仿真与监控,以及仿真后对物理车间的评估与优化,为数字化车间的策划、运行过程中的预测、预调控,以及车间的更新和优化等提供决策依据。

(3)应用系统。应用系统是数据驱动的各类服务系统功能的集合或总成,主要负责对车间智能化管控提供系统支持和服务,如对生产要素的管控与优化服务等,包括 MES、

VMES（虚拟制造执行系统）和可视化系统等。

（4）孪生数据。孪生数据是物理车间、虚拟车间和应用系统相关的数据，包括几何模型、信息模型和运行过程中的实时数据。

目前，已分别建设了基于电机数字化金加工车间、嵌线车间、总装车间的虚拟金加工车间、虚拟嵌线车间和虚拟总装车间，详见图 21、图 22 和图 23，通过 MES 实时数据在电机数字化车间、虚拟车间的交互，为电机数字化车间提供仿真分析、运行监测与优化服务。

图 21　虚拟金加工车间仿真模型

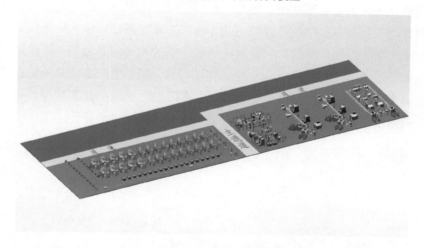

图 22　虚拟嵌线车间仿真模型

2. 数字化质量追溯

为确保产品质量，对产品进行正向，逆向或不定向追踪的生产控制系统可用于各种类型的过程和生产控制。为了确保追溯数据的贯通以及质量信息的完整性，通过 MES 自动、实时采集生产过程信息以及影响产品质量的关键信息，以便发生质量问题时对问题原因进行追溯，需采集如下信息。

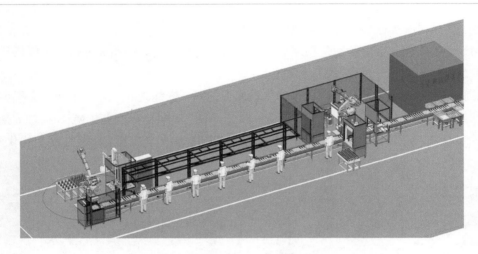

图 23　虚拟总装车间仿真模型

- 产品出库信息：该订单号所涉及的产品批号。
- 产品质检信息：产品所含各类检验报告，如成品检测报告、产品返修报告等。
- 产品制造过程信息：关键检测/生产设备号、重点工序作业人员等情况。
- 产品物料信息：物料批次号、供应，物料进货检验报告。

质量追溯系统帮助企业更实时、高效、准确、可靠地实现生产过程和质量管理，结合最新的条码自动识别技术、序列号管理思想、条码设备（条码打印机、条码阅读器、数据采集器等）有效收集管理对象在生产和物流作业环节的相关信息数据，跟踪管理对象在其生命周期中流转运动的全过程，使企业能够实现对采、销、生产中物资的追踪监控、产品质量追溯、销售窜货追踪、仓库自动化管理、生产现场管理和质量管理等目标，向客户提供一套全新的质量追溯信息化管理系统，系统功能框架如图 24 所示。

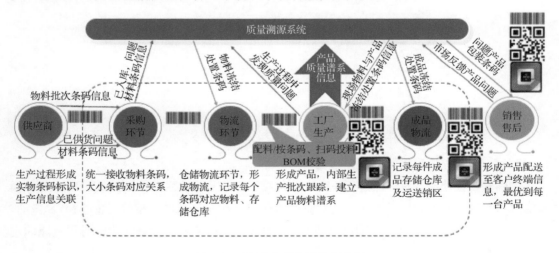

图 24　质量追溯系统功能框架图

系统可以使企业具有更完善、更有竞争力的生产过程、全面产品品质管理能力,提高客户的满意度,实现信息的实时分享,并帮助企业降低生产成本,提高盈利,从而使企业在整个生产环节中具备更多的竞争优势。同时通过系统提供的灵活 ERP 接口帮助企业快速进行信息平台的整合。

质量追溯系统借助 MES 控制包括物料、设备、人员、流程指令和设施在内的所有工厂资源来提高制造竞争力,提供了一种系统地在统一平台上集成质量控制、文档管理、生产调度等功能的方式,从而实现实时化的 EPR/MES/PCS(过程控制系统)的集成一体化,搭建一座信息交换的桥梁,使企业管理者能够实时掌握生产信息,进行生产决策。

3.2 复制推广情况

3.2.1 电机智能制造复制推广情况

电机行业,特别是中小型电机行业的产品型号、种类较多,但由于电机工作原理相同、电机结构构成类似,其制造工艺与制造模式也存在一定的可复制性。电机智能制造经验已经成功复制到表 5 的企业及项目中,由于电机产品类型存在一定的差异,因此还要按照领域分别说明。

表 5 电机智能制造经验复制及推广项目

序号	企 业	项目名称	地区
1	××电气集团股份有限公司	新能源汽车电机智能制造新模式	浙江
2	江西××电机股份有限公司	新能源汽车驱动电机数字化车间建设	江西
3	XX 电机有限公司	超高效永磁电机及控制系统智能制造新模式	福建
4	山东××电机集团股份有限公司	基于磁悬浮技术的稀土永磁高速电动机智能制造新模式	山东
5	××电机股份有限公司	基于个性化定制的大中型高效智能化电机数字化车间建设	甘肃
6	××电气××防爆集团股份有限公司	高端大中型节能电机智能制造车间	河南

1. 在新能源汽车电机智能制造领域的经验复制推广

大力发展汽车技术是保障国家能源战略安全、减轻环保压力、实现制造强国战略目标的重要手段。以新能源汽车为主要突破口,以动力总成及新能源汽车电驱动系统为重点,以智能化水平提升为主线,以先进制造和轻量化等共性技术为支撑,全面推进汽车产业由大国向强国转型是汽车产业未来的发展方向。新能源汽车的快速发展需要上游关键零部件产业的重要支撑,新能源汽车驱动电机正是新能源汽车的三大关键零部件之一。新能源汽车驱动电机发展呈现以下趋势:电机本体永磁化、电机控制数字化、电机系统集成化。按照产业规划中的新能源汽车规模目标测算,电机驱动系统将在 3~5 年内形成 200~300 亿产值的产业规模。

1）××电气集团有限公司 —— 新能源汽车电机智能制造新模式

项目基于企业的新厂建设，研究新能源电机的设计、工艺、制造、检测等关键环节，建设具有自主知识产权的 5 个数字化生产线：基于不同直径的定转子数字化生产线、嵌线数字化生产线、金加工数字化生产线、绝缘系统数字化生产线、智能化装配数字化生产线；建设基于工业互联网，集 PLM、MES、PCS、DNC（分布式数控）、WMS、能效管理于一体，并与 ERP 系统高度集成的电机制造信息系统。

项目总投资 3.8905 亿元（仅指智能化装备，含软件），本项目完成后预期可实现年产 10 万台的新能源汽车电机生产能力，总体生产效率提高 25%，生产运营成本降低 25%，产品研制周期缩短 35%，能源综合利用率提高 10%，不良品率降低 40%。实现产品设计的数字化率达到 100%、关键加工工序数控化率达到 85%、故障率小于 3%。项目完成后，将填补国内空白，提升企业高端领域市场竞争力，达到国际先进水平。

2）江西××电机股份有限公司 —— 新能源汽车驱动电机数字化车间建设

项目的建设内容分为两个主要部分。

一是针对新能源汽车驱动电机的特点，研究、开发和确定适合智能制造新模式的生产装备和生产工艺流程，并开展相应的定转子铁芯、定子线、永磁转子线、机加线、整机总装与喷涂线等多个关键工艺流程的新能源汽车驱动电机智能制造数字化车间建设，即硬件建设部分。

二是在该公司已经开展的部分信息化系统建设工作的基础上，结合新能源汽车驱动电机的设计需求、智能化的装备需求、流程的工艺需求，在企业已经拥有并正在升级的 PLM 和 ERP 的基础上，全面引进工厂级的 MES 和物流管理系统（含仓储系统建设），通过建设全新的信息化网络，打通生产管理、质量管理等信息的交互环节，即信息化软件建设部分，从而实现融合研发设计和 PLM、PDM、MES、PCS、DNC、WMS、ERP、在线检测系统、能效管理系统等为一体的智能制造新模式。

项目总投资 3.274 亿元（仅指智能化装备，含软件），本项目建成时，预期可实现年产 20 万台的新能源汽车电机生产能力。项目产品可广泛应用于微型车、乘用车、中巴车、大巴车等车型，可以用作主驱动电机。产品具有体积小、重量轻、高效节能、功率密度大、运行安全可靠等特点。项目完成后实现总体生产效率提高 35%；运营成本降低 25%；不良品率降低 40%；单位产值能耗降低 12%；研制周期缩短 35%；实现产品设计的数字化率达到 100%、关键加工工序数控化率达到 85%、故障率小于 3% 等智能制造指标。项目完成后，将填补国内空白，提升企业高端领域市场竞争力，达到国际先进水平。

2. 在高效电机智能制造领域的经验复制推广

电机使用了全球 57% 左右的电能，随着全球性能源危机日趋严重，电机向超高效方向转型升级势在必行。各国都将推广和使用高效节能电机作为节能减排的重要举措。美国自 2011 年起已开始全面推广使用超高效率电机，西门子、ABB 公司近几年主要以推广高效、超高效电机为主，我国则相继制定和实施了"节能产品惠民工程""全国电机能效提升计划"和"能效之星"等政策,持续推动电机能效水平的提升,预计仅工业用途的高效、超高效电机市场规模将超过 600 亿元。因此,在高效电机智能制造领域的经验复制推广也显得非常及时和必要。

1)××电机有限公司——超高效永磁电机及控制系统智能制造新模式

项目投资 1.58 亿元(仅指智能化装备,含软件),项目实施并完成建设目标后,将使年生产能力提高到 1000 万千瓦以上,总体生产效率提高 25%,生产运营成本降低 25%,产品不良品率降低 25%,单位产值能耗降低 12%,产品研制周期缩短 35%,实现年产值超过 5 亿元。

项目建成拥有自主知识产权、包括冲压、金加工、嵌线、电机和控制系统整机柔性总装等多个关键工艺流程的电机制造数字化生产线,并投入实际运营。结合智能制造标准体系,开展虚拟仿真等关键技术的研究,研发生产管理软件等关键技术装备,实现融合了 PLM、MES、ERP 等系统为一体的智能制造新模式。

本项目所涉及的超高效永磁电机及其控制系统市场前景广阔,主要用于配套高精尖的高档伺服数控机床等领域,由于主机产品应用数量众多(约占中小型电机应用总量的 60% 以上),因而产品影响非常广泛,对我国机械加工、塑料制品等行业的应用起到极其重要的推动作用,总能耗节约量极其可观。

2)山东××电机集团股份有限公司——基于磁悬浮技术的稀土永磁高速电动机智能制造新模式

项目的数字化车间总体设计包括:开展工艺流程布局设计及产线信息化模型设计,具体有设计数字化铁芯、数字化电加工、数字化金加工、数字化柔性整机总装及喷涂的数字化车间方案;建立数字化车间互连互通的网络架构与信息模型,建设基于工业以太网和工业无线通信的通信网络;建设智能物流、立体仓库等关键智能制造装备;研发在线检测与能效管理系统,提升产品品质;实现融合数字化三维设计与工艺仿真平台、制造执行系统、过程控制系统、智能物流仓储系统、企业资源计划系统、在线检测、能效管理系统、基于工业以太网的物流协同系统、数据分析优化系统为一体,系统之间互联互通的高端智能制造系统;最终打造稀土永磁高速电动机智能制造新模式。

项目总投资 1.1146 亿元,项目建设完成后,预计将新增电机生产能力 100 万千瓦,公司总产能将突破 2000 万千瓦,总体生产效率提高 25%,生产运营成本降低 25%;产品不良品率降低 40%;单位产值能耗降低 12%;产品研制周期缩短 35%;公司将实现新增产值 9 亿元。项目可在高速机床伺服主轴、高精度精密机器人、高压风机、高速压缩机等高端制造领域得到广泛应用。

3. 在基于个性化定制的高端大中型电机智能制造领域的经验复制推广

大中型高效电机是高端装备产业的核心驱动力,现有通用型电机产品难以满足终端客户对高端重型装备越来越高的智能化、专业化及个性化定制需求。根据客户需求,定制智能化、专业化的高端装备制造业有望成为今后制造业的主流,市场空间巨大。基于个性化定制的大中型高效智能化电机产品的产业化过程不能走过去电机行业普遍采用的以劳动密集型生产模式为主的老路，急需搭建融合个性化定制、远程运维云平台的新型自动化、信息化、智能化制造模式。

1）××电机股份有限公司——基于个性化定制的大中型高效智能化电机数字化车间建设

项目建设基于工业互联网的，集 PLM、MES、PCS、DNC、WMS、ERP、在线检测、大数据、云平台、能源管理和人工智能为一体的高度集成的电机制造信息化平台。建设基于个性化定制的协同平台，实现上游客户端、下游供应链与数字化车间之间的互联互通，提供用户需求特征的数据挖掘和信息服务，开展大中型高效电机的个性化定制设计、采购和制造。建设基于物联网技术的智能化电机远程运维平台，建立系统化的智能诊断知识库，结合大数据分析技术，实现电机运行状态的远程检测、运维、诊断。建设安全可控的基于个性化定制的大中型高效智能化电机数字化冲剪车间、电工车间、金加工车间、装配车间和试验车间。

项目总投资 2.765 万元，项目实施后，预计到 2020 年大中型电机产能 500 万千瓦，销售收入达到 10.5 亿元。总体生产效率提高 25%，生产运营成本降低 25%；产品不良品率降低 40%；单位产值能耗降低 12%；产品研制周期缩短 35%。本项目的技术成果可以在大中型高效电机制造领域、电机生产装备制造领域的自动化和智能化方面获得巨大的市场应用前景。

2）××电气××防爆集团股份有限公司——高端大中型节能电机智能制造车间

项目研制基于自动化、智能化的电机生产设备及关键工序自动化生产、检测的智能数控设备。建设集 ERP、PLM、MES、PCS、DNC、WMS、远程运维、能源管理系统于一体，通过工业云平台实现各系统之间互联互通的高端大中型节能电机数字化车间。建设具有自主知识产权的高端大中型节能电机智能制造数字化结构件制造车间、电加工车间、金加工车间、柔性整机总装及喷涂车间、试验车间。

项目总投资 2.26 万元，项目建成后可实现年产各类高低压电机近 1000 万千瓦的生产能力，预计年销售收入 24 亿元。总体生产效率提高 25%，生产运营成本降低 25%；产品不良品率降低 25%；单位产值能耗降低 12%；产品研制周期缩短 35%。公司的高端大中型节能电机产品将会在前沿高端市场、战略新兴市场迎来宝贵机遇，引领高端大中型节能电机行业高速向前发展。

3.2.2 对行业或地区产业智能转型的带动作用

1. 对电机行业的带动作用

项目建成后形成的智能化产线和核心装备在不增加人力资源、甚至是减少人员需求的情况下，使企业的产能得到迅速的提升，改变了原有孤岛式、离散型、碎片化的加工模式，企业的综合能力将得到快速提升，使电机制造的模式发生了巨大的变革。

因此,项目建设中形成的自主核心装备将在电机行业内进行快速复制和辐射,有助于促进电机行业智能制造新模式进程推进,把我国电机制造水平提升到一个新的层次。推广和复制的技术成果体现在两个方面:一是以硬件建设为依托,带动我国机械智能制造核心装备产业的发展;二是通过建立互联互通的统一应用平台,打通制造信息化系统中的信息流转,带动信息集成产业的发展。项目从覆盖电机全产业链的角度推进智能制造转型升级工作,每年仅自动化智能装备和信息化管理系统的需求就十分巨大。经测算可为我国智能制造安全可控自主知识产权核心设备带来近 200 亿元的市场容量。

项目的技术成果引起了行业内的高度重视,电机行业的骨干企业已经基本全部开展或计划开展智能化改造工作;不仅如此,行业内规模较小的企业也从智能化装备升级的角度提出了技术改造的需求。

2.对国内装备制造业的带动作用

电机行业作为传统的机电设备加工制造业,其装备水平整体落后于其他行业,因此,通过这些项目的开展,国内装备制造业、特别是一些符合电机制造特点、同时又是根据电机制造特有模式开发的自动化和智能化装备的需求大大增加。例如,传统加工工艺中嵌线环节是一个难以逾越的障碍,通过企业的大量需求,行业组织力量开展科技攻关,在不改变电机性能的前提下,开发和设计出适合大规模机器化作业的线圈新结构。也开发出基本无人化的嵌线装备,国内从事自动化嵌线装备的制造商出现了供不应求的局面。

同时,电机智能制造项目的开展也提升了这些装备制造商的技术水平和研发能力。

3.2.3 复制推广经验总结

综上所述,我们针对我国电机行业量大面广的工业用中小型电机的数字化车间建设需求,开展了智能化和信息化智能制造整体模型的研究和应用,取得了很好的效果。因此,我们要分析并结合电机行业的技术和产业发展方向,从而有针对性的开展新型电机产品和工艺流程的智能制造新模式项目研究与应用,推广方向包括以下几方面。

1.从新产品突破角度

应把推广应用的重点放在新型节能环保的新产品,主要是新产品的设计和工艺类型与传统产品存在一定的差异,因此新型工厂建设的思路也应该进行修改和调整,产品主要有开关磁阻电机、大功率永磁同步电机、同步磁阻电机、直驱型永磁电机等。

2.从新工艺突破角度

应把推广应用的重点放在较为成熟的小功率家用电机的全无人化生产能力的提升(俗称"黑灯工厂"),以及工艺技术较为成熟但设备被国外垄断、急需国产化突破的中大型电机的制造水平的提升上。尤其是我国大型重载重型设备的核心驱动设备——大中型电机,其具有生产周期长、个性化要求复杂、质量要求高等特点,要求产品在实际运行中与在线监测和远程运维系统互联互通,并自动上传运行数据。通过将运行数据与设计工艺相结合,才能实现覆盖设计、工艺、制造和使用全生命周期的新模式。

3．从电机与控制的系统性角度

应把推广应用的重点放在智能化一体的新型电机控制产品的融合型智能制造新模式上。例如应重点关注伺服调速系统、大功率变频调速系统的柔性化智能制造项目。

4．从产业链协同发展的角度

应把推广应用的重点放在电机制造上下游的产业链业态分析、模式整合趋势分析和基于产业链或供应链的协同制造模式分析，研究并建立符合行业需要的业务流程模型。

5．从行业的标准化推进角度

推进智能制造，标准化要先行。为指导当前和未来一段时间内智能制造标准化工作，工业和信息化部、国家标准化管理委员会根据《中国制造 2025》的战略部署，联合发布了《国家智能制造标准体系建设指南》（2018 年版），对智能制造标准研究和制定提供重要依据和支撑。因此，应尽快规划和制定电机行业的智能制造标准化体系。

第4章 总 结

4.1 智能制造意识提升

在智能制造项目建设的过程中，由于电机企业传统生产方式的局限性，高层管理者对车间硬件的投入比较感兴趣，因为硬件的投入带来立竿见影的效果，对比传统生产方式，生产效率有极大提高，但高层管理者对软件的投入比较迷茫。

一方面，作为企业管理的工具，软件的实施同时也带来企业管理方式的变革，管理的变革不是一蹴而就，不能够像硬件一样在短时间内带来显著的效果；另一方面，同一类型软件的价格从几十万到几千万，在没有专业性强、经验丰富的信息化人员的参与下，选择一款适合自身企业性价比的软件是十分困难的。在上述诸多状况下，企业的高层领导会加大硬件的投入，弱化软件的投入。

但是信息化是智能制造的关键所在，因此企业应提高对信息化应用的认知，逐步加强信息化建设的投入，让数据成为生产力。

4.2 人才培养

智能制造是一个庞大的工程，需要装备、自动化、软件、信息技术等不同领域企业紧密合作、协同创新。但目前电机制造企业人才年龄结构不合理，且整体综合素质较低，各企业应加快培养智能制造发展急需的专业技术人才、经营管理人才、技能人才。

4.3 政策支持

智能制造项目所需高端智能装备均为个性化首次研制、一次性投入较大，希望政府及相关组织在现有的首台套支持政策基础上，加大政策支持力度，加强战略研究和规划引导，完善相关支持政策，为智能制造发展创造良好环境。

基于工业物联网、大数据，以数据化模型驱动的智能制造解决方案

——浪潮通用软件有限公司

浪潮集团是以服务器、软件为核心产品的国有企业，中国领先的云计算、大数据服务商，拥有云数据中心、云服务大数据、智慧城市、智慧企业四大业务板块，迄今有 70 多年历史，始终致力于成为先进的信息科技产品和领先的解决方案服务商。

浪潮通用软件有限公司（以下简称浪潮公司）是浪潮集团的全资子公司，云时代中国企业管理软件的领导厂商，最大的行业 ERP 提供商，工业互联网平台运营商和智能制造领军企业。公司拥有大型企业云平台 GS7、中小企业云平台 PS Cloud、小微企业 SaaS 应用的"易云在线"平台，以及企业大数据、财务共享、司库与资金管理、电子采购、HCM Cloud 等云产品。

浪潮公司依托我国作为"制造大国"的战略必争和优势产业，利用中国互联网生态与应用的全球领先者地位，紧紧抓住新科技革命与产业变革提供的历史机遇，推出基于工业物联网、大数据，以数据化模型驱动的智能制造解决方案，研制涵盖从设计研发、生产制造到产品服务的全生命周期行业应用软件及集成解决方案，重点突破产品创新开发、万物互联、智能控制与分析优化等关键技术。

第1章 简 介

1.1 项目背景

移动互联网、物联网、云计算和大数据技术的发展和成熟，对于推动中国制造由大变强，向中高端水平迈进，具有重要意义，同时又对传统制造业提出了挑战和机遇。

浪潮公司于2014年12月起，开始承建中国航天科技集团公司第四研究院（以下简称航天四院）智能制造解决方案，以物联网、大数据技术进行生产制造流程优化，改造数字化车间，建立"智慧工厂"，探索出一条以"精细协同、智能互联、数据共享"为核心的智能制造发展路线。方案通过深入实施数字化工程，并从设计、工艺、生产、服务保障、管理的智能化等方面入手，实现车间数字化、网络化、智能化，最终达到提高生产质量、降低生产成本、缩短产品研制生产周期的目的，从而达到生产数据可视化、生产设备网络化、生产文档无纸化、生产过程透明化、生产现场智能化的目标，提高了航天四院在国内外同类企业中的竞争力，为航天四院的集团发展战略提供支撑，响应了国家"制造强国"战略指引。

1.2 案例特点

围绕"研制生产数字化、经营管理信息化、信息处理网络化"的IT战略目标，构建面向院级集中管控，覆盖院、厂所、车间三级单位的一体化科研生产数字化管控平台，实现科研生产业务的综合、协同管理，有效提升科研生产效率与产品制造质量。

从业务方面，以固体发动机科研生产业务为核心，实现覆盖全院及厂所的计划管理、生产管理、车间执行、质量管理、物资管理、在制品管理和生产指挥调度与辅助决策，全面打通计划、质量、实物（原材料、在制品）、资源信息流，实现航天四院型号项目的设计、生产、管理一体化。

从管理方面，全面提升科研生产管理竞争力，有效提升产品研制效率，缩短生产周期，保证产品质量和可靠性。

从流程方面，梳理完善业务管理流程，将航天四院型号产品研制生产过程优化规范并固化执行，实现工作的标准化、规范化，提高全院工作效率和质量，控制企业风险，并能持续优化流程和工作方法。

从信息化建设方面，建设院所统一的科研生产数字化管理平台，建立一个集中数据库，消除"信息孤岛"，实现全面信息的良好互通与共享，及时掌握科研生产进展，为领导决策提供支持。

第 2 章　项目实施情况

2.1　需求分析

中国航天科技集团公司第四研究院是我国最大的固体火箭发动机设计、研制、生产和试验的专业研究院，是国家重点国防科研单位，也是"十五""十一五"期间国防科工委重点统筹规划建设单位之一。项目实施前，航天四院正面临战略转型、市场竞争不断加剧的形势，已有的管理信息系统建设与航天四院持续提升的管理要求存在较大的差距，这种差距突出体现在各系统间不衔接，导致难以满足各业务流程一体化，系统功能难以满足多部门、多层级业务管理需求，管理系统平台不一。借鉴国际一流企业集团的信息化实践，航天四院迫切需要通过建设一套智能制造整体解决方案来满足企业需求，关键需求要点如下。

1）提升集团纵向管控能力

统一标准，统一平台，建立以战略为导向的集团化管控体系。

2）提升企业内部精益管理能力

建立航天制造模式，适应多品种、多型号、多状态、多变化、多批次、小批量的生产环境对制造模式的要求。建立航天特色的过程跟踪，对型号产品的科研生产全过程进行工序级任务管理。

3）提升型号项目跨单位协同研制生产能力

实现院、厂所、具体执行单元三级型号科研任务的信息共享、业务集成和协同作业，打造一个设计、制造、经营一体化的高效经营管理信息系统。

4）提升企业高效的决策分析能力

建立战略指标预测、预警模型，实现战略目标分解及事前、事中、事后绩效考核，支撑集团战略规划管理。

2.2 总体设计情况

基于总体规划思路，并参考 TOGAF、FEAF 等科学的规划方法论，形成了航天四院科研生产管理平台顶层的总体架构设计，包含业务覆盖范围、应用架构、功能架构。

2.1.1 业务覆盖范围

固体发动机是导弹、运载火箭以及航天器产品的重要组成部分，其研制过程涉及壳体结构、复合材料、推进剂、火工装备等多个学科专业，以及设计、仿真、工艺、制造、装配、装药、试验等多个环节，产品工序多、工艺复杂、生产周期长。业务范围涉及院本部、总装厂、配套厂、设计所，既包含院本部与下属厂所的纵向协同，又包含厂所间的横向协同。

浪潮公司为帮助航天四院对各厂所科研生产的综合管控以及厂所对产品生产全周期全要素的过程管理（含厂所自揽项目），进入各厂所及软件厂商进行了深入的需求调研分析，并对建设统一的科研生产管理信息平台建设方案进行了论证（纵向业务线、横向厂所线），确定科研生产管理平台覆盖的范围主要包含：

（1）实现纵向的三层管控，即科研生产指挥调度与辅助决策层、科研生产业务管控、车间科研生产执行层，满足院、厂所、车间一体化管理，加强院科研生产管控力度及各厂所业务协同，提升院生产制造能力和生产快速反应能力。

（2）横向搭建科研计划管理、物资管理、质量管理、资源设备管理、车间 MES 管理等业务管控系统，解决科研计划、生产计划、物资配套、资源使用、质量控制信息数字化管理，加强信息共享与一致性，优化资源配置，提高厂所、各业务部门协同效率。同时，实现与科研设计系统集成应用，实现设计生产一体化管理，有效提升生产效率与产品制造质量。

2.2.2 系统应用架构

科研生产管理系统为多级应用，分别为院级应用、厂所级应用、车间级应用，其应用架构如图 1 所示。每个层级因关注视角不同，应用的功能应分级展现。

院级应用：管理的重点是院管型号项目、预研课题，重点建设的内容包含产品及部段级型号计划的编制、下发及进度的反馈，产品配套情况；质量体系管理及质量目标的分解、反馈、考核及型号质量信息；物资及资源设备的标准化管理，关键设备的状态及负荷。

厂所级应用：除院管型号项目、预研课题外，还涉及厂所自揽项目，重点建设内容包含零件级生产计划的编制、一级工艺路线（车间流转级或重点工序级）及计划的执行进度；质量检验、质量问题处理、质量数据包、质量评审及质量分析；精细的物资保障管理；设备资源动态、全周期管理。

科研计划		质量管理		物资管理			设备资源		指挥调度及决策分析	
院 下发 ↑ 反馈	型号计划 (产品及部段级)	质量体系		标准化管理			标准化 管理	关键 设备	计划进度 (院管型号)	产品 配套
									质量信息	关键设备 负荷
厂所	生产计划 (零件级)	一级工艺 路线	质量 体系	质量 检验	计划采购 协同	物资采购	合格供方 管理	设备 台账	设备 状态	计划进度	产品配套
			质量 评审	质量 分析	物资仓储	物资配套	存货核算	维修及 保养	周期性 检定 (计量等)	质量信息	关键设备 负荷
车间	作业计划 (工序级)	二级工艺 路线	质量控制		物资申请	物资消耗		资源使用		现场设备监控	
	车间MES（结构化工艺、计划排产、生产派工、作业数据、质量控制、数据采集、进度看板）								电子看板	

图 1　三级应用架构

车间级应用：关注的重点为车间的现场管理，主要包含结构化的工艺、作业计划的排产、作业数据的记录、生产质量控制、数据采集及直观的生产进度看板。

2.2.3　系统功能架构

本次科研生产管理系统整体上分为四个层次，分别为决策层、管理层、执行层和设备控制层，其功能架构如图 2 所示。

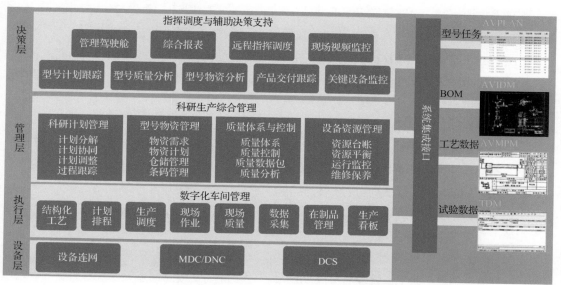

图 2　系统功能架构

决策层主要为指挥调度与决策支持系统，包括远程指挥调度平台、管理驾驶舱等进行数据综合分析和集团数据直报，通过对院及厂所的科研生产业务数据实时采集和分析，方便院领导实时掌控全院科研生产动态和科学决策。

管理层主要实现院和厂所各职能部门之间科研生产综合管理，包括科研计划管理、型号物资管理、质量体系与控制以及设备资源管理等功能。

执行层主要为数字化车间（MES）实现车间加工、热表、装配、装药等业务的执行跟踪和过程控制与管理。

设备控制层主要实现车间设备联网以及设备数据采集与监控，包括MDC/DNC及DCS等系统。

平台通过集成与外部系统进行信息交互，通过与AVPLAN的集成实现集团型号任务的接收，通过与AVIDM的集成实现产品物料清单（BOM）的集成，通过与AVMPM的集成实现与结构化工艺的集成，通过与TDM系统的集成实现与试验数据的集成。

通过本次科研生产指挥与决策支持平台建设，航天四院实现了计划、质量、物资的院、厂所、车间三级贯通，以及以计划为核心的技术、物资、工装、人员的横向协同管理。

2.3 实施步骤

2.3.1 项目实施策略

1）统一规划、试点先行

在需求调研时，对院机关及各厂所业务进行了充分的调研，建设方案统一规划，为降低全院铺开实施的难度，降低项目实施风险，先选取7414厂进行试点实施。

在7414厂试点实施的过程中，考虑各类型号产品结构与管理特点不同，又选取××-A、××-B两个典型型号，进行BOM、结构化工艺、检验项目等基础数据的拆解，拆解的数据在系统中试点运行。

2）明确目标、逐步实现

先实现基本/关键需求，保证主要业务流程能走通，再逐步实现扩展需求。注重项目规划、系统模拟和知识转移，贯穿于项目每个阶段。

3）积累经验、全院推广

在7414厂试点实施过程中逐步积累经验，完善系统功能，充分准备后在进行全院推广实施，保证项目顺利完成。

4）标准产品+个性开发

根据航天四院科研生产管理的特点，在系统开发过程中，既考虑航天四院科研生产管理现状，不对主要业务流程进行大的变革，降低项目实施的难度，又考虑ERP标准业务流程与功能。在浪潮公司标准产品的基础上，对航天四院个性业务进行系统开发，降低项目实施的风险。

2.3.2 项目实施阶段

按照院信息化顶层规划，航天四院科研生产管理系统深度结合院科研生产现状与实际需求，充分考虑系统内各业务线的纵向、横向关系，以及该系统与 PDM、CAPP、DNC、人力、财务、工程门户、辅助决策等信息系统的集成关系，对系统进行了整体策划与实施。项目实施阶段如图 3 所示，项目建设里程碑如图 4 所示。

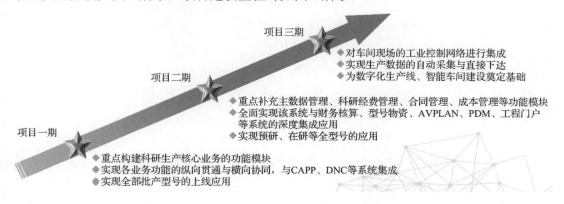

图 3　项目实施阶段

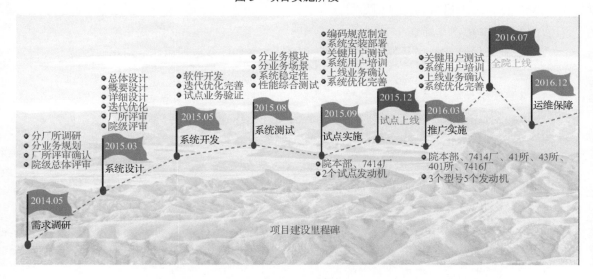

图 4　项目建设里程碑

2.3.3 建设内容和关键技术应用

1. 基础数据标准化

航天四院科研生产管理系统作为一项大型的综合性管理系统，基础数据的标准化、规范化非常重要，其目的是确保基础数据的高质量、唯一性和流通的便利性，为各业务系统的数据流转、分析汇总提供基础，提高数据集成能力。图 5 是基础数据标准化的示意图。

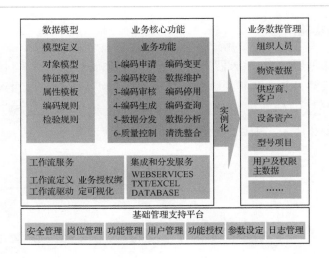

图 5　基础数据标准化

主要内容是制定各类编码和标准，实现编码规范化、标准化及管理过程的标准化。

1）基础数据管理范围

主要基础数据包括型号项目、物料字典、物料清单（BOM）、检验项目、检验标准、往来单位、组织机构、人员信息等。

2）标准化体系建设

基础数据管理首先是数据标准化体系建设，整个体系包括组织、流程、制度、标准四个部分。

3）基础数据标准化体系

（1）组织：每个基础数据都要有相应的管理组织，组织中包括组织结构、岗位职责、成员要求，标准化首先确定的就是落实管理组织、责任人，明确岗位分工。

（2）制度：院牵头制定相应的管理制度来保证标准流程的执行，制定相应的管理制度、配套的考核制度、运营制度，才能使标准真正落地。

（3）流程：确定增加、变更、发布等管理流程来规范基础数据维护，避免数据的各自为政，这是数据统一的操作原则。

（4）标准：建立信息分类标准。按照每个基础数据的含义及属性特征，定义其分类标准，作为数据收集、整理、归类的依据。

（5）编码标准：信息编码有各种方式，有各种国家标准、企业标准、行业标准，但每家企业都会有区别，按照企业不同，同时遵从一些常规编码原则，比如易识别、易理解、易使用且编码统一并唯一等原则，制定各类基础数据的编码规则，以约束纳入系统的基础数据编码并保证基础数据质量。制定基础数据的属性规范，保证进入基础数据系统数据的完整性和规范性。

4）基础数据申请及校验

系统提供基础数据新增流程，用户可以在基础数据平台申请编码，系统会对数据进行合法性检查，对检查失败的数据，系统会进行提示。

5）基础数据变更

基础数据变更需要走变更流程，同时基础数据可对变更后的档案进行版本管理，基础数据变更时，系统会做更详细的检查。

6）基础数据管理过程标准化

实现基础数据过程管理规范化流程，明确编码管理的组织（审核、下发、变更），只有管理过程标准化才能保障后续基础数据规范性和唯一性。

2．科研计划管理

科研计划管理是为了保证高质、高效地按期完成全院的各项科研任务，作为一个两级管控、三级计划的平台，在院管层面向上接收集团公司型号科研生产任务，向下将部段研制任务分解、下达给各承研厂所，并协调厂所间的任务协作，在厂所层面将院下达的部段级研号计划及厂所自揽的任务分解为零部组件及大工序计划，下达给各车间，并协调各车间的任务流转。各责任主体及时反馈生产任务（各级计划）的进度，并进行分析考核，以确保科研生产任务的有序进行。

科研计划从产品的角度来划分，包含院级的型号计划（部段级）、厂所的生产计划（零组件级）、车间作业计划（工序级）；从周期的角度来划分，包含年度计划、月度计划、周计划。

科研计划管理系统功能架构如图 6 所示，科研计划管理主要包括生产数据管理、项目数据管理、计划管理、生产准备管理、产品交付管理等功能模块。

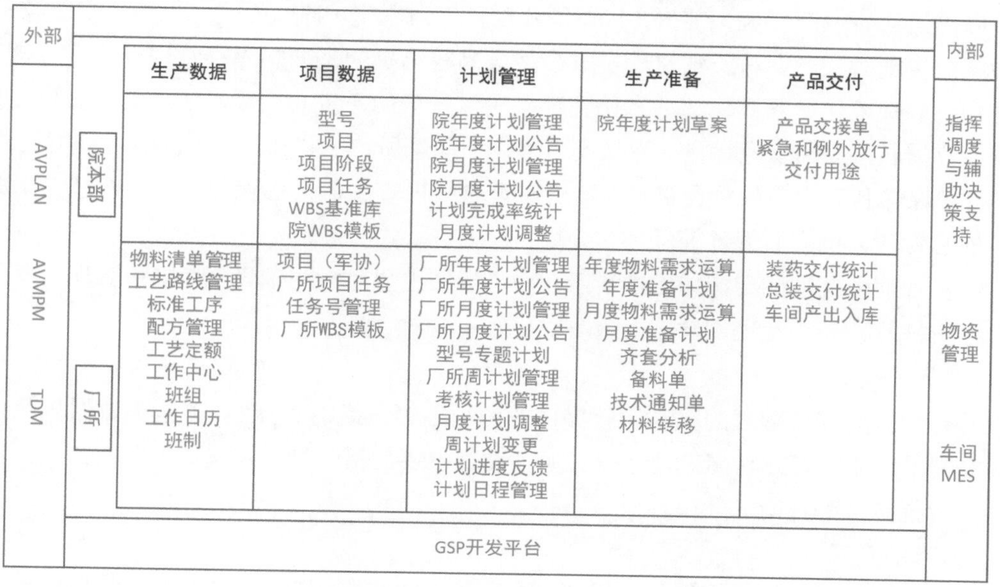

外部		生产数据	项目数据	计划管理	生产准备	产品交付	内部
AVPLAN	院本部		型号 项目 项目阶段 项目任务 WBS基准库 院WBS模板	院年度计划管理 院年度计划公告 院月度计划管理 院月度计划公告 计划完成率统计 月度计划调整	院年度计划草案	产品交接单 紧急和例外放行 交付用途	指挥调度与辅助决策支持
AVMPM TDM	厂所	物料清单管理 工艺路线管理 标准工序 配方管理 工艺定额 工作中心 班组 工作日历 班制	项目（军协） 厂所项目任务 任务号管理 厂所WBS模板	厂所年度计划管理 厂所年度计划公告 厂所月度计划管理 厂所月度计划公告 型号专题计划 厂所周计划管理 考核计划管理 月度计划调整 周计划变更 计划进度反馈 计划日程管理	年度物料需求运算 年度准备计划 月度物料需求运算 月度准备计划 齐套分析 备料单 技术通知单 材料转移	装药交付统计 总装交付统计 车间产出入库	物资管理 车间 MES
				GSP开发平台			

图 6 科研计划管理系统功能架构

1）生产数据管理

生产数据管理主要包括型号物料清单、工艺路线和配方等数据的编制、审核和工作中心、班组、工作日历等生产基础数据的管理。

2）项目数据管理

项目数据管理主要包括院管型号和厂所协作军品的项目库以及项目阶段、任务号、WBS 分解模板等数据的标准化管理。

3）计划管理

计划管理主要包括院年、月型号计划和厂所年、月、周生产计划的协同编制，以及对各级计划的进度跟踪及实时反馈。

4）生产准备管理

生产准备管理主要包括物料需求运算（MRP）和生产准备计划的编制、审核和下发，以及厂所技术通知单的编制、审核和下发等管理。

5）产品交付管理

产品交付管理主要包括产品交接单、紧急和例外放行申请和 16 厂的装药生产任务、总装交付任务等功能。

同时科研计划管理和内部物资管理、资源管理、车间 MES、指挥调度与辅助决策支持形成一体化应用，外部和 AVPLAN、AVMPM 以及 TDM 系统集成，实现跨部门、跨厂所的信息流转，为航天四院提供一个集中的生产计划管理平台。

3. 物资管理

以满足科研生产任务为前提，以"型号项目"为主线，各厂所建立了集中式的物资管理系统，实现对生产主材、辅材、半成品、成品等物资的采购、库存管理以及成本核算，实现物资的规范化、精细化、动态化管理，确保物资的质量、进度、成本的全方位受控，加速库存周转，提高型号物资配套效率，解决不同厂所、不同部门、不同业务间的协同困难，有效保障科研生产的顺利进行。物资管理系统内容涵盖采购管理、库存管理、存货核算、外协管理、供应商管理等。

物资管理系统功能架构如图 7 所示，物资管理主要包括基础设置、采购管理、库存管理、存货核算、外协管理、数据上报等功能。

1）基础设置

基础设置为物资管理的顺利运行提供业务基础的支撑，只有在业务基础数据规范设置后，物资系统才能有效且高效地运行。基础设置主要包括计划员定义、采购员定义、仓库定义、货位定义等功能。

2）采购管理

采购管理为科研生产提供物资保证。系统满足生产类物资和生产辅助用物资的一般采购管理模式，也支持专项采购管理模式，即以型号项目为主线的管理；支持依据科研计划及产品定额形成物资采购需求、依据安全库存生成采购计划；具备比质比价的功能，从而降低采购成本；实现采购到货与质量管理系统无缝集成；具备付款结算、费用分摊功能；实现了采购供应商的动态管理；实现采购计划执行情况的跟踪，实时统计采购计划的完成率、采购订单的按期到货率，为供应商的考核提供依据。

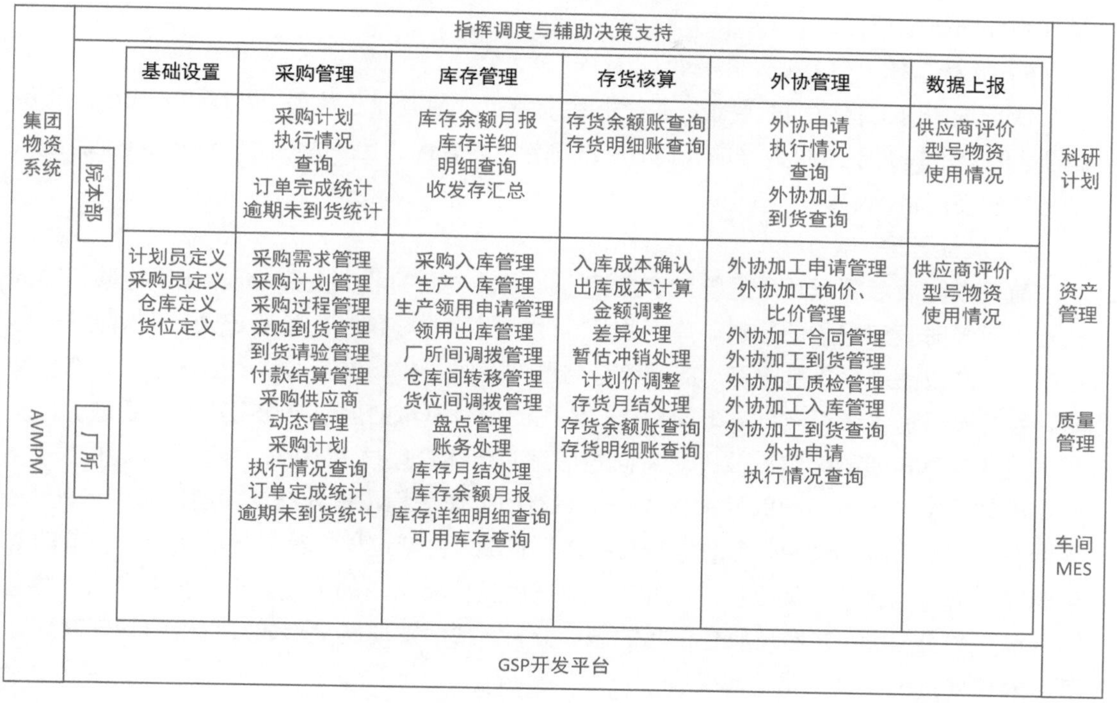

	指挥调度与辅助决策支持						
	基础设置	采购管理	库存管理	存货核算	外协管理	数据上报	
集团物资系统　院本部		采购计划执行情况查询 订单完成统计 逾期未到货统计	库存余额月报 库存详细明细查询 收发存汇总	存货余额账查询 存货明细账查询	外协申请执行情况查询 外协加工到货查询	供应商评价 型号物资使用情况	科研计划
AVMPM　厂所	计划员定义 采购员定义 仓库定义 货位定义	采购需求管理 采购计划管理 采购过程管理 采购到货管理 到货验收管理 付款结算管理 采购供应商动态管理 采购计划执行情况查询 订单定成统计 逾期未到货统计	采购入库管理 生产入库管理 生产领用申请管理 领用出库管理 厂所间调拨管理 仓库间转移管理 货位间调拨管理 盘点管理 账务处理 库存月结处理 库存余额月报 库存详细明细查询 可用库存查询	入库成本确认 出库成本计算 金额调整 差异处理 暂估冲销处理 计划调价调整 存货月结处理 存货余额账查询 存货明细账查询	外协加工申请管理 外协加工询价、比价管理 外协加工合同管理 外协加工质检管理 外协加工入库管理 外协加工到货查询 外协申请执行情况查询	供应商评价 型号物资使用情况	资产管理 质量管理 车间MES
	GSP开发平台						

图7　物资管理系统功能架构

3）库存管理

库存管理能够处理各种库存事务，实现对主材、辅材、半成品、成品等物资的日常仓库管理，如出入库管理、盘点、报废、项目间转移、仓库间转移、货位间转移等；可以多维度、精细化管理库存物料，主要有货位管理、批次管理、单件序列号管理和有效期管理；可以管理库存状态，如可用库存，质检库存、冻结库存（不合格库存）、在途库存等，实现物资配套发放管理。

4）存货核算

存货核算主要是从价值的角度管理物料，能够支持多个独立核算单位的存货集中核算。其主要功能是在库存管理的基础上，完成对采购暂估业务的处理、对存货金额的调整；完成对采用计划价核算存货成本差异的计算分摊，计划价格的调整。可以准确、及时地反映企业的存货水平，提供各厂所的存货余额、明细查询，收发存汇总查询，资金占用分析等。实现库存物资与财务的一体化核算，付款结算及生产领料自动生成财务凭证，为成本管理提供依据。

5）外协管理

外协管理实现了对工装外协、整件外协、工序外协件加工过程的全过程管理，可以准确、及时地反映外协件加工状况，并对外协加工件与质量管理进行无缝集成，进一步加强了外协件的质量把控。

6）数据上报

依据集团对上报数据的要求，从物资系统中实时抽取业务数据，以规定的格式上报给集团，进一步提高了上报数据的及时性、准确性、高效性。上报数据主要包括供应商评价、型号物资使用情况等。

4. 质量管理

航天四院质量管理从质量管理和监控方面提供全面的业务支持。通过预设检验标准的执行，可随时查询采购的原料、库存物资、生产过程中零部件的检验记录。可对原材料、在制品、产成品进行质量跟踪。支撑质量问题的及时报告、规范传递、闭环管理、充分共享，为航天四院建立了一个上下同构、一体化的型号质量问题信息服务平台。通过优化流程，疏通信息传递的渠道，改进质量问题信息的闭环管理技术手段，将质量问题的发生、归零措施落实、质量问题的反馈形成一个完整的工作流程，提升质量问题信息管理能力。根据航天四院管理的特点，全面部署材料入厂检验、生产过程检验等各质量控制环节的管理职能，实现检验过程规范化、标准化。通过质量检验信息的关联查询，实现产品、型号的全过程质量追溯；并通过质量信息的统计分析，帮助发现质量形成过程中的管理薄弱环节，为管理持续改进提供信息支持。

质量管理系统功能架构如图 8 所示，主要包括质量体系，质量检验，质量过程控制，产品知识库、质量分析几个部分。

		指挥调度与辅助决策支持				
		质量体系	质量检验	质量过程控制	产品知识库	质量分析	
AVPLAN	院本部	质量目标 质检组织 公有检验项目 质量原因 专家库			质量信息采集卡	直方图 柱状图 饼图 帕累托图 单值移动极差图	科研计划
	厂所	质量目标 质检组织 私有检验项目 检验标准 处理方式 专家库	原材料检验 在库品检验 调拨检验 外协检验 其他检验	产品评审 质量问题处理 包络线分析 紧急放行 例外放行 质量归零记录 包络线分析	产品数据包 质量问题库 产品证明文件 检验报告	采购质量分析 生产质量分析 不合格品分析	物资管理 资产管理
AVIDM	车间	质量目标	工序检验 产成品入库检验 在制品检验	质量信息卡 包络线应用			车间MES
		GSP开发平台					

图 8 质量管理系统功能架构

1）质量体系

质量体系主要实现质量模块基础数据的定义，质量目标的定义，检验标准的定义、下发等。

2）质量检验

质量检验主要对外购件、外协件、厂所间调拨件依据检验标准进行质量过程检验，达到检验过程的精细化管理。

3）质量过程控制

质量过程控制主要实现质量问题的处理，产品包络线分析，产品出厂前的质量评审以及生产过程中的其他处理，原材料的紧急放行和零部件的例外放行等。

4）产品知识库

产品知识库主要实现产品数据包的数据整合，重大产品问题的案例收集以及按照各厂所要求设置的打印格式模板。

5）质量分析

质量分析主要实现以日常检验数据为基础，对原辅料、在制品、零部件、产成品以及在库物资进行多角度、全方位的数据分析。

5. 设备资源管理

设备资源管理系统实现对设备资源从采购、安装调试、入账、日常管理到处置报废的全生命周期的管理，同时明确管理流程，建立完整详细的设备资源台账，并且通过与其他系统的数据交换，提高设备资源的运行可靠性与使用价值，有效地配置设备资源，使设备资源物尽其用、安全运行。

设备资源管理系统功能架构如图9所示，包括基础设置、采购管理、台账管理、运行维护、日常使用、资产处置等功能。

图9 设备资源管理系统功能架构

1）设备资源的验收管理

设备资源验收管理，新购置的设备需要由设备管理部门完成开箱验收、安装调试后结合财务发票入账。

2）设备资源的台账管理

设备资源台账建立完整的设备资源卡片档案，详细的设备资源台账可以一本台账划分院级、厂所级、车间级、个人级不同级管理层次，实现同一设备资源的不同使用者权限管理。

3）设备资源的运行维护管理

设备资源根据管理部门指制订的维修计划发起维修申请，并由管理部门制作维修工单反馈结果，同时车间也将参照管理部门制订的设备资源的保养计划完成保养记录，特种设备和计量器具根据定期检验标准，生成定期检验计划，根据检验计划把设备、计量送检验部门检验，并记录检验结果。

4）设备资源的日常使用管理

设备资源的日常使用管理主要对设备资源生命周期过程中期的日常使用情况进行管理，包括设备资源领用、设备资源变更、设备资源盘点、设备资源调拨等业务。

5）设备资源的处置管理

通过系统及时发起设备资源处置报废，对过程进行监督，报废后同步台账情况，实时更新台账。

6．车间MES管理

车间MES定位于车间级管理应用，以生产任务为主线，以工艺的实施和执行为核心，通过结构化工艺数据的分解和运用，实现生产过程控制精细化，实时在线监控生产现场的作业情况和质量情况，真正实现工艺指导生产、工艺控制质量。

车间MES管理系统功能架构如图10所示，车间MES管理主要包括结构化工艺、车间计划、生产调度、现场作业、现场质量、数据采集、在制品管理以及车间看板等功能。

1）结构化工艺管理

结构化工艺管理主要实现型号工艺规程和临时工艺的结构化数据的分解、编制、审核和下发管理。

2）车间计划

车间计划主要实现车间作业计划的排程、进度跟踪以及计划的技术文件和物料配套指定和资源齐套检查。

3）生产调度管理

生产调度管理主要包括生产派工、整件/工序外协、内部请托以及完工汇报和确认。

4）现场作业模块

现场作业模块包括刷卡登录、任务领取、技术条件查看、物料台账查看、资源台账查看、作业汇报和确认、检测数据记录、多媒体数据记录等功能。

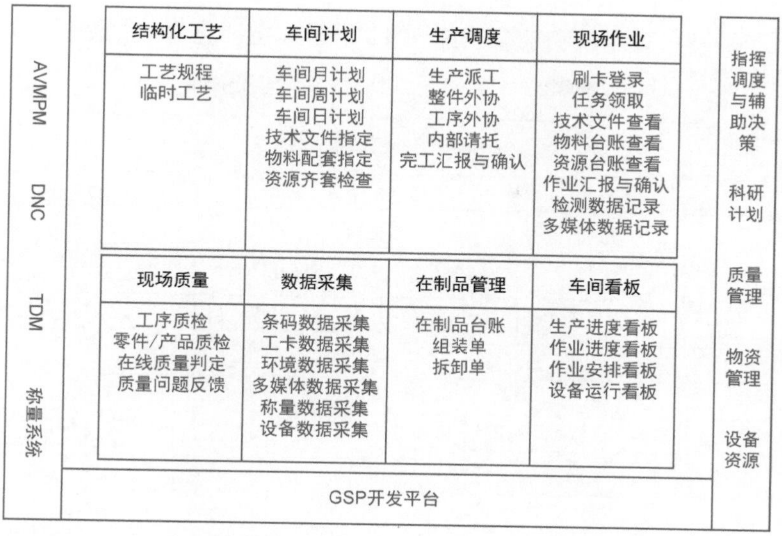

	结构化工艺	车间计划	生产调度	现场作业	
AVMPM DNC TDM 称量系统	工艺规程 临时工艺	车间月计划 车间周计划 车间日计划 技术文件指定 物料配套指定 资源齐套检查	生产派工 整件外协 工序外协 内部请托 完工汇报与确认	刷卡登录 任务领取 技术文件查看 物料台账查看 资源台账查看 作业汇报与确认 检测数据记录 多媒体数据记录	指挥 调度 与辅 助决 策 科研 计划 质量 管理 物资 管理 设备 资源
	现场质量	数据采集	在制品管理	车间看板	
	工序质检 零件/产品质检 在线质量判定 质量问题反馈	条码数据采集 工卡数据采集 环境数据采集 多媒体数据采集 称量数据采集 设备数据采集	在制品台账 组装单 拆卸单	生产进度看板 作业进度看板 作业安排看板 设备运行看板	
	GSP开发平台				

图 10　车间 MES 管理系统功能架构

5）现场质量管理

现场质量管理包括工序质检、零件/产品质检、在线质量判定、质量问题反馈。

6）数据采集管理

数据采集管理包括条码数据采集、工卡数据采集、称量数据采集、设备数据采集等。

7）在制品管理

在制品管理包括在制品台账定义和完工台账信息以及在制品的组装拆卸管理。

8）车间看板管理

车间看板管理包括生产进度看板、作业进度看板、作业安排看板、设备运行看板等。

同时车间 MES 管理内部和指挥调度与辅助决策、科研计划、质量管理、物资管理、设备资源管理形成一体化应用，外部和神软 AVIDM 系统及 AVMPM 系统集成，实现从产品设计、生产规划、制造执行到质量保证等各环节全周期有效管理。

7. 指挥调度与辅助决策

指挥调度与辅助决策系统面向院及厂所管理决策层，通过系统的搭建，优化数据采集流程、明确数据采集内容、规范数据采集程序，对科研生产过程数据进行收集、抽取、挖掘、分析，并以图形化、表格化、可视化、可穿透的形式集中展现，使决策层及时掌握型号任务的计划执行情况、物料及配套件齐套情况、产品质量情况、关键设备运行情况等，并与指挥调度中心电子会议系统、视频监控系统、大屏展示等系统集成应用，满足院及厂所管理决策层对科研生产信息全面、及时、准确、动态的掌控，提高管控的效率、质量和水平，增强快速反应能力和应急能力。

指挥调度与辅助决策系统功能架构如图 11 所示，主要包含数据源层、抽取层、分析层、展示层。

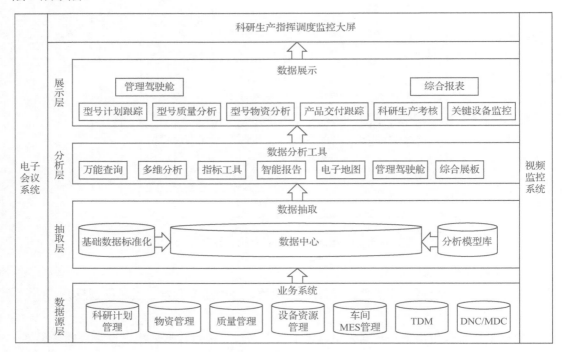

图 11　指挥调度与辅助决策系统功能架构

1）数据源层

指挥调度与辅助决策系统分析数据一部分来源于科研生产管理系统中的科研计划管理子系统、物资管理子系统、质量管理子系统、设备资源管理子系统、车间 MES 管理子系统，一部分来源于 TDM、DNC/MDC 等异构系统。

2）抽取层

数据抽取层基于基础数据标准化及分析模型库对数据源层业务系统数据进行抽取，形成业务数据中心，为科研生产数据分析提供数据支撑。

3）分析层

数据分析层应用 BI 开发工具，包括万能查询、多维分析、指标工具、智能报告、电子地图、管理驾驶舱、综合展板等，针对不同的场景对科研生产过程数据进行分析。

4）展示层

数据展示层通过直观图表形式，分主题展示科研生产过程数据，分析统计结果，包括型号计划跟踪、型号质量分析、型号物资分析、产品交付跟踪、科研生产考核、关键设备监控、管理驾驶舱、综合报表等内容，为院及厂所管理决策层提供数据支撑。

第3章　实施效果

3.1　项目实施效果

1. 消除"信息孤岛"，建立院级集中管控平台，打造院-厂所-车间三级一体化智能科研生产管理平台

通过一体化信息管理平台打破各业务单位或部门之间的信息壁垒，航天四院科研生产管理从以往手工管理或单系统局部应用转变到院级整体优化应用，实现内部信息的互联互通与共享管理，消除"信息孤岛"，实现更大范围内的信息共享和资源配置优化，提升科研生产工作效率，实现院与各厂所，厂所与车间的计划协同、生产协同、生产过程可视化，提升院对下属厂所，厂所对下属车间的服务支持和监控。

智能化科研生产管理平台实现基于模型、计划、执行和控制信息的数字化集中共享，打通 EBOM/PBOM 和 MBOM 数据信息链路，有机贯通设计、工艺、生产计划、生产制造各环节，实现产品协同研制生产，使人、财、物、购、存、产、销等各个方面资源能够得到合理配置与利用，提升生产制造精细化、智能化管理能力与产品快速交付能力。

航天四院智能化科研生产管理平台分为四个层次，分别为决策层、管理层、执行层和设备控制层，其平台架构如图 12 所示。

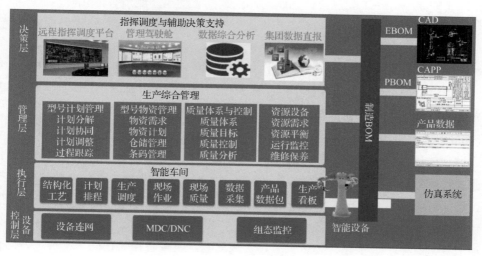

图 12　平台架构

决策层主要为指挥调度与决策支持系统，包括远程指挥调度平台、管理驾驶舱、数据综合分析和集团数据直报，通过对院及厂所的科研生产业务数据实时采集和分析，方便院领导实时掌控全院科研生产动态和科学决策。

管理层主要为业务综合管理（ERP），实现院和厂所各职能部门之间科研生产业务协同管理，包括型号计划管理、型号物资管理、质量体系与控制以及资源设备管理等功能。

执行层主要为智能车间（MES），实现车间加工、装配、试验等业务的执行跟踪和过程控制与管理。

设备控制层主要实现车间设备联网以及设备数据采集与监控，包括 MDC/DNC 及组态监控等系统。

平台通过与 CAPP、PDM、仿真设计等系统集成，实现数据的互联互通，为科研生产管理精细化及生产过程智能化提供数据支撑。

2．结合互联网+，大数据思维，实现科研生产核心业务集成及数据互联共享，以数据驱动生产制造智能化

制造过程数据的标准化、规范化、结构化是智能化制造的基础和关键路径，有利于数据的统计分析以及同构异构系统之间的数据流转与数据共享，为实现业务协同与数据挖掘分析奠定基础。

在航天四院智能科研生产管理平台实施的过程中，制定了原材料、在制品、设备仪器、工装夹具、工具量具等制造资源的编码规范，使全院在生产制造过程中统一语言。另外，BOM、工艺数据的结构化是实现生产制造数字化管理的关键，真正实现"工艺指导生产，工艺控制质量"的目标。

基于以上标准语言的统一及 BOM、工艺的结构化管理，通过 ERP、MES 与 PDM、CAPP 系统的一体化集成，打通设计、工艺、制造三级 BOM、车间流转及制造过程的两级工艺，实现院-厂所-车间三级计划联动，以数据驱动生产制造智能化。

3．全业务协同作业，全过程可追溯，全流程管理与监控，推动管理模式的转型与升级

智能化科研生产管理平台，以产品生产过程管理为核心，实现信息互联、互通、集成、协同，以生产过程中的人、机、料、法、环为管理对象，实现协同生产，对生产过程中安全、质量、产品、人员、物资、设备、工艺技术、生产过程等各环节全周期的有效管理。生产协同制造过程示意如图 13 所示。

通过智能化科研生产管理平台的建设，航天四院纵向打通院、厂所、车间三级计划管控，通过科研生产任务的逐级、自动分解，上下关联、实时反馈，形成全院科研生产"一本"计划；横向打通工艺技术准备、物资供应、设备资源配置、质量过程管控、零部件配套等协同作业。

通过计划、生产、工艺、物资供应、资源配套、质量管控等在同一平台下协同作业，实现从生产计划、结构化工艺、车间现场管理到完工入库，从物资需求获取、资源配套到

采购过程、库存发放，付款报销等业务的全过程管理。实现生产进度、采购、生产质量检验业务全过程、全流程的监控管理（进度监控），推动管理模式的转型与升级。

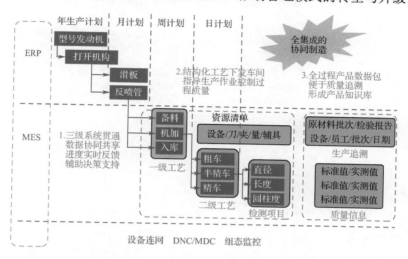

图 13　生产协同制造示意

4. 设备互联互通，数据自动采集，现场无纸化作业，打造数字化车间，开启智能工厂

智能是互联网+生产制造企业的又一关键特性，航天四院基于浪潮公司车间 MES，采用物联网技术，对生产设备进行改造、互连，与 DNC、MDC 系统进行集成，使现场管理与 ERP、MES 紧密结合，使生产计划自动下达到车间，实现现场无纸化作业及所有作业环节信息的自动采集与自动现场控制，开启智能工厂。

1）生产计划合理优化

根据企业资源状态，现有任务进度将插入订单快速纳入滚动排产。采用面向离散企业的高级调度算法，进行资源负荷均衡，形成优化合理的生产作业计划。

2）生产进度实时可控

采用条码、刷卡器、触摸屏终端、DNC 等多种方式实时采集现场生产数据，提供多种图表形式的监控看板，确保重要的生产数据随时可视、易用。

3）质量过程完备追溯

根据质量过程控制特点，定义质量管理要素，实现生产过程关键要素的全面记录以及完备地追溯质量过程，自动形成产品电子质量数据包。

4）技术文件可视下厂

与技术、工艺信息浑然一体集成，使得技术文件可以在第一时间发布到制造现场。制造人员能够依据权限查阅全三维模型、仿真，获得更逼真、更全面的技术指导信息。

5）设备互连数据采集自动化

车间设备进行联网，通过 DNC、MDC 及条码、传感器、智能工卡对设备及生产过程数据自动采集，提高生产自动化水平。数字化车间设备连接与数据采集方式如图 14 所示。

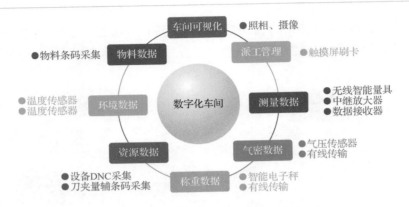

图 14 数字化车间设备连接与数据采集方式

6）领导决策有理有据

月报、日、周报等多种生产报表点击即成，为领导的量化管理提供最大的决策支持，有理有据地分析历史、改进未来。

5. 建立远程指挥调度中心，实时监控生产进度，运用大数据技术进行数据分析、辅助领导决策

通过智能化科研生产管理平台与视频监控系统的集成，在院、厂所、车间建立具有管理驾驶舱特点的信息化集控与远程指挥调度中心，通过远程视频可以直接观看车间现场生产及设备运行情况；通过对生产过程数据的采集及大数据分析技术，使院、厂等各级领导在指挥调度大厅或办公室就能直观、精细、实时了解型号任务进度与现场实况、产品质量情况、关键设备使用情况、业务异常预警等信息，充分发挥系统平台对决策管理层的辅助决策作用，打造指挥管理数字化、生产排产智能化、车间现场看板化、数据采集自动化、质量管理透明化、物料管理精细化，实现物联网+条件下管理模式的升级。

3.2 复制推广情况

3.2.1 推广潜力

航天四院是我国规模最大、实力最强的固体发动机研制生产单位，同时承担该领域内国家重大预先研究课题，是国家重点国防科研单位。

作为中国航天科技集团公司目前辖有的 8 个大型科研生产联合体（研究院）之一，其研制过程涉及壳体结构、复合材料、推进剂、火工装备等多个学科专业，以及设计、仿真、工艺、制造、装配、装药、试验等多个环节，产品工序多、工艺复杂、生产周期长。航天四院的科研生产模式、过程及管理特点极具代表性。

所以，航天四院的科研生产指挥与决策支持平台建设对于中国航天集团公司其他各院的科研生产平台信息化建设，对于国家重点国防科研单位科研生产相关信息化建设有着重要意义和推广价值。

3.2.2　推广建议

首先，根据集团公司关于"航天制造 2025"重点任务要求及信息技术发展趋势，在 2016 年工作重点将在持续深化数字化技术单点应用的基础上，进一步向全型号数字化协同研制方向持续进行信息化建设，促进纵横贯通的数字化科研体系能力提升。由于本项目是试点项目，所以对于中国航天科技集团公司内其他大型科研生产联合体（研究院）具有示范意义，应优先考虑在中国航天科技集团体系内各研究院进行管理模式复制与系统推广，运用现代管理思想和信息化技术手段，加快推进集团各研究院的体制创新、机制创新和管理创新，建立数字化科研生产和经营管理体系。

其次，本项目对于其他主业为航天型号项目军工集团企业有着极强的借鉴意义，由于其也具有技术密集、高度综合、广泛协作、研制周期长和投资费用大的特点，也是以集科研设计、生产制造为一体的航天产品研究院作为航天工业型号研制的责任主体、技术经济实体。

因此，对于其他主业为航天型号项目的军工集团企业，可以以本项目为原型，参考本项目的实施经验，依据相关系统模块，进行选择性的推广实施，达到管理提升的目的。

最后，本项目的管理和实施经验可以供具备以下经营特点的企业集团借鉴，并选择适合的模块进行推广。

经营特点：

（1）多法人的经济联合体，成员单位地域分散。

（2）型号研制多厂所协同开展。

（3）产品结构复杂，研制周期长，质量要求高。

（4）型号管理强，计划重控制。

（5）工程型号管理与综合管理并重。

3.2.3　已完成的推广情况

该方案通过在航天四院本部、7414 厂试点实施上线后，成功在其他 4 个所、1 个厂推广实施上线，达到了预期效果。另外，该方案也推广应用至渤海造船厂、江南造船厂、北京圣非凡、北京卫星制造厂等多家单位。

第4章 总 结

1. 结合大数据思维，智能制造才能有效落地

制造过程数据的标准化、规范化、结构化是智能化制造的基础和关键路径，有利于数据的统计分析以及同构异构系统之间的数据流转与数据共享，为实现业务协同与数据挖掘分析奠定基础。

在航天四院智能科研生产管理平台实施的过程中，制定了原材料、在制品、设备仪器、工装夹具、工具量具等制造资源的编码规范，使全院在生产制造过程中统一语言。另外，BOM、工艺数据的结构化是实现生产制造数字化管理的关键，真正实现"工艺指导生产，工艺控制质量"的目标。

基于以上"标准语言"的统一及 BOM、工艺的结构化管理，通过 ERP、MES 与 PDM、CAPP 系统的一体化集成，打通设计、工艺、制造三级 BOM、车间流转及制造过程的两级工艺，实现院—厂所—车间三级计划联动，以数据驱动生产制造智能化。

2. 建立基于物联网技术的制造现场智能感知系统

将制造生产过程中的关键重要部件、制造资源（如设备、工装、刀具、量具、吊具等）结合物联网技术进行智能感知，使其在每个生产环节上能够实时主动告知其位置、生产状态、工艺参数等信息，并将数据传递至上层的决策系统，实现物物相联的制造现场智能决策。

3. 实现基于三维的工艺协同

实现工艺软件、知识库与三维 CAD 的集成， 实现基于 MBD 的制造特征定义与信息提取，打通几何特征模型和制造特征模型之间的联系；将工艺知识融入后端的自动化设备（数控机床、机器人等）应用中，实现三维工艺从产品设计—工艺—智能制造的贯穿式应用，全面提升行业加工智能性和效率。

4. 建立全制造过程可视化集成控制中心

将计划、执行、物流、质量、资源等业务板块的实时决策数据与图表集中展示，打通各功能域的关联关系，建设可视化集成控制中心，打造实施过程数据驱动的制造车间决策支持平台，支持计划、物流、质量、采供等多功能组织的全局协同生产与调度。

5. 高度认识企业智能制造两化融合的重要性

很多企业没有意识到两化融合会带来什么变革，仍然停留在传统的经营管理模式中，认为不搞两化融合，企业照样可以做好。一部分企业过于急功近利，初期对两化融合抱有很高的期望，一旦投资费用增多，而效益又未见明显提升便丧失信心，不再推进。应避免认识不到位，重视信息化部门在整个企业的位置，参与企业的战略规划，使信息化与自动化均衡发展。